住房城乡建设部土建类学科专业"十三五"规划教材

"十二五"普通高等教育本科国家级规划教材

高校土木工程专业指导委员会规划推荐教材

（经典精品系列教材）

钢结构（下册）
——房屋建筑钢结构设计
（第四版）

西安建筑科技大学　编

陈绍蕃　郭成喜　主编

中国建筑工业出版社

图书在版编目（CIP）数据

钢结构（下册）——房屋建筑钢结构设计/陈绍蕃，郭成喜主编. —4 版. —北京：中国建筑工业出版社，2018.11（2023.4重印）

住房城乡建设部土建类学科专业"十三五"规划教材. "十二五"普通高等教育本科国家级规划教材. 高校土木工程专业指导委员会规划推荐教材.（经典精品系列教材）

ISBN 978-7-112-22742-6

Ⅰ.①钢⋯ Ⅱ.①陈⋯②郭⋯ Ⅲ.①房屋-钢结构-结构设计-高等学校-教材 Ⅳ.①TU391

中国版本图书馆 CIP 数据核字（2018）第 220736 号

本书第四版根据新修订的《钢结构设计标准》GB 50017—2017 和其他有关规范、规程，对上一版教材进行了更新和充实，以适应当前钢结构的发展和高等学校本科土木工程专业培养创新型人才的需要。

本书是高等学校土木工程专业的专业课教材，是上册《钢结构基础》的后续部分，讲述常用房屋钢结构的设计方法。具体内容包括轻型门式刚架结构、中型和重型厂房结构（含一般钢屋架）、大跨屋盖结构、多层及高层房屋结构和轻住宅钢结构，并结合讲述钢结构设计的一般要求及设计与施工的密切关系。

本书除用作教材外，也可供工程设计人员在工作中参考。

为更好地支持本课程教学，我社向选用本教材的任课教师提供课件，有需要者可与出版社联系，索取方式如下：建工书院 http://edu.cabplink.com，邮箱 jckj@cabp.com.cn，电话 010-58337285。

* * *

责任编辑：王　跃　吉万旺
责任校对：李美娜　陈晶晶　张　颖

住房城乡建设部土建类学科专业"十三五"规划教材
"十二五"普通高等教育本科国家级规划教材
高校土木工程专业指导委员会规划推荐教材
（经典精品系列教材）
钢结构(下册) ——房屋建筑钢结构设计(第四版)
西安建筑科技大学　编
陈绍蕃　郭成喜　主编

*

中国建筑工业出版社出版、发行(北京海淀三里河路9号)
各地新华书店、建筑书店经销
北京红光制版公司制版
北京同文印刷有限责任公司印刷

*

开本：787×1092 毫米　1/16　印张：16　字数：393 千字
2018 年 12 月第四版　2023 年 4 月第四十四次印刷
定价：**38.00** 元（赠教师课件）
ISBN 978-7-112-22742-6
（32847）

出　版　说　明

为规范我国土木工程专业教学，指导各学校土木工程专业人才培养，高等学校土木工程学科专业指导委员会组织我国土木工程专业教育领域的优秀专家编写了《高校土木工程专业指导委员会规划推荐教材》。本系列教材自 2002 年起陆续出版，共 40 余册，十余年来多次修订，在土木工程专业教学中起到了积极的指导作用。

本系列教材从宽口径、大土木的概念出发，根据教育部有关高等教育土木工程专业课程设置的教学要求编写，经过多年的建设和发展，逐步形成了自己的特色。本系列教材曾被教育部评为面向 21 世纪课程教材，其中大多数曾被评为普通高等教育"十一五"国家级规划教材和普通高等教育土建学科专业"十五""十一五""十二五"规划教材，并有 11 种入选教育部普通高等教育精品教材。2012 年，本系列教材全部入选第一批"十二五"普通高等教育本科国家级规划教材。

2011 年，高等学校土木工程学科专业指导委员会根据国家教育行政主管部门的要求以及我国土木工程专业教学现状，编制了《高等学校土木工程本科指导性专业规范》。在此基础上，高等学校土木工程学科专业指导委员会及时规划出版了高等学校土木工程本科指导性专业规范配套教材。为区分两套教材，特在原系列教材丛书名《高校土木工程专业指导委员会规划推荐教材》后加上经典精品系列教材。2016 年，本套教材整体被评为《住房城乡建设部土建类学科专业"十三五"规划教材》，请各位主编及有关单位根据《住房城乡建设部关于印发高等教育职业教育土建类学科专业"十三五"规划教材选题的通知》要求，高度重视土建类学科专业教材建设工作，做好规划教材的编写、出版和使用，为提高土建类高等教育教学质量和人才培养质量做出贡献。

高等学校土木工程学科专业指导委员会

中国建筑工业出版社

第 四 版 前 言

鉴于本书引用的一些技术标准和规范的更新，秉持如下原则对本书进行了修订。

1. 完整保持原书章节结构和体例不变。

2. 坚持开放性思维的思想，尽量避免定势思维影响。

3. 及时更新原书中技术规范和规程的引用。

限于水平，不当抑或错误之处在所难免，望读者不吝赐教。

编　者

2018 年 8 月

第 三 版 前 言

和本书的上册《钢结构基础》一样，这本下册在修订时除更新内容外也注意改进写法，使之能够有助于开发智力和启迪思辨精神。为此，这次修订工作继续注意加强设计概念和设计理论，如在第 3 章中增加了对网壳稳定性能的解释；在第 4 章中增加了框架和支撑架侧向刚度的对比分析。

建筑结构设计离不开有关规范、规程的指导，然而，对教科书而言，在论述某一典型结构的设计时，该结构在环境和功能方面的特点、基于这些特点的设计方法和方法所依据的概念和理论，应是第一位的，规范和规程的条款则是第二位的。单纯围绕规范和规程的条款写教材，不利于培养创新性人才。首先，规范和规程的大量条款都是非强制性的，确有可靠依据时可以突破。其次，规范、规程一般十年才修订一次，致使有些条款有滞后性。为此规范、规程在教材中的地位需要适当淡化。

在更新内容方面，这次修订有较多的增添。除了第 3 章增加一些大跨度的新结构形式，第 4 章增加钢板剪力墙外，还增加了第 5 章轻型住宅钢结构和第 6 章钢结构设计与施工。在层数不多的居住房屋中使用钢结构，已经在逐渐推广，它具有轻型化和装配化的特点，是前 4 章所述结构之外的另一种典型。设计和施工的紧密结合是钢结构的一大特点，为此而增加第 6 章，有其必要性。这章除了论述施工过程对钢结构的影响外，也简述了施工中的受力分析。

在增加内容的同时，也删去一部分不必要的内容。设计大跨屋盖结构，一般都可利用商业程序进行计算。因此，对第 3 章的有限元法计算加以精简。

参加下册第三版修订和编写的人员是：于安林（第 1 章），郭成喜（第 2、4 章），顾强（第 3 章），郝际平（第 5 章），杨应华（第 6 章），李峰（习题），由陈绍蕃最后定稿。

编 者

2014 年 2 月

第 二 版 前 言

这本《钢结构》下册的修订原则和上册是一致的，具体增订情况如下：

增加新内容的幅度比上册要大。第一章末增加了结构体系的布置示意图和刚架构件的明细图作为小结的一部分；第二章加强了中型厂房结构的内容并把章名改为"中、重型厂房结构设计"；在一、二章中还给出了支撑力的计算；第三章增加了网壳结构和悬索结构设计的具体内容，以适应这两类结构应用日益广泛的新形势；第四章加强了多层房屋结构的形式和布置方案，介绍了交错桁架体系的新结构形式，还增加了蜂窝梁的计算。在增加内容的同时，也删去一些次要内容，如多层框架 D 值法的表格。

在加强概念和有助于理解钢结构性能的论述方面，也作了不少增订。作为结构设计的教材，对结构形式要有全面分析，尤其是力学性能要清楚，如高楼支撑体系中帽桁架的作用和框筒的剪力滞后效应等。对结构的布局要注意各部分的内在联系，如屋盖结构中屋架下弦平面的支撑系统不仅影响下弦杆的出平面刚度，还影响受压腹杆的稳定性。又如多层房屋有一部分柱不参与抗侧力时，它们的重力荷载的倾覆效应对刚架柱的影响不能忽视。

对设计规范条文的理解，我们在第一版中就曾经强调，但具体做得还不够，这次修订有所加强，如门式刚架斜梁腹板压跛计算和方管桁架节点强度计算等。

设计工作中有些问题规范并未加以规定，而现实工程经验表明必须加以注意，如重级工作制吊车梁在受压区出现裂纹问题，这次作了论述。

上册和下册之间既要有机联系，又要避免重复。框架梁与柱刚性连接的图和上册图 7-103 重复，这次作了改变。

例题 1-2 和例题 2-1 存在缺点，都作了修改。

编　者
2007 年 7 月

第 一 版 前 言

这本《房屋建筑钢结构设计》是上册《钢结构基础》的后续部分。它包括以下四部分内容。

1. 轻型门式刚架结构　这是近年来发展最快、应用最广的房屋建筑结构，也是新技术含量较高的结构，需要比较全面地论述它的组成和相关构件的设计。

2. 重型厂房结构　这是钢结构应用的传统领域。虽然今后重型厂房的建设未必很多，但在这一章中论述的屋架和吊车梁的设计原则和方法具有普遍性。屋架可用于各类房屋，吊车梁也不限于重型厂房。

3. 大跨屋盖结构　也是应用广泛的结构类型。由于学时限制，本书除简略介绍各类大跨屋盖结构的形式外，重点阐述平板网架的设计，包括网架结构的组成特点、空间杆系有限元法和节点设计。

4. 多层及高层房屋结构　在多层住宅建筑中采用钢结构，已经提到日程上来，高层钢结构在我国方兴未艾。多层和高层房屋结构和单层者相比有很多不同特点，抗震设计即是一项重要内容。

在已有钢结构基本知识的基础上，这本教材把读者引向应用阶段。学习本书除对钢结构的性能有进一步了解，并掌握几类典型建筑结构的设计方法外，还应从中领会结构设计的一般要求。学过之后能在遇到本书未涉及的结构时，知道根据结构承受的直接和间接作用及所处环境特点，正确考虑如何对待有关设计问题。为此，在第1章中提出结构整体性概念、材料集中使用原则和计算与构造一致性等重要的设计概念。

作为结构设计教材，应该密切联系有关的设计规范、规程。本书引用的规范、规程，凡是在21世纪初修订的，都以修订后的新版本为依据，如钢结构设计规范GB 50017—2003，建筑结构荷载规范GB 50009—2001，建筑抗震设计规范GB 50011—2001和门式刚架轻型房屋钢结构技术规程CECS102：2002。然而，设计工作者不仅应该了解设计规范的有关规定，还需要对规定的依据有所通晓，才不致在应用规范时出现差错。为此，本书尽可能结合本科生的基础知识，用比较简明的方式介绍规范、规程规定的来龙去脉，如平板网架温度应力计算公式的简明推导。对涉及较深理论的问题，则尽量从原则上加以阐明，如带有摇摆柱的框架柱计算长度。

本书第3章空间杆系有限元法一节和结构力学有些重复，第4章有关地震作用和结构抗震验算的内容和钢筋混凝土结构也有重复。授课教师可以根据具体情况对内容做出取舍。四章内容有较大的相互独立性，授课教师也可以改变讲授的顺序。

本书大部分内容都是新编的。虽然在西安建筑科技大学用过一次后做了修改，难免还有不少不妥之处。希望读者发现后不吝指正。

目　　录

绪　　论

建筑结构设计遵循下列普遍原则：

（1）满足建筑物的功能要求。为此结构工程师要和建筑师及设备工程师密切配合。在工业建筑中还要和工艺工程师配合。

（2）具有足够的可靠度，这是结构设计的主要任务。相关原则将在第 1 章末和书后的《跋》中阐述。

（3）技术先进。与时俱进是人类社会发展的一条规律，结构工程也不例外。

（4）成本较低，符合市场经济的要求。但结构只是建筑物的一部分，还需要有全面的经济观点。

另一方面，每栋房屋都是鲜明的个体，需要根据功能要求、地域、环境和材料供应条件等进行个别设计。要按照"具体问题具体分析"的精神，实事求是地做细致的工作，力求拿出符合实际条件的优等方案。生搬硬套，甚至照抄已有建筑物的设计图纸，不是设计而是抄计。设计者要有开放的心态，既继承前人的成熟经验，又不墨守成规。

设计创新既立足于结构理论上的先进性，又离不开技术上的可能性和经济上的合理性。见多识广，深谙材料和构件的性能，熟知制作安装的手段和工程成本的组成，是成功设计和创新的基础。

建筑结构设计还有一个如何对待设计规范的问题。规范的条文规定或是有充分的理论依据，或是前人成熟经验的总结，一般应该遵守。但是条件不断变化，规范条款很可能有滞后之处。推广新结构或遇到新情况，有可能需要突破规范的规定。规范的非强制性条文都可以突破，只有黑体字印刷的强制性条文是任何情况下都必须遵守的。需要注意的是，创新精神必须和科学态度相结合，只是在有细致的理论分析和试验验证的情况下才能突破。

这本教材给出几种常用房屋钢结构的设计方法，希望同学们学完后既了解这些有典型性结构的设计特点，又领会钢结构设计的一般原则，以便今后遇到其他类型的钢结构时也能应付自如。

第 1 章　轻型门式刚架结构

1.1　概　　述

1.1.1　单层门式刚架结构的组成

如图 1-1 所示，单层门式刚架结构是指以轻型焊接 H 型钢（等截面或变截面）、热轧 H 型钢（等截面）或冷弯薄壁型钢等构成的实腹式门式刚架或格构式门式刚架作为主要承重骨架，用冷弯薄壁型钢（槽形、卷边槽形、Z 形等）做檩条、墙梁；以压型金属板（压型钢板、压型铝板）做屋面、墙面；采用聚苯乙烯泡沫塑料、硬质聚氨酯泡沫塑料、岩棉、矿棉、玻璃棉等作为保温隔热材料并适当设置支撑的一种轻型房屋结构体系。

图 1-1　单层轻型钢结构房屋的组成

在目前的工程实践中，门式刚架的梁、柱构件多采用焊接变截面的 H 形截面，单跨刚架的梁-柱节点采用刚接，多跨者大多刚接和铰接并用。柱脚可与基础刚接或铰接。围护结构采用压型钢板的居多，玻璃棉则由于其具有自重轻、保温隔热性能好及安装方便等特点，用作保温隔热材料最为普遍。

1.1.2　单层门式刚架结构的特点

单层门式刚架结构和钢筋混凝土结构相比具有以下特点：

（1）质量轻

围护结构由于采用压型金属板、玻璃棉及冷弯薄壁型钢等材料组成，屋面、墙面的质量都很轻，因而支承它们的门式刚架也很轻。根据国内的工程实例统计，单层门式刚架房屋承重结构的用钢量一般为 $10\sim30kg/m^2$；在相同的跨度和荷载条件情况下自重约仅为钢筋混凝土结构的 $1/30\sim1/20$。

由于单层门式刚架结构的质量轻，地基的处理费用相对较低，基础也可以做得比较小。同时在相同地震烈度下门式刚架结构的地震反应小，一般情况下，地震作用参与的内力组合对刚架梁、柱杆件的设计不起控制作用。但是风荷载对门式刚架结构构件的受力影响较大，风荷载产生的吸力可能会使屋面金属压型板、檩条的受力反向，当风荷载较大或房屋较高时，风荷载可能是刚架设计的控制荷载。

（2）工业化程度高，施工周期短

门式刚架结构的主要构件和配件均为工厂制作，质量易于保证，工地安装方便。除基础施工外，基本没有湿作业，现场施工人员的需要量也很少。构件之间的连接多采用高强度螺栓连接，是安装迅速的一个重要方面，但必须注意设计为刚性连接的节点，应具有足够的转动刚度。

（3）综合经济效益高

门式刚架结构由于材料价格的原因其造价虽然比钢筋混凝土结构等其他结构形式略高，但由于采用了计算机辅助设计，设计周期短；构件采用先进自动化设备制造；原材料的种类较少，易于筹措，便于运输；所以门式刚架结构的工程周期短，资金回报快，投资效益高。

（4）柱网布置比较灵活

传统的结构形式由于受屋面板、墙板尺寸的限制，柱距多为 6m，当采用 12m 柱距时，需设置托架及墙架柱。而门式刚架结构的围护体系采用金属压型板，所以柱网布置不受模数限制，柱距大小主要根据使用要求和用钢量最省的原则来确定。

门式刚架结构除上述特点外，还有一些特点需要了解：

门式刚架体系的整体性可以依靠檩条、墙梁和隅撑以及屋面板和墙板来保证，从而减少了屋盖支撑的数量，同时支撑多用张紧的圆钢做成，很轻便。

门式刚架的梁、柱多采用变截面杆以节省材料，是这类结构的一大特点。图 1-2 所示刚架，柱为楔形构件，梁则由多段楔形杆组成。梁、柱腹板在设计时利用屈曲后强度，可使腹板宽厚比放大（腹板厚度较薄）。当然，由于变截面门式刚架达到极限承载力时，可能会在多个截面处形成塑性铰而使刚架瞬间形成机动体系，因此塑性设计不再适用。使门式刚架结构轻型化的有力措施还

图 1-2　变截面门式刚架

有：在多跨框架中把中柱做成只承重力荷载的两端铰接柱，对平板式铰接柱脚考虑其实际存在的转动约束，利用屋面板的蒙皮效应和适当放宽柱顶侧移的限值等。设计中对轻型化带来的后果必须注意和正确处理。风力可使轻型屋面的荷载反向，就是一例。

组成构件的杆件较薄，对制作、涂装、运输、安装的要求高。在门式刚架结构中，焊接构件中板的最小厚度为 3.0mm；冷弯薄壁型钢构件中板的最小厚度为 1.5mm；压型钢板的最小厚度为 0.4mm。板件的宽厚比大，使得构件在外力撞击下容易发生局部变形。同时，锈蚀对构件截面削弱带来的后果更为严重。

构件的抗弯刚度、抗扭刚度比较小，结构的整体刚度也比较柔。因此，在运输和安装过

程中要采取必要的措施，防止构件发生弯曲和扭转变形。同时，要重视支撑体系和隅撑的布置，重视屋面板、墙面板与构件的连接构造，使其能参与结构的整体工作（蒙皮效应）。

1.1.3 门式刚架结构的应用情况

门式刚架轻型房屋结构在我国的应用大约始于 20 世纪 80 年代初期。经过二十年的发展，中国工程建设标准化协会编制的《门式刚架轻型房屋钢结构技术规程》CECS102 于 1998 年颁布施行，使其应用得到了迅速的发展，主要用于轻型的厂房、仓库、建材等交易市场、大型超市、体育馆、展览厅及活动房屋、加层建筑等。目前，国内大约每年有上千万平方米的轻钢建筑竣工。国外也有大量钢结构制造商进入中国，加上国内几百家的轻钢结构专业公司和制造厂，市场竞争也日趋激烈。随着轻钢建筑的设计、制造和施工技术日渐成熟，国家于 2015 年颁布了《门式刚架轻型房屋钢结构技术规范》GB 51022—2015（以下简称 GB 51022 规范）。

1.2   结构形式和结构布置

1.2.1 门式刚架的结构形式

门式刚架又称山形门式刚架。其结构形式分为单跨（图 1-3a、d）、双跨（图 1-3b、e、f）、多跨（图 1-3c、h）刚架以及带挑檐的（图 1-3d）和带毗屋的（1-3e）刚架等。多跨刚架宜采用双坡（图 1-3c、h）或单坡屋盖（图 1-3f），尽量少采用由多个双坡屋盖组成的多跨刚架形式。当需要设置夹层时，夹层可沿纵向设置（图 1-3g）或在横向端跨设置（图 1-3h）。

多跨刚架常作成一个屋脊的大双坡屋面。这是因为金属压型板屋面为长坡面排水创造了条件。而多脊多坡刚架的内天沟容易产生渗漏及堆雪现象。不等高刚架这一问题更为严重（参看图 2-21a）。

单脊双坡多跨刚架，用于无桥式吊车房屋时，当刚架柱不是特别高且风荷载也不很大

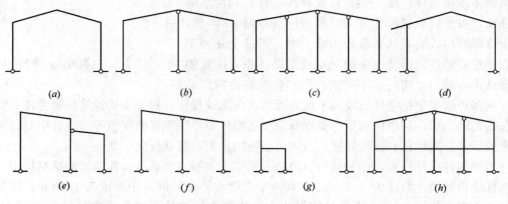

图 1-3   门式刚架的结构形式

（a）单跨刚架；（b）双跨刚架；（c）多跨刚架；（d）带挑檐刚架；（e）带毗屋刚架；

（f）单坡刚架；（g）纵向带夹层刚架；（h）端跨带夹层刚架

时，中柱宜采用两端铰接的摇摆柱（图 1-3*b*、*c*），中间摇摆柱和梁的连接构造简单，而且制作和安装都省工。这些柱不参与抵抗侧力，截面也比较小。但是在设有桥式吊车的房屋时，中柱宜为两端刚接，以增加刚架的侧向刚度。中柱用摇摆柱的方案体现"材料集中使用"的原则。边柱和梁形成刚架，承担全部抗侧力的任务（包括传递水平荷载和防止门架侧移失稳）。由于边柱的高度相对比较小（亦即长细比比较小），材料能够比较充分地发挥作用。

根据跨度、高度及荷载不同，门式刚架的梁、柱可采用变截面或等截面实腹焊接工字形截面或轧制 H 形截面。等截面梁的截面高度一般取跨度的 1/40～1/30，变截面者端高不宜小于跨度的 1/40～1/35，中段高度则不小于跨度的 1/60。设有桥式吊车时，柱宜采用等截面构件。截面高度不小于柱高度的 1/20。变截面柱在铰接柱脚处的截面高度不宜小于 200～250mm。变截面构件通常改变腹板的高度，作成楔形；必要时也可改变腹板厚度。结构构件在运输单元内一般不改变翼缘截面，当必要时可改变翼缘厚度。

门式刚架的柱脚多按铰接支承设计，通常为平板支座，设一对或两对地脚螺栓。当用于工业厂房且有桥式吊车时，宜将柱脚设计成刚接。

门式刚架轻型房屋屋面坡度宜取 1/20～1/8，在雨水较多的地区取其中的较大值。

门式刚架可由多个梁、柱单元构件组成，柱一般为单独单元构件，斜梁可根据运输条件划分为若干个单元。单元构件本身采用焊接，单元之间可通过端板用高强度螺栓连接。

门式刚架上可设置起重量不大于 3t 的悬挂起重机和起重量不大于 20t 的轻、中级工作制单梁或双梁桥式吊车。

1.2.2 结 构 布 置

1.2.2.1 刚架的建筑尺寸和布置

门式刚架的跨度取横向刚架柱间的距离，跨度宜为 12～48m，宜以 3m 为模数，但也可不受模数限制。当边柱宽度不等时，其外侧应对齐。门式刚架的高度应取柱轴线与斜梁轴线交点至地坪的高度，宜取 4.5～9m，必要时可适当放大。门式刚架的高度应根据使用要求的室内净高确定，有吊车的厂房应根据轨顶标高和吊车净空的要求确定。柱的轴线可取柱下端（较小端）中心的竖向轴线，工业建筑边柱的定位轴线宜取柱外皮。斜梁的轴线可取通过变截面梁段最小端中心与斜梁上表面平行的轴线。

门式刚架的合理间距应综合考虑刚架跨度、荷载条件及使用要求等因素，一般宜取 6m、7.5m 或 9m。

挑檐长度可根据使用要求确定，宜为 0.5～1.2m，其上翼缘坡度取与刚架斜梁坡度相同。

门式刚架轻型房屋的构件和围护结构通常刚度不大，温度应力相对较小。因此其温度分区与传统结构形式相比可以适当放宽，但应符合下列规定：

纵向温度区段小于 300m；

横向温度区段小于 150m；

当有计算依据时，温度区段可适当放大。

当房屋的平面尺寸超过上述规定时，需设置伸缩缝，伸缩缝可采用两种做法：（a）设置双柱；（b）在搭接檩条的螺栓处采用长圆孔，并使该处屋面板在构造上允许涨缩。

对有吊车的厂房，当设置双柱形式的纵向伸缩缝时，伸缩缝两侧刚架的横向定位轴线可加插入距（图 1-4）。在多跨刚架局部抽掉中柱或边柱处，可布置托架或托梁。

图 1-4　柱的插入距

1.2.2.2　檩条和墙梁的布置

屋面檩条一般应等间距布置。但在屋脊处，应沿屋脊两侧各布置一道檩条，使得屋面板的外伸宽度不要太长（一般小于 200mm），在天沟附近应布置一道檩条，以便于天沟的固定。确定檩条间距时，应综合考虑天窗、通风屋脊、采光带、屋面材料、檩条规格等因素按计算确定。

侧墙墙梁的布置，应考虑设置门窗、挑檐、遮雨篷等构件和围护材料的要求。当采用压型钢板作围护面时，墙梁宜布置在刚架柱的外侧，其间距由墙板板型和规格确定，且不大于由计算确定的数值。

1.2.2.3　支撑和刚性系杆的布置

支撑和刚性系杆的布置应符合下列规定：

（1）在每个温度区段或分期建设的区段中，应分别设置能独立构成空间稳定结构的支撑体系。

（2）在设置柱间支撑的开间，应同时设置屋盖横向支撑，以构成几何不变体系，参看图 1-1。

（3）端部支撑宜设在温度区段端部的第一或第二个开间。柱间支撑的间距应根据房屋纵向受力情况及安装条件确定，一般取 30～45m；有吊车时不宜大于 60m。

（4）当房屋高度较大时，柱间支撑应分层设置；当房屋宽度大于 60m 时，内柱列宜适当设置支撑。

（5）当端部支撑设在端部第二个开间时，在第一个开间的相应位置应设置刚性系杆。

（6）在刚架转折处（边柱柱顶、屋脊及多跨刚架的中柱柱顶）应沿房屋全长设置刚性系杆。

（7）由支撑斜杆等组成的水平桁架，其直腹杆宜按刚性系杆考虑。

（8）刚性系杆可由檩条兼任，此时檩条应满足压弯构件的承载力和刚度要求，当不满足时可在刚架斜梁间设置钢管、H 形钢或其他截面形式的杆件。

门式刚架轻型房屋钢结构的支撑宜用十字交叉圆钢支撑，圆钢与相连构件的夹角宜接近 45°，不超出 30°～60°。圆钢应采用特制的连接件与梁、柱腹板连接，校正定位后张紧固定。张紧手段最好用花篮螺栓。在设有起重量大于 15t 桥式吊车的跨间，柱间支撑应参照第 2 章 2.1.1.3 节的要求设置。

当房屋内设有不小于 5t 的吊车时，柱间支撑宜用型钢杆件。当房屋中不允许设置柱间支撑时，应设置纵向刚架。

支撑虽然不是主要承重构件，在房屋结构中却是不可或缺的，柱间支撑和屋盖支撑的作用和形式在第 2 章的 2.1.3 节还有详尽的论述。

1.3　刚　架　设　计

1.3.1　荷载及荷载组合

设计门式刚架结构所涉及的荷载，包括永久荷载和可变荷载，除现行《门式刚架轻型房屋钢结构技术规范》GB 51022 有专门规定者外，一律按现行国家标准《建筑结构荷载规范》GB 50009—2012（以下简称《荷载规范》）采用。

1.3.1.1　永久荷载

永久荷载包括结构构件的自重和悬挂在结构上的非结构构件的重力荷载，如屋面、檩条、支撑、吊顶、墙面构件和刚架自身等。

1.3.1.2　可变荷载

（1）屋面活荷载。当采用压型钢板轻型屋面时，屋面竖向均布活荷载的标准值（按水平投影面积计算）应取 $0.5kN/m^2$；对受荷水平投影面积超过 $60m^2$ 的刚架结构，计算时采用的竖向均布活荷载标准值可取 $0.3kN/m^2$。设计屋面板和檩条时应考虑施工和检修集中荷载（人和小工具的重力），其标准值为 1kN。

（2）屋面雪荷载和积灰荷载。屋面雪荷载和积灰荷载的标准值应按《荷载规范》的规定采用，设计屋面板、檩条时并应考虑在屋面天沟、阴角、天窗挡风板内和高低跨连接处等雪荷载堆积造成的屋面积雪分布系数，数值按 GB 51022 规范采用。

（3）吊车荷载。包括竖向荷载和纵向及横向水平荷载，按照《荷载规范》的规定采用。

（4）地震作用。按现行国家标准《建筑抗震设计规范》GB 50011—2010 的规定计算。

（5）风荷载。按《门式刚架轻型房屋钢结构技术规程》或升级后的 GB 51022 规范的规定，垂直于建筑物表面的风荷载可按下列公式计算：

$$w_k = 1.05\mu_s\mu_z w_0 \tag{1-1}$$

式中　w_k——风荷载标准值（kN/m^2）；

$\quad\quad w_0$——基本风压，按照《荷载规范》的规定采用；

$\quad\quad \mu_z$——风荷载高度变化系数，按照《荷载规范》的规定采用，当高度小于 10m 时，应按 10m 高度处的数值采用；

$\quad\quad \mu_s$——体型系数。

此系数的取值较我国《荷载规范》有很大不同，是参照美国金属房屋制造商协会（MBMA）编制的《低层房屋系统手册》（1996）中的相关内容，同时结合我国的工程实践给出的，较《荷载规范》的规定详细、合理。GB 51022 规范对此规定十分细致，如对不同部位取值不同、房屋端部大于中部等，本书从略。

1.3.1.3　荷载组合效应

荷载效应的组合一般应遵从《荷载规范》的规定。针对门式刚架的特点，GB 51022 规范给出下列组合原则：

（1）屋面均布活荷载不与雪荷载同时考虑，应取两者中的较大值；

（2）积灰荷载应与雪荷载或屋面均布活荷载中的较大值同时考虑；

（3）施工或检修集中荷载不与屋面材料或檩条自重以外的其他荷载同时考虑；

（4）多台吊车的组合应符合《荷载规范》的规定；

（5）当需要考虑地震作用时，风荷载不与地震作用同时考虑。

在进行刚架内力分析时，荷载效应组合由式（1-2）给出。

$$S_d = \gamma_G S_{Gk} + \psi_Q \gamma_Q S_{Qk} + \psi_w \gamma_w S_{wk} \tag{1-2}$$

式中　S_d——荷载组合的效应设计值；

γ_G——永久荷载分项系数；

γ_Q——可变荷载分项系数；

γ_w——风荷载分项系数；

S_{Gk}——永久荷载效应标准值；

S_{Qk}——可变荷载效应标准值；

S_{wk}——风荷载效应标准值；

ψ_Q、ψ_w——分别为可变荷载组合值系数和风荷载组合值系数，当永久荷载效应起控制作用时应分别取 0.7 和 0.0；当可变荷载效应起控制作用时应分别取 1.0 和 0.6 或 0.7 和 1.0。

荷载基本组合的分项系数应按下列规定采用：（1）永久荷载的分项系数：当其效应对结构承载力不利时，对由可变荷载效应控制的组合应取 1.2，对由永久荷载效应控制的组合应取 1.35；当其效应对结构承载力有利时，应取 1.0；（2）可变荷载的分项系数一般情况下应取 1.4；（3）风荷载分项系数应取 1.4。

由于门式刚架结构自重较轻，地震作用的荷载效应较小。当抗震设防烈度不超过 7 度而风荷载标准值大于 $0.35 kN/m^2$ 时，地震作用的组合一般不起控制作用。烈度 8 度以上需要考虑地震作用时按 GB 51022 规范进行。

对轻型房屋钢结构，当由地震作用效应组合控制设计时，尚应针对轻型钢结构的特点采取相应的抗震构造措施。例如，构件之间的连接应尽量采用螺栓连接；斜梁下翼缘与刚架柱的连接处宜加腋以提高该处的承载力，该处附近翼缘受压区的宽厚比宜适当减小；柱脚的受剪、抗拔承载力宜适当提高，柱脚底板宜设计受剪键，并采取提高锚栓抗拔力的相应构造措施；支撑的连接应按支撑屈服承载力的 1.2 倍设计等。

1.3.2　刚架的内力和侧移计算

1.3.2.1　内力计算

对于变截面门式刚架，应采用弹性分析方法确定各种内力，只有当刚架的梁柱全部为等截面时才允许采用塑性分析方法，但后一种情况在实际工程中已很少采用。进行内力分析时，通常把刚架当作平面结构对待，一般不考虑蒙皮效应，只是把它当作安全储备。当有必要且有条件时，可考虑屋面板的应力蒙皮效应。蒙皮效应是将屋面板视为沿屋面全长伸展的深梁，可用来承受平面内的荷载。面板可视为承受平面内横向剪力的腹板，其边缘构件可视为翼缘，承受轴向拉力和压力。与此类似，矩形墙板也可按平面内受剪的支撑系统处理。考虑应力蒙皮效应可以提高刚架结构的整体刚度和承载力，但对压型钢板的连接有较高的要求。

变截面门式刚架的内力通常采用杆系单元的有限元法（直接刚度法）编制程序上机计

算。计算时将变截面的梁、柱构件分为若干段，每段的几何特性当作常量，也可采用楔形单元。采用等截面单元时不少于8段，楔形变截面单元则不少于4段。地震作用的效应可采用底部剪力法分析确定。当需要手算校核时，可采用一般结构力学方法（如力法、位移法、弯矩分配法等）或利用静力计算的公式、图表进行。

根据不同荷载组合下的内力分析结果，找出控制截面的内力组合，控制截面的位置一般在柱底、柱顶、柱牛腿连接处及梁端、梁跨中等截面，控制截面的内力组合主要有：

（1）最大轴压力 N_{max} 和同时出现的 M 及 V 的较大值。

（2）最大弯矩 M_{max} 和同时出现的 V 及 N 的较大值。

这两种情况有可能是重合的。以上是针对截面双轴对称的构件而言的。如果是单轴对称截面，则需要区分正、负弯矩，参看第2章2.2.3节。

鉴于轻型门式刚架自重很轻，锚栓在强风作用下有可能受到拔起的力，还需要第3种组合，即：

（3）最小轴压力 N_{min} 和相应的 M 及 V，出现在永久荷载和风荷载共同作用下，当柱脚铰接时 $M=0$。

1.3.2.2　侧移计算

变截面门式刚架的柱顶侧移应采用弹性分析方法确定。计算时荷载取标准值，不考虑荷载分项系数。侧移计算可以和内力分析一样在计算机上进行。《规程》给出柱顶侧移的简化公式，可以在初选构件截面时估算侧移刚度，以免因刚度不足而需要重新调整构件截面。

单层门式刚架在风荷载标准值作用下的柱顶侧移限值参见本教材上册《钢结构基础》第6章的有关内容。它虽然不涉及安全承载，却是不可忽视的设计指标。对单层门式刚架的柱顶位移值，当采用轻型钢墙板且室内无吊车时，其上限值为 $h/60$；当采用砌体墙且室内无吊车时，其上限值为 $h/240$；当有桥式吊车且吊车有驾驶室时，其上限值为 $h/400$；当桥式吊车由地面操作时，其上限值为 $h/180$；其中 h 指刚架柱高度。

如果最后验算时刚架的侧移不满足要求，即需要采用下列措施之一进行调整：放大柱或（和）梁的截面尺寸（思考：放大梁截面何以能够减小柱顶侧移？其效果如何？）；改铰接柱脚为刚接柱脚；把多跨框架中的个别摇摆柱改为上端和梁刚接。

1.3.3　刚架柱和梁的设计

1.3.3.1　梁、柱板件的宽厚比限值和腹板屈曲后强度利用

（1）梁、柱板件的宽厚比限值（截面尺寸见图1-5）

工字形截面构件受压翼缘板的宽厚比限值：

$$\frac{b_1}{t} \leqslant 15\varepsilon_k \tag{1-3}$$

工字形截面梁、柱构件腹板的宽厚比限值：

$$\frac{h_w}{t_w} \leqslant 250 \tag{1-4}$$

图1-5　截面尺寸

式中　　b_1、t——受压翼缘的外伸宽度与厚度；

h_w、t_w——腹板的高度与厚度。

以上两个宽厚比限值的性质并不相同：翼缘板一般不利用屈曲后强度，式（1-3）是局部屈曲的限值；腹板常利用屈曲后强度，式（1-4）是为防止几何缺陷过大而设定的限值。

（2）腹板屈曲后强度利用

在进行刚架梁、柱构件的截面设计时，为了节省钢材，允许腹板发生局部屈曲，并利用其屈曲后强度。在上册第 4 章 4.6.4 节曾经分析过板件屈曲后继续承载的原理并给出 GB 50017 标准关于梁腹板利用屈曲后强度的计算公式。由于简支梁和刚架梁受力情况不同，GB 51022 规范的计算公式不同于 GB 50017 标准。

工字形截面构件腹板的受剪板幅，当腹板的高度变化不超过 60mm/m 时，其受剪承载力设计值可按下列公式计算：

$$V_d = h_w t_w f'_v \tag{1-5}$$

当 $\lambda_w \leqslant 0.8$ 时　　　　　$f'_v = f_v$　　　　　　　　　（1-6a）

当 $0.8 < \lambda_w < 1.4$ 时　　　$f'_v = [1 - 0.64(\lambda_w - 0.8)]f_v$　　　（1-6b）

当 $\lambda_w \geqslant 1.4$ 时　　　　　$f'_v = (1 - 0.275\lambda_w)f_v$　　　　　（1-6c）

式中　f_v——钢材的抗剪强度设计值；

　　　f'_v——腹板屈曲后抗剪强度设计值；

　　　h_w——腹板板幅的平均高度；

　　　λ_w——参数，按公式（1-7）进行计算。

$$\lambda_w = \frac{h_w/t_w}{37\sqrt{k_\tau}\sqrt{235/f_y}} \tag{1-7}$$

当 $a/h_w < 1$ 时　　　　$k_\tau = 4 + 5.34/(a/h_w)^2$　　　　（1-8a）

当 $a/h_w \geqslant 1$ 时　　　　$k_\tau = 5.34 + 4/(a/h_w)^2$　　　　（1-8b）

式中　a——腹板横向加劲肋的间距；

　　　k_τ——腹板在纯剪切荷载作用下的屈曲系数。当不设中间加劲肋时 $k_\tau = 5.34$。

公式（1-6）的三个式子可以用下列单一公式代替：

$$f'_v = \frac{f_v}{(0.51 + \lambda_w^{3.2})^{1/2.6}} \leqslant f_v \tag{1-9}$$

当腹板高度变化超过 60mm/m 时，按公式（1-6）计算，且 h_w 取板幅较大高度，则算得结果偏于安全。

（3）腹板的有效宽度

当工字形截面梁、柱构件的腹板受弯及受压板幅利用屈曲后强度时，应按有效宽度计算其截面几何特性。有效宽度取为：

当腹板全部受压时　　　　　$h_e = \rho h_w$　　　　　　　　　（1-10a）

当腹板部分受拉时，受拉区全部有效，受压区有效宽度为

$$h_e = \rho h_c \tag{1-10b}$$

式中　h_e——腹板受压区有效宽度；

　　　h_c——腹板受压区宽度；

　　　ρ——有效宽度系数，按下列公式进行计算：

当 $\lambda_\rho \leqslant 0.8$ 时　　　　　$\rho = 1$　　　　　　　　　　　　　　　　(1-11a)

当 $0.8 < \lambda_\rho \leqslant 1.2$ 时　　$\rho = 1 - 0.9(\lambda_\rho - 0.8)$　　　　　　　(1-11b)

当 $\lambda_\rho > 1.2$ 时　　　　　$\rho = 0.64 - 0.24(\lambda_\rho - 1.2)$　　　　　(1-11c)

式中　λ_ρ——与板件受弯、受压有关的参数，按公式（1-12）计算。

$$\lambda_\rho = \frac{h_w/t_w}{28.1 \sqrt{k_\sigma} \sqrt{235/f_y}} \qquad (1\text{-}12)$$

式中　k_σ——板件在正应力作用下的屈曲系数。

$$k_\sigma = \frac{16}{\sqrt{(1+\beta)^2 + 0.112(1-\beta)^2} + (1+\beta)} \qquad (1\text{-}13)$$

$\beta = \sigma_2/\sigma_1$ 为腹板边缘正应力比值，以压为正，拉为负，$1 \geqslant \beta \geqslant -1$。

当腹板边缘最大应力 $\sigma_1 < f$ 时，计算 λ_ρ 时可用 $\gamma_R \sigma_1$ 代替式（1-12）中的 f_y，γ_R 为抗力分项系数，对 Q235 钢材，$\gamma_R = 1.087$；对 Q345 钢材，$\gamma_R = 1.111$。为简单起见，可统一取 $\gamma_R = 1.1$。

公式（1-11）的三个式子可以用下列单一公式代替：

$$\rho = \frac{1}{(1 - 0.8^{1.25} + \lambda_\rho^{1.25})^{1/0.9}} \leqslant 1$$

$$(1\text{-}14)$$

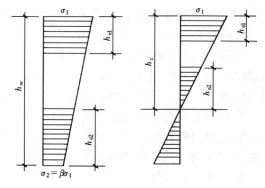

图 1-6　有效宽度的分布

根据公式（1-10）和式（1-11）算得的腹板有效宽度 h_e，沿腹板高度按下列规则分布（图 1-6）：

当腹板全截面受压，即 $\beta > 0$ 时

$$h_{e1} = 2h_e/(5-\beta) \qquad h_{e2} = h_e - h_{e1}$$

$$(1\text{-}15)$$

当腹板部分截面受拉，即 $\beta < 0$ 时

$$h_{e1} = 0.4h_e \qquad (1\text{-}16)$$

$$h_{e2} = 0.6h_e \qquad (1\text{-}17)$$

试说明：式（1-16）和式（1-17）与上册式（4-175）同源。

1.3.3.2　刚架梁、柱构件考虑屈曲后强度的截面强度计算

（1）工字形截面受弯构件在剪力 V 和弯矩 M 共同作用下的强度应符合下列要求：

当 $V \leqslant 0.5V_d$ 时

$$M \leqslant M_e \qquad (1\text{-}18a)$$

当 $0.5V_d < V \leqslant V_d$ 时

$$M \leqslant M_f + (M_e - M_f)\left[1 - \left(\frac{V}{0.5V_d} - 1\right)^2\right] \qquad (1\text{-}18b)$$

当截面为双轴对称时

$$M_f = A_f(h_w + t)f \qquad (1\text{-}19)$$

式中　M_f——两翼缘所承担的弯矩;

　　　M_e——构件有效截面所承担的弯矩,$M_e = W_e f$;

　　　W_e——构件有效截面最大受压纤维的截面模量;

　　　A_f——构件翼缘的截面面积;

　　　V_d——腹板受剪承载力设计值,按公式 (1-5) 计算。

(2) 工字形截面压弯构件在剪力 V、弯矩 M 和轴力 N 共同作用下的强度应符合下列要求:

当 $V \leqslant 0.5V_d$ 时

$$N/A_e + M/W_{x,e} \leqslant f \tag{1-20}$$

$$M_e^N = M_e - NW_e/A_e \tag{1-21}$$

当 $0.5V_d < V \leqslant V_d$ 时

$$M \leqslant M_f^N + (M_e^N - M_f^N)\left[1 - \left(\frac{V}{0.5V_d} - 1\right)^2\right] \tag{1-22}$$

当截面为双轴对称时

$$M_f^N = A_f(h_w + t)(f - N/A) \tag{1-23}$$

式中　A_e——有效截面面积;

　　　M_f^N——兼承压力时两翼缘所能承受的弯矩。

1.3.3.3　梁腹板加劲肋的配置

梁腹板应在中柱连接处、较大固定集中荷载作用处和翼缘转折处设置横向加劲肋。其他部位是否设置中间加劲肋,根据计算需要确定。但 CECS 102 规程规定,当利用腹板屈曲后抗剪强度时,横向加劲肋间距 a 宜取 $h_w \sim 2h_w$。

当梁腹板在剪应力作用下发生屈曲后,将以拉力带的方式承受继续增加的剪力,亦即起类似桁架斜腹杆的作用,而横向加劲肋则相当于受压的桁架竖杆(图 1-7)。因此,中间横向加劲肋除承受集中荷载和翼缘转折产生的压力外,还要承受拉力场产生的压力,该压力按下列公式计算:

图 1-7　腹板屈曲后受力模型

$$N_s = V - 0.9\varphi_{ps}h_w t_w f_v \tag{1-24}$$

$$\varphi_{ps} = \frac{1}{\sqrt[3]{0.738 + \lambda_w^6}} \leqslant 1.0 \tag{1-25}$$

式中　N——拉力场产生的压力；

　　　V——梁受剪承载力设计值；

　　　φ_{ps}——腹板剪切屈曲稳定系数；

　　　λ_w——参数，按式（1-7）计算；

　　　h_w——加劲肋的高度。

　　加劲肋稳定性验算按 GB 50017 标准的规定进行，计算长度取腹板高度 h_w，截面取加劲肋全部和其两侧各 $15t_w\varepsilon_k$ 宽度范围内的腹板面积，按两端铰接轴心受压构件进行计算。

1.3.3.4　变截面柱在刚架平面内的整体稳定计算

变截面柱在刚架平面内的整体稳定性应按下列公式计算：

$$\frac{N_1}{\eta_t \varphi_x A_{e1}} + \frac{\beta_{mx} M_1}{[1 - N_1/N_{cr}] W_{e1}} \leqslant f \tag{1-26}$$

$$N_{cr} = \pi^2 E A_{e1}/\lambda_x^2 \tag{1-27a}$$

当 $\bar{\lambda}_1 \geqslant 1.2$ 时：

$$\eta_t = 1 \tag{1-27b}$$

当 $\bar{\lambda}_1 < 1.2$ 时：

$$\eta_t = \frac{A_0}{A_1} + \left(1 - \frac{A_0}{A_1}\right) \times \frac{\bar{\lambda}_1^2}{1.44} \tag{1-27c}$$

$$\lambda_x = \frac{\mu H}{i_{x1}} \tag{1-27d}$$

$$\bar{\lambda}_1 = \frac{\lambda_x}{\pi} \sqrt{\frac{f_y}{E}} \tag{1-27e}$$

式中：N_1 ——大头的轴向压力设计值；

　　　M_1 ——大头的弯矩设计值；

　　　A_{e1} ——大头的有效截面面积；

　　　W_{e1} ——大头有效截面最大受压纤维的截面模量；

　　　φ_x ——杆件轴心受压稳定系数，根据楔形柱的计算长度系数由 GB 50017 标准查表确定，计算长细比时取大头截面的回转半径；

　　　β_{mx} ——等效弯矩系数，有侧移刚架柱的等效弯矩系数取 1.0；

　　　N_{cr} ——欧拉临界力，按式（1-27a）计算。

　　当柱的最大弯矩不出现在大头时，M_1 和 W_{e1} 分别取最大弯矩和该弯矩所在截面的有效截面模量。

　　式（1-26）是在《冷弯薄壁型钢结构技术规范》GB 50018 中双轴对称截面压弯构件平面内整体稳定计算公式的基础上，考虑变截面压弯构件的受力特点，经过适当修正后得到的。它不同于 GB 50017 标准的特点是没有塑性发展系数 γ_x，弯矩项的放大系数也略有不同。此外由于刚架柱腹板允许发生局部屈曲并利用其屈曲后强度，故柱的截面几何特性应采用有效截面的几何特性。

对于变截面柱，变化截面高度的目的是为了适应弯矩的变化，合理的截面变化方式应使两端截面的最大应力纤维同时达到限值。但是实际上往往是大头截面用足，其应力大于小头截面，柱脚铰接的刚架柱就是一种典型的情况。因此，式（1-26）左端第二项的弯矩 M_1 和有效截面模量 W_{e1} 应以大头为准。

1.3.3.5 变截面柱在刚架平面内的计算长度

截面高度呈线形变化的柱，在刚架平面内的计算长度应取为 $h_0 = \mu_\gamma h$，式中 h 为柱的几何高度，μ_γ 为计算长度系数。μ_γ 可由下列三种方法之一确定，第一种方法适合于手算，主要用于柱脚铰接的对称刚架；第二种方法普遍适用于各种情况，并且适合上机计算；第三种方法则要求有二阶分析的计算程序。

（1）查表法

（a）柱脚铰接单跨刚架楔形柱的 μ_γ 可由表 1-1 查得。表中系数相当于把 GB 50018 规范附表 A3.2 的 μ 系数乘以 $0.85\sqrt{I_{c0}/I_{c1}}$，0.85 是考虑柱脚实际上有一定转动约束，$\sqrt{I_{c0}/I_{c1}}$ 则是将数值换算成以小头为准。

柱脚铰接楔形柱的计算长度系数 μ_γ 表 1-1

K_2/K_1		0.1	0.2	0.3	0.5	0.75	1.0	2.0	≥10.0
$\dfrac{I_{c0}}{I_{c1}}$	0.01	0.428	0.368	0.349	0.331	0.320	0.318	0.315	0.310
	0.02	0.600	0.502	0.470	0.440	0.428	0.420	0.411	0.404
	0.03	0.729	0.599	0.558	0.520	0.501	0.492	0.483	0.473
	0.05	0.931	0.756	0.694	0.644	0.618	0.606	0.589	0.580
	0.07	1.075	0.873	0.801	0.742	0.711	0.697	0.672	0.650
	0.10	1.252	1.027	0.935	0.857	0.817	0.801	0.790	0.739
	0.15	1.518	1.235	1.109	1.021	0.965	0.938	0.895	0.872
	0.20	1.745	1.395	1.254	1.140	1.080	1.045	1.000	0.969

柱的线刚度 K_1 和梁的线刚度 K_2 分别按下列公式计算：

$$K_1 = I_{c1}/h \tag{1-28}$$

$$K_2 = I_{b0}/(2\psi s) \tag{1-29}$$

表中和式中 I_{c0}、I_{c1}——分别为柱小头和柱大头的截面惯性矩；

　　　　　　　I_{b0}——梁最小截面的惯性矩；

　　　　　　　s——半跨斜梁长度；

　　　　　　　ψ——斜梁换算长度系数，见图 1-8。当梁为等截面时 $\psi=1$。

在图 1-8 中，γ_1 和 γ_2 分别为第一、二楔形段的斜率，按公式（1-36）计算。β 为相连楔形段的长度比。由于刚架有侧移失稳时屋脊节点为反弯点，可把该点作为铰接节点对待。

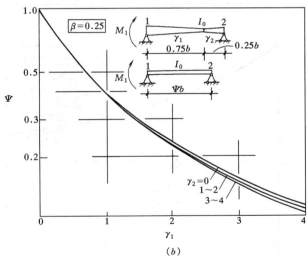

图 1-8 楔形梁在刚架平面内的换算长度系数（一）

(a) $\beta=0$；(b) $\beta=0.25$

图 1-8 楔形梁在刚架平面内的换算长度系数（二）

(c) $\beta=0.50$；(d) $\beta=0.75$；(e) $\beta=1.00$

（b）多跨刚架的中间柱为摇摆柱时，边柱的计算长度应取为

$$h_0 = \eta\mu_\gamma h \tag{1-30}$$

$$\eta = \sqrt{1 + \frac{\Sigma(P_{li}/h_{li})}{\Sigma(P_{fi}/h_{fi})}} \tag{1-31}$$

式中　μ_γ——计算长度系数，由表 1-1 查得，但公式（1-29）中的 s 取与边柱相连的一跨
　　　　　　横梁的坡面长度 l_b，如图 1-9 所示；

　　　η——放大系数；

　　　P_{li}——摇摆柱承受的荷载；

　　　P_{fi}——边柱承受的荷载；

　　　h_{li}——摇摆柱高度；

　　　h_{fi}——刚架边柱高度。

图 1-9　计算边柱时的斜梁长度

　　引进放大系数的原因是：当框架趋于侧移或有初始侧倾时，不仅框架柱上的荷载 P_{fi}
对框架起倾覆作用，摇摆柱上的荷载 P_{li} 也同样起倾覆作用。这就是说，图 1-9 框架边柱
除承受自身荷载的不稳定效应外，还要加上中间摇摆柱荷载效应。因此需要根据比值
$\Sigma(P_{li}/h_{li})/\Sigma(P_{fi}/h_{fi})$ 对边柱计算长度做出调整。

　　摇摆柱的计算长度系数取 1.0。

　　对于屋面坡度大于 1：5 的情况，在确定刚架柱的计算长度时应考虑横梁轴向力
对柱刚度的不利影响。此时应按刚架的整体弹性稳定分析通过电算来确定变截面刚
架柱的计算长度。

　　（2）一阶分析法

　　框架有侧移失稳的临界状态和它的侧移刚度有直接关系。框架上的荷载使此刚度逐渐
退化，荷载加到一定程度时刚度完全消失，框架随即不能保持稳定。因此框架柱的临界荷
载或计算长度可以由侧移刚度得出。此法包括了各柱相互支持的效应，体现了框架的整
体性。

　　当刚架利用一阶分析计算程序得出柱顶水平荷载作用下的侧移刚度 $K = H/u$ 时，柱
计算长度系数可由下列公式计算：

　　（a）对柱脚为铰接和刚接的单跨对称刚架（图 1-10a）

当柱脚铰接时　　　　　　　　　　$\mu_\gamma = 4.14\sqrt{EI_{c0}/Kh^3}$ 　　　　　　　　　（1-32a）

当柱脚刚接时　　　　　　　　　　$\mu_\gamma = 5.85\sqrt{EI_{c0}/Kh^3}$ 　　　　　　　　　（1-32b）

式中　h——刚架柱的高度。

　　公式（1-32a）和（1-32b）也可用于图 1-9（b）所示屋面坡度不大于 1：5 的、有摇

摆柱的多跨对称刚架的边柱，但算得的系数还应乘以放大系数 $\eta' = \sqrt{\dfrac{\Sigma(P_{li}/h_{li})}{1.2\Sigma(P_{fi}/h_{fi})} + 1}$。

摇摆柱的计算长度系数仍取 1.0。η' 不同于式（1-31）的原因，是在推导式（1-32a、b）时引进了考虑荷载-挠度效应（即 $P-\delta$ 效应）的系数 1.2，而摇摆柱没有这一效应。

（b）中间为非摇摆柱的多跨刚架（图 1-10b）

当柱脚铰接时

$$\mu_\gamma = 0.85\sqrt{\frac{1.2}{K}\frac{P_{\text{E}0i}}{P_i}\Sigma\frac{P_i}{h_i}} \tag{1-33a}$$

当柱脚刚接时

$$\mu_\gamma = 1.20\sqrt{\frac{1.2}{K}\frac{P_{\text{E}0i}}{P_i}\Sigma\frac{P_i}{h_i}} \tag{1-33b}$$

$$P_{\text{E}0i} = \frac{\pi^2 EI_{0i}}{h_i^2} \tag{1-34}$$

式中　h_i、P_i、$P_{\text{E}0i}$——分别为第 i 根柱的高度、竖向荷载和以小头为准的欧拉临界荷载。

式（1-33a）的 0.85 已在上一节中解释，式（1-33b）中的 1.2 则是考虑刚接柱脚实际上达不到丝毫不转动的要求。公式（1-33）也可用于单跨非对称刚架。

公式（1-33a、b）在本书上册 5.2.2 节介绍过，不过所用符号有些不同。

图 1-10　一阶分析时的柱顶位移

（3）二阶分析法

当采用计入竖向荷载-侧移效应（即 P-u 效应，亦称 $P-\Delta$ 效应）的二阶分析程序计算内力时，如果是等截面柱，取 $\mu=1$，即计算长度等于几何长度。对于楔形柱，其计算长度系数 μ_γ 可由下列公式计算：

$$\mu_\gamma = 1 - 0.375\gamma + 0.08\gamma^2(1 - 0.0775\gamma) \tag{1-35}$$

$$\gamma = (d_1/d_0) - 1 \tag{1-36}$$

式中　γ——构件的楔率，不大于 $0.268h/d_0$ 及 6.0；

d_0、d_1——分别为柱小头和大头的截面高度（图 1-11）。

图 1-11　变截面构件的楔率

（4）计算公式法

查表法不仅依赖表格数据，还需从曲线图中查取系数 ψ，使用不便，属于陈旧方法，可望以计算公式取而代之。下端铰接的楔形柱的计算长度可由下列诸式计算：

$$\mu_\gamma = 2 \left(\frac{I_{c1}}{I_{c0}} \right)^{0.145} \sqrt{1 + \frac{0.38}{k}} \qquad (1-37)$$

$$k = \frac{K_z}{6i_{c1}} \left(\frac{I_{c1}}{I_{c0}} \right)^{0.29} \qquad (1-38)$$

$$i_{c1} = EI_{c1}/h \qquad (1-39)$$

式中　K_z——梁对柱提供的转动约束，按照梁截面变化的不同情况由下列公式计算：

当半跨斜梁呈单一楔形时（图 1-12a）：

$$K_z = \frac{3EI_1}{s} \left(\frac{I_0}{I_1} \right)^{0.2} \qquad (1-40)$$

式中　s——半跨斜梁长度；

I、I_0——分别为斜梁端截面惯性矩和屋脊截面惯性矩。

图 1-12　刚架梁的形式及相关参数示意图

当半跨斜梁包含两段楔形时（图 1-12b）：

$$\frac{1}{K_z} = \frac{1}{K_{11}} - \frac{2s_2}{s} \frac{1}{K_{12}} + \left(\frac{s_2}{s} \right)^2 \frac{1}{K_{21}} + \left(\frac{s_2}{s} \right)^2 \frac{1}{K_{22}} \qquad (1-41)$$

$$K_{11} = \frac{3EI_1}{s_1} \left(\frac{I_{10}}{I_{11}} \right)^{0.2}, K_{12} = \frac{-6EI_1}{s_1} \left(\frac{I_{10}}{I_{11}} \right)^{0.44},$$

$$K_{21} = \frac{3EI_1}{s_1} \left(\frac{I_{10}}{I_{11}} \right)^{0.712}, K_{22} = \frac{3EI_2}{s_2} \left(\frac{I_{20}}{I_{21}} \right)^{0.712} \qquad (1-42)$$

式中　　　　　s——半跨斜梁长度；

s_1、s_2——分别为两段楔形段的长度；

I_{11}、I_{10}、I_{20}、I_{21}——分别为各梁段端部截面的截面惯性矩。

当半跨斜梁包含两段楔形且之间有一个等截面段时（图 1-12c）：

$$\frac{1}{K_z} = \frac{1}{K_{11}} - 2 \left(1 - \frac{s_1}{s} \right) \frac{1}{K_{12}} + \left(1 - \frac{s_1}{s} \right)^2 \left(\frac{1}{K_{21}} + \frac{1}{3i_2} \right)$$

$$+ \frac{2s_3 (s_2 + s_3)}{s^2} \frac{1}{6i_2} \left(\frac{s_3}{s} \right)^2 \left(\frac{1}{3i_2} + \frac{1}{K_{22}} \right) \qquad (1-43)$$

$$i_2 = \frac{EI_2}{s_2} \tag{1-44}$$

$$K_{11} = \frac{3EI_1}{s_1}\left(\frac{I_{10}}{I_{11}}\right)^{0.2}, K_{12} = \frac{-6EI_1}{s_1}\left(\frac{I_{10}}{I_{11}}\right)^{0.44},$$

$$K_{21} = \frac{3EI_1}{s_1}\left(\frac{I_{10}}{I_{11}}\right)^{0.712}, K_{22} = \frac{3EI_3}{s_3}\left(\frac{I_{30}}{I_{31}}\right)^{0.712} \tag{1-45}$$

式中　　　　　　　s——半跨斜梁长度；

$\quad s_1$、s_2、s_3——分别为三段梁段的长度；

I_{11}、I_{10}、I_{30}、I_{31}——分别为两个楔形梁段端部截面的截面惯性矩；

$\quad\quad\quad I_2$——中间等截面梁段的截面惯性矩。

1.3.3.6　变截面柱在刚架平面外的整体稳定计算

变截面柱的平面外稳定应分段按下列公式计算：

$$\frac{N_1}{\eta_{ty}\varphi_y A_{e1} f} + \left(\frac{M_1}{\varphi_b \gamma_x W_{e1} f}\right)^{1.3-0.3k_\sigma} \leqslant 1 \tag{1-46}$$

当 $\bar{\lambda}_{1y} \geqslant 1.3$ 时：

$$\eta_{ty} = 1 \tag{1-47}$$

当 $\bar{\lambda}_{1y} < 1.3$ 时：

$$\eta_{ty} = \frac{A_0}{A_1} + \left(1 - \frac{A_0}{A_1}\right) \times \frac{\bar{\lambda}_{1y}^2}{1.69} \tag{1-48}$$

$$\bar{\lambda}_{1y} = \frac{\lambda_{1y}}{\pi}\sqrt{\frac{f_y}{E}} \tag{1-49}$$

式中　φ_y——轴心受压构件弯矩作用平面外的稳定系数，以大头为准，按 GB 50017 标准的规定采用，计算长度取纵向柱间支撑点间的距离；若各段线刚度差别较大，确定计算长度时可考虑各段间的相互约束；

$\quad N_1$——所计算构件段大头截面的轴向压力设计值；

$\quad M_1$——所计算构件段大头截面的弯矩设计值；

$\quad k_\sigma$——为楔形构件的小头截面与大头截面由弯矩产生的应力比值，按 $k_\sigma = \dfrac{M_0/W_{x0}}{M_1/W_{x1}}$ 计算；

$\quad \bar{\lambda}_{1y}$——绕弱轴的通用长细比；

$\quad \lambda_{1y}$——绕弱轴的长细比，按 $\lambda_{1y} = L/i_{y1}$ 计算；

$\quad i_{y1}$——大头截面绕弱轴的回转半径；

$\quad \gamma_x$——截面塑性发展系数，可按 GB 50017 标准的规定采用；

$\quad \varphi_b$——均匀弯曲的受弯构件整体稳定系数，对双轴对称的工字形截面杆件，按式 (1-53a) 计算。

GB 51022 规范对原变截面楔形柱的平面外稳定计算公式进行了修订，由于框架柱中的两端弯矩往往引起双曲率弯曲，其等效弯矩系数一般小于 0.65，这对弯矩折减较多，在某些特定情况下会不安全。因此，新修订的相关公式中，弯矩项的指数在 1.0～1.6 之间变化，相关曲线外凸，这等效于考虑弯矩变号对其稳定性的有利作用，避免了在某些特殊情况下的不安全。

1.3.3.7　斜梁和隅撑的设计

（1）斜梁的设计

当斜梁坡度不超过 $1:5$ 时，因轴力很小可按压弯构件计算其强度和刚架平面外的稳定，不计算平面内的稳定。

实腹式刚架斜梁的平面外计算长度，取侧向支承点的间距。当斜梁两翼缘侧向支承点间的距离不等时，应取最大受压翼缘侧向支承点间的距离。斜梁不需要计算整体稳定性的侧向支承点间最大长度，可取受压翼缘宽度的 $16\varepsilon_k$ 倍。侧向支承点由檩条（或刚性系杆）配合支撑体系来提供，其间距应不超过此值。梁的负弯矩区由隅撑提供的侧向支承只是弹性支承，一般以二倍隅撑间距作为梁计算长度。

当斜梁上翼缘承受集中荷载处不设横向加劲肋时，除应按 GB 50017 标准的规定验算腹板上边缘正应力、剪应力和局部压应力共同作用时的折算应力外，尚应按公式（1-53）进行腹板压皱（屈皱）验算：

$$F \leqslant 15\alpha_m t_w^2 f \sqrt{\frac{t_f}{t_w}}\varepsilon_k \tag{1-50}$$

$$\alpha_m = 1.5 - M/(W_e f) \tag{1-51}$$

式中　F——上翼缘所受的集中荷载；

t_f、t_w——分别为斜梁翼缘和腹板的厚度；

α_m——弯曲压应力影响系数，$\alpha_m \leqslant 1.0$，在斜梁负弯矩区取 $\alpha_m = 1.0$（忽略弯曲拉应力的影响）；

M——集中荷载作用处的弯矩；

W_e——有效截面最大受压纤维的截面模量。

楔形变截面梁段在承受线性变化弯矩作用时的整体稳定性，可按下式计算：

$$\frac{M_1}{\gamma_x \varphi_b W_{x1}} \leqslant f \tag{1-52}$$

$$\varphi_b = \frac{1}{(1 - \lambda_{b0}^{2n} + \lambda^{2n})^{1/n}} \leqslant 1.0 \tag{1-53a}$$

$$\lambda_{b0} = \frac{0.55 - 0.25k_\sigma}{(1+\gamma)^{0.2}} \tag{1-53b}$$

$$n = \frac{1.51}{\lambda^{0.1}}\sqrt[3]{\frac{b_1}{h_1}} \tag{1-53c}$$

式中　W_{x1}——弯矩较大截面受压边缘的抵抗矩；

φ_b——刚架梁的整体稳定系数，按式（1-53a）计算；

k_σ——楔形构件的小端截面压应力与大端截面压应力之比；

λ——通用长细比，按 $\lambda = \sqrt{\dfrac{\gamma_x W_{x1} f_y}{M_{cr}}}$ 计算；

γ——变截面梁段的楔率，按 $\gamma = (h_1 - h_0)/h_0$ 计算；

M_{cr}——刚架梁的弹性屈曲弯矩，通常情况下按式（1-54a）计算：

$$M_{cr} = C_1 \frac{\pi^2 EI_y}{L^2}\left[\beta_{x\eta} + \sqrt{\beta_{x\eta}^2 + \frac{I_{\omega\eta}}{I_y}\left(1 + \frac{GJ_\eta L^2}{E\pi^2 I_{\omega\eta}}\right)}\right] \tag{1-54a}$$

式中　　C_1——等效弯矩系数，按式（1-54b）计算：

$$C_1 = 0.46k_M^2\left(\frac{I_{yB}}{I_{yT}}\right)^{0.346} - 1.32k_M\left(\frac{I_{yB}}{I_{yT}}\right)^{0.132} + 1.86\left(\frac{I_{yB}}{I_{yT}}\right)^{0.023} \leqslant 2.75 \tag{1-54b}$$

$\beta_{x\eta}$——截面不对称系数，按式（1-54c）计算：

$$\beta_{x\eta} = 0.45(1+\gamma\eta)h_0\frac{I_{yT}-I_{yB}}{I_y} \tag{1-54c}$$

$$\eta = 0.55 + 0.04\sqrt[3]{\frac{I_{yT}}{I_{yB}}} \cdot \left(1 - \frac{W_{x1}}{W_{x0}}k_M\right) \tag{1-54d}$$

k_M——弯矩比，为较小弯矩除以较大弯矩；

I_y——变截面梁绕弱轴惯性矩；

$I_{\omega\eta}$——变截面梁的等效翘曲惯性矩，按 $I_{\omega\eta}=I_{\omega0}\cdot(1+\gamma\eta)^2$ 计算；

$I_{\omega0}$——变截面梁的等效翘曲惯性矩，按 $I_{\omega0}=I_{yT}h_{sT0}^2+I_{yB}h_{sB0}^2$ 计算；

J_η——变截面梁等效圣维南扭转常数，按 $J_\eta=J_0+\gamma\eta(h_0-t_f)t_w^3/3$ 计算；

J_0——小端截面自由扭转常数；

h_{sT0}、h_{sB0}——分别是小端截面上、下翼缘的中面到剪切中心距离；

h_0——小端截面上、下翼缘中面距离；

t_w——腹板厚度；

b_1、h_1——大端截面宽度和高度；

b_T、t_T、b_B、t_B——受压和受拉翼缘的宽度和厚度。

刚架斜梁也须挠度验算，GB 51022 规范规定，当门式刚架斜梁（全跨）仅支承压型钢板屋面和冷弯型钢檩条时，挠度的上限值取 $L/180$；尚有吊顶时，取 $L/240$；有悬挂起重机时，取 $L/400$；L 取全跨长度。

（2）隔撑设计

实腹式刚架斜梁的两端为负弯矩区，下翼缘在该处受压。为了保证梁的稳定，常有必要在受压翼缘两侧布置隔撑（山墙处刚架仅布置在一侧）作为斜梁的侧向支承，隔撑的另一端连接在檩条上，见图 1-13。显然檩条应是支撑体系的组成部分，能对隔撑提供弹性支承。

图 1-13　隔撑的连接

隔撑间距不应大于所撑梁受压翼缘宽度的 $16\varepsilon_k$ 倍。

隔撑应根据 GB 50017 标准的规定按轴心受压构件的支撑来设计。隔撑截面常选用单根等边角钢，轴向压力按公式（1-55）计算。

$$N = \frac{A_f f}{120\cos\theta} \tag{1-55}$$

式中　A_f——斜梁被撑翼缘的截面积；

θ——隔撑与檩条轴线的夹角。

需要注意的是，单面连接的单角钢压杆由于是偏心受力，在计算其稳定性时，需要采用换算长细比。

1.3.3.8　节点设计

门式刚架结构中的节点有：梁与柱连接节点、梁和梁拼接节点及柱脚。当有桥式吊车时，刚架柱上还有牛腿。

（1）斜梁与柱的连接及斜梁拼接

门式刚架斜梁与柱的刚接连接，一般采用高强度螺栓-端板连接。具体构造有端板竖放（图1-14a）、端板斜放（图1-14b）和端板平放（图1-14c）三种形式。斜梁拼接时也可用高强度螺栓-端板连接，宜使端板与构件外边缘垂直（图1-14d）。斜梁拼接应按所受最大内力设计。当内力较小时，应按能承受不小于较小被连接截面承载力一半设计。

图 1-14　刚架斜梁与柱的连接及斜梁间的拼接
(a) 端板竖放；(b) 端板斜放；(c) 端板平放；(d) 斜梁拼接

图 1-14 所示节点也称为端板连接节点，都必须按照刚接节点进行设计，即在保证必要的强度的同时，提供足够的转动刚度。

为了满足强度需要，宜采用高强度螺栓，并应对螺栓施加预拉力。预拉力可以增强节点转动刚度。就抗剪而言，螺栓连接可以是摩擦型或承压型。摩擦型连接按剪力大小决定端板与柱翼缘接触面的处理方法。当剪力较小时，摩擦面可不做专门处理。

端板螺栓应成对地对称布置。在受拉翼缘和受压翼缘的内外两侧各设一排，并宜使每个翼缘的四个螺栓的中心与翼缘的中心重合。为此，将端板伸出截面高度范围以外形成外伸式连接（图1-14a），以免螺栓群的力臂不够大。但若把端板斜放，因斜截面高度大，受压一侧端板可不外伸（图1-14b）。图1-14（a）的外伸式连接转动刚度是否满足刚性节点的要求需要通过计算加以检验。外伸式连接在节点负弯矩作用下，可假定转动中心位于下翼缘中心线上。如图1-14（a）所示上翼缘两侧对称设置4个螺栓时，每个螺栓承受下面公式表达的拉力，并依此确定螺栓直径：

$$N_{\mathrm{t}} = \frac{M}{4h_1} \tag{1-56}$$

式中　h_1——梁上下翼缘中至中距离。

力偶 M/h_1 的压力由端板与柱翼缘间承压面传递，端板从下翼缘中心伸出的宽度应不小于 $e = \dfrac{M}{h_1} \cdot \dfrac{1}{2bf}$，$b$ 为端板宽度。为了减小力偶作用下的局部变形，有必要在梁上下翼缘中线处设柱加劲肋。有加劲肋的节点，转动刚度比不设加劲肋者大。

当受拉翼缘两侧各设一排螺栓不能满足承载力要求时，可以在翼缘内侧增设螺栓，如图1-15（a）所示。按照绕下翼缘中心 A（图1-14a）的转动保持在弹性范围内的原则，此第三排螺栓的拉力可以按

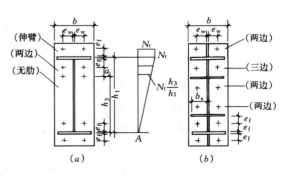

图 1-15　端板的支承条件

$N_t \dfrac{h_3}{h_1}$ 计算，h_3 为 A 点至第三排螺栓的距离，两个螺栓可承弯矩 $M = 2N_t h_3^2 / h_1$。

节点上剪力可以认为由上边二排抗拉螺栓以外的螺栓承受，第三排螺栓拉力未用足，可以和下面二排（或二排以上）螺栓共同抗剪。

螺栓排列应符合构造要求，图 1-15 的 e_w、e_f 应满足扣紧螺栓所用工具的净空要求，通常不小于 35mm，螺栓端距不应小于 2 倍螺栓孔径，两排螺栓之间的最小距离为 3 倍螺栓直径，最大距离不应超过 400mm。

端板的厚度 t 可根据支承条件（图 1-15）按下列公式计算，但不应小于 16mm，和梁端板相连的柱翼缘部分应与端板等厚度。

（a）伸臂类区格

$$t \geqslant \sqrt{\frac{6e_f N_t}{bf}} \tag{1-57a}$$

（b）无加劲肋类区格

$$t \geqslant \sqrt{\frac{3e_w N_t}{(0.5a + e_w)f}} \tag{1-57b}$$

（c）两边支承类区格

当端板外伸时

$$t \geqslant \sqrt{\frac{6e_f e_w N_t}{[e_w b + 2e_f(e_f + e_w)]f}} \tag{1-57c}$$

当端板平齐时

$$t \geqslant \sqrt{\frac{12e_f e_w N_t}{[e_w b + 4e_f(e_f + e_w)]f}} \tag{1-57d}$$

（d）三边支承类区格

$$t \geqslant \sqrt{\frac{6e_f e_w N_t}{[e_w(b + 2b_s) + 4e_f^2]f}} \tag{1-57e}$$

式中和图中　　N_t —— 一个高强度螺栓受拉承载力设计值；

e_w、e_f ——分别为螺栓中心至腹板和翼缘板表面的距离；

b、b_s ——分别为端板和加劲肋板的宽度；

a ——螺栓的间距；

f ——端板钢材的抗拉强度设计值。

在门式刚架斜梁与柱相交的节点域，应按下列公式验算剪应力：

$$\tau \leqslant f_v \tag{1-58}$$

$$\tau = \frac{M}{d_b d_c t_c} \tag{1-59}$$

式中　　d_c、t_c ——分别为节点域柱腹板的宽度和厚度；

d_b ——斜梁端部高度或节点域高度；

M ——节点承受的弯矩，对多跨刚架中间柱处，应取两侧斜梁端弯矩的代数和或柱端弯矩；

f_v ——节点域柱腹板的抗剪强度设计值。

当不满足公式（1-58）的要求时，应加厚腹板或设置斜加劲肋。

刚架构件的翼缘与端板的连接应采用全熔透对接焊缝，腹板与端板的连接应采用角焊缝。在端板设置螺栓处，应按下列公式验算构件腹板的强度：

当 $N_{t2} \leqslant 0.4P$ 时，

$$\frac{0.4P}{e_w t_w} \leqslant f \qquad (1\text{-}60a)$$

当 $N_{t2} > 0.4P$ 时，

$$\frac{N_{t2}}{e_w t_w} \leqslant f \qquad (1\text{-}60b)$$

式中　N_{t2}——翼缘内第二排一个螺栓的轴向拉力设计值；

　　　P——高强度螺栓的预拉力；

　　　e_w——螺栓中心至腹板表面的距离；

　　　t_w——腹板厚度；

　　　f——腹板钢材的抗拉强度设计值。

当不满足公式（1-60）的要求时，可设置腹板加劲肋或局部加厚腹板。

梁柱连接节点需要计算的另一个项目是连接的转动刚度。如果连接的实际刚度远低于理想刚节点，必然造成刚架承载力偏低的不利情况。对于不设摇摆柱的刚架，连接的转动刚度 R 应满足下式：

$$R \geqslant 25EI_b/l_b \qquad (1\text{-}61)$$

式中，I_b 和 l_b 分别为梁的截面惯性矩和跨度。对于有摇摆柱的刚架，上式的系数应增大到 40 或 50。

造成梁和柱相对转动的因素有二：一是节点域的剪切变形角；二是端板和柱翼缘弯曲变形及螺栓拉伸变形。节点域的剪切变形刚度由下式计算：

$$R_1 = Gh_1 h_{0c} t_p \qquad (1\text{-}62)$$

式中　h_1——梁翼缘中心至中心距离；

　　　h_{0c}——柱腹板宽度；

　　　t_p——节点域腹板厚度。

当节点域设有斜加劲肋时（图 1-14c），刚度 R_1 为：

$$R_1 = Gh_1 h_{0c} t_p + Eh_{0b} A_{st} \cos^2\alpha \sin^2\alpha \qquad (1\text{-}63)$$

式中　A_{st}——两条加劲肋的总截面积；

　　　h_{0b}——梁端腹板高度；

　　　α——斜加劲肋倾角。

当有弯矩 M 作用在梁端时，梁上翼缘承受拉力 $F = M/h_1$。把端板在上面两排螺栓之间的部分近似地看做是跨度等于 $2e_f$ 的简支梁，则此梁在 F 力作用点的挠度是：

$$\Delta = \frac{F(2e_f)^3}{48EI_e} = \frac{Fe_f^3}{6EI_e} \qquad (1\text{-}64)$$

式中，I_e 为端板横截面惯性矩，e_f 见图 1-15（a）。梁端截面转角为：

$$\theta_b = \frac{\Delta}{h_1} = \frac{Fe_f^3}{6EI_e h_1} = \frac{Me_f^3}{6EI_e h_1^2} \qquad (1\text{-}65)$$

柱翼缘弯曲变形和预拉高强度螺栓的拉伸变形都很小，可以视为上式的1/10。增加此部分后，转角为：

$$\theta'_b = \frac{1.1 M e_f^3}{6 E I_e h_1^2} \tag{1-66}$$

相应的转动刚度为：

$$R_2 = \frac{M}{\theta'_b} = \frac{6 E I_e h_1^2}{1.1 e_f^3} \tag{1-67}$$

节点的总转动刚度为：

$$R = \frac{1}{1/R_1 + 1/R_2} = \frac{R_1 R_2}{R + R_2} \tag{1-68}$$

（2）柱脚

门式刚架的柱脚，一般采用平板式铰接柱脚（图 1-16a、b），当有桥式吊车或刚架侧向刚度过弱时，则应采用刚接柱脚（图 1-16c、d）。

图 1-16　门式刚架柱脚形式

柱脚锚栓应采用 Q235 或 Q345 钢材制作。锚栓的锚固长度应符合现行国家标准《建筑地基基础设计规范》GB 50007—2011 的规定，锚栓端部按规定设置弯钩或锚板。

计算风荷载作用下柱脚锚栓的上拔力时，应计入柱间支撑的最大竖向分力，此时，不考虑活荷载（或雪荷载）、积灰荷载和附加荷载的影响，同时永久荷载的分项系数 1.0。锚栓直径不宜小于 24mm，且应采用双螺帽以防松动。

柱脚锚栓不宜用于承受柱脚底部的水平剪力。此水平剪力可由底板与混凝土基础之间的摩擦力（摩擦系数可取 0.4）或设置抗剪键承受。

（3）牛腿

当有桥式吊车时，需在刚架柱上设置牛腿，牛腿与柱焊接连接，其构造见图 1-17。

牛腿根部所受剪力 V、弯矩 M 根据下式确定。

$$V = 1.2 P_D + 1.4 D_{max} \tag{1-69}$$

$$M = V e \tag{1-70}$$

式中　P_D——吊车梁及轨道在牛腿上产生的反力；

　　　D_{max}——吊车最大轮压在牛腿上产生的最大反力。

牛腿截面一般采用焊接工字形截面，根部截面尺寸根据 V 和 M 确定，做成变截面牛腿时，端部截面高度 h 不宜小于 $H/2$。在吊车梁下对应位置应设置支承加劲肋。吊车梁与牛腿的连接宜设置长圆孔。高强度螺栓的直径可根据需要选用，通常采用 M16～M24 螺栓。牛腿上翼缘及下翼缘与柱

图 1-17　牛腿构造

的连接焊缝均采用焊透的对接焊缝。牛腿腹板与柱的连接采用角焊缝，焊脚尺寸由剪力 V 确定。

（4）摇摆柱与斜梁的连接构造

摇摆柱与斜梁的连接比较简单，构造图见图 1-18。

图 1-18　摇摆柱与斜梁的连接构造

【例题 1-1】 图 1-19 所示单跨门式刚架，柱为楔形柱，梁为等截面梁，截面尺寸及刚架几何尺寸如图所示，材料为 Q235B。已知楔形柱大头截面的内力：$M_1 = 198.3 \text{kN} \cdot \text{m}$，$N_1 = 64.5 \text{kN}$，$V_1 = 27.3 \text{kN}$；柱小头截面内力：$N_0 = 85.8 \text{kN}$，$V_0 = 31.6 \text{kN}$。试验算该刚架柱的强度及整体稳定是否满足设计要求。

图 1-19　刚架几何尺寸及梁、柱截面尺寸

（a）刚架几何尺寸；（b）梁、柱大头截面尺寸；（c）柱小头截面尺寸

【解】（1）计算截面几何特性

刚架梁及楔形柱大头、小头截面的毛截面几何特性计算结果见表 1-2。

	刚架梁、柱的毛截面几何特性					表 1-2
构件名称	截面	A （mm^2）	I_x （$\times 10^4 \text{mm}^4$）	I_y （$\times 10^4 \text{mm}^4$）	W_x （$\times 10^3 \text{mm}^3$）	i_x （mm）	i_y （mm）
刚架梁	任一	6800	40375	1068	1311	243.1	39.6
刚架柱	大头	6800	40375	1068	1311	243.1	39.6
	小头	4880	7733	1067	52.25	125.9	46.8

（2）楔形柱腹板的有效宽度计算

大头截面：

腹板边缘的最大应力

$$\sigma_1 = \frac{198.3 \times 10^6 \times 300}{40375 \times 10^4} + \frac{64.5 \times 10^3}{6800} = 156.8 \text{N/mm}^2$$

$$\sigma_2 = -\frac{198.3 \times 10^6 \times 300}{40375 \times 10^4} + \frac{64.5 \times 10^3}{6800} = -137.9 \text{N/mm}^2$$

腹板边缘正应力比值

$$\beta = \frac{\sigma_2}{\sigma_1} = \frac{-137.9}{156.8} = -0.879$$

腹板在正应力作用下的凸曲系数

$$k_\sigma = \frac{16}{\sqrt{(1+\beta)^2 + 0.112(1-\beta)^2} + (1+\beta)}$$

$$= \frac{16}{\sqrt{(1-0.879)^2 + 0.112(1+0.879)^2} + (1-0.879)} = 21$$

与板件受弯、受压有关的系数

$$\lambda_\rho = \frac{h_w/t_w}{28.1\sqrt{k_\sigma}\sqrt{235/(\gamma_R \sigma_1)}}$$

$$= \frac{600/6}{28.1 \times \sqrt{21} \times \sqrt{235/(1.087 \times 156.8)}} = 0.66$$

大头截面腹板全部有效。

小头截面：

腹板压应力 $\sigma_0 = \dfrac{85800}{4880} = 17.6 \text{N/mm}^2$

$$\beta = 1, k_\sigma = \frac{16}{\sqrt{2^2 + 0} + 2} = 4.0$$

$$\lambda_\rho = \frac{280/6}{28.1 \times \sqrt{4} \times \sqrt{235/(1.087 \times 17.6)}} = 0.24 < 0.8, \rho = 1，故小头截面腹板全截面$$

有效。

（3）楔形柱的计算长度

柱的线刚度 $\quad\quad K_1 = \dfrac{I_{c1}}{h} = \dfrac{40375 \times 10^4}{7368} = 54797$

梁的线刚度 $\quad\quad K_2 = \dfrac{I_{b0}}{2\psi s} = \dfrac{40375 \times 10^4}{2 \times 1 \times 11829.6} = 17065$

$$K_2/K_1 = 17065/54797 = 0.31$$

$$\frac{I_{c0}}{I_{c1}} = \frac{7733 \times 10^4}{40735 \times 10^4} = 0.19$$

查表 1-1 得柱的计算长度系数 $\mu_\gamma = 1.22$

柱平面内的计算长度 $l_{0x} = \mu_\gamma h = 1.22 \times 7368 = 8986 \text{mm}$

柱平面外的计算长度根据柱间支撑的布置情况取其几何高度的一半 $\quad l_{0y} = 3684 \text{mm}$

（4）楔形柱的强度计算

柱腹板上不设加劲肋，$k_\tau = 5.34$，偏于安全地按最大宽度计算

$$\lambda_w = \frac{h_w/t_w}{37\sqrt{k_\tau}\sqrt{235/f_y}} = \frac{600/6}{37 \times \sqrt{5.34}} = 1.17$$

腹板屈曲后抗剪强度设计值

$$f_v' = [1 - 0.64(\lambda_w - 0.8)]f_v = [1 - 0.64 \times (1.17 - 0.8)] \times 125 = 95.4\ \text{N/mm}^2$$

柱腹板抗剪承载力设计值

$$V_d = h_w t_w f_v' = 600 \times 6 \times 95.4 \times 10^{-3} = 343.4\ \text{kN}$$

$$V_1 = 27.3\text{kN} < 0.5V_d$$

按式（1-20）验算柱大头截面的强度

$$\frac{N}{A_e} + \frac{M}{W_{x,e}}$$

$$= \frac{64.5 \times 10^3}{6800} + \frac{198.3 \times 10^6}{1311 \times 10^3}$$

$$= 9.5 + 151.3 = 160.8\text{N/mm}^2 < f = 215\text{N/mm}^2$$

柱大头截面强度无问题，小头截面面积虽小，但弯矩为零，强度也无问题。

（5）楔形柱平面内稳定计算

$$\lambda_x = \frac{l_{0x}}{i_x} = \frac{8986}{243.1} = 36.96$$

查 GB 50017 标准附表得：$\varphi_x = 0.91$

$$N_{cr} = \frac{\pi^2 E A_{e1}}{\lambda_x^2} = \frac{\pi^2 \times 2.06 \times 10^5 \times 6800}{36.96^2} \times 10^{-3} = 10120.7\text{kN}$$

等效弯矩系数 $\beta_{mx} = 1.0$

$$\bar{\lambda}_1 = \frac{\lambda_x}{\pi}\sqrt{\frac{f_y}{E}} = \frac{36.96}{3.14}\sqrt{\frac{235}{2.06 \times 10^5}} = 0.397 < 1.2$$

$$\eta_t = \frac{A_0}{A_1} + \left(1 - \frac{A_0}{A_1}\right) \times \frac{\bar{\lambda}_1^2}{1.44} = \frac{4880}{6800} + \left(1 - \frac{4880}{6800}\right) \times \frac{0.397^2}{1.44}$$

$$= 0.749$$

$$\frac{N_1}{\eta_t \varphi_x A_{e1}} + \frac{\beta_{mx} M_1}{[1 - N_1/N_{cr}]W_{e1}}$$

$$= \frac{64.5 \times 10^3}{0.749 \times 0.91 \times 6800} + \frac{1.0 \times 198.3 \times 10^6}{[1 - 64.5/10120.7] \times 1311 \times 10^3}$$

$$= 13.9 + 152.2 = 166.1\text{N/mm}^2 < f = 215\text{N/mm}^2$$

（6）楔形柱平面外稳定计算

需要对柱上、下段分别计算。假定分段处的内力为大头和小头截面的平均值，即 $M = 99.15\text{kN} \cdot \text{m}$，$N = 75.15\text{kN}$，腹板高度也是大小头的平均值 440mm，可以算出分段处截面几何特性：$A = 5840\text{mm}^2$，$I_y = 1067 \times 10^4\text{mm}^4$，$i_y = 42.7\text{mm}$ 和 $W_x = 891 \times 10^3\text{mm}^3$。

GB 51022 规范对楔形柱的平面外稳定计算比较烦琐，下面分步骤计算上段柱的平面外稳定性，此段的小头在分段处：

1）计算上段柱的轴心受压稳定系数 φ_y

$$\lambda_{1y} = \frac{l_{1y}}{i_y} = \frac{3684}{42.7} = 86.3$$

查 GB 50017 标准得：$\varphi_y = 0.646$。

2）计算参数 η_{ty}

$$\bar{\lambda}_{1y} = \frac{\lambda_{1y}}{\pi}\sqrt{\frac{f_y}{E}} = \frac{86.3}{3.14} \times \sqrt{\frac{235}{2.06 \times 10^5}} = 0.928 < 1.3$$

$$\eta_{ty} = \frac{A_0}{A_1} + \left(1 - \frac{A_0}{A_1}\right) \times \frac{\bar{\lambda}_{1y}^2}{1.69}$$

$$= \frac{5840}{6800} + \left(1 - \frac{5840}{6800}\right) \times \frac{0.928^2}{1.69}$$

$$= 0.931$$

3）计算等效弯矩系数 C_1 和参数 k_σ

$$\gamma = (h_1 - h_0)/h_0 = (608 - 408)/448 = 0.446$$

$$k_M = \frac{M_0}{M_1} = \frac{99.15}{198.3} = 0.5$$

$$k_\sigma = k_M \frac{W_x}{W_{x0}} = 0.5 \times \frac{1311}{891} = 0.736$$

$$\lambda_{b0} = \frac{0.55 - 0.25k_\sigma}{(1+\gamma)^{0.2}} = \frac{0.55 - 0.25 \times 0.736}{(1+0.446)^{0.2}} = 0.340$$

$$I_{yB} = I_{yT} = \frac{1}{12} \times 8 \times 200^3 = 5.33 \times 10^6 \, \text{mm}^4$$

$$\eta_i = \frac{I_{yB}}{I_{yT}} = 1$$

$$C_1 = 0.46k_M^2 \left(\frac{I_{yB}}{I_{yT}}\right)^{0.346} - 1.32k_M \left(\frac{I_{yB}}{I_{yT}}\right)^{0.132} + 1.86 \left(\frac{I_{yB}}{I_{yT}}\right)^{0.023}$$

$$= 0.46 \times 0.5^2 \times 1^{0.346} - 1.32 \times 0.5 \times 1^{0.346} + 1.86 \times 1^{0.023}$$

$$= 1.315$$

4）计算上段柱（视为梁）的弹性屈曲弯矩 M_{cr}

双轴对称截面：$\beta_{x\eta} = 0$

$$\eta = 0.55 + 0.04\sqrt[3]{\frac{I_{yT}}{I_{yB}}} \cdot \left(1 - \frac{W_{x1}}{W_{x0}}k_M\right)$$

$$= 0.55 + 0.04\sqrt[3]{\frac{5.33}{5.33}} \times (1 - \frac{1311}{891} \times 0.5)$$

$$= 0.561$$

$$I_{\omega 0} = I_{yT}h_{sT0}^2 + I_{yB}h_{sB0}^2$$

$$= 5.33 \times 10^6 \times 224^2 + 5.33 \times 10^6 \times 224^2$$

$$= 5.35 \times 10^{11} \, \text{mm}^6$$

$$I_{\omega\eta} = I_{\omega 0} \cdot (1 + \gamma\eta)^2$$

$$= 5.35 \times 10^{11} \times (1 + 0.446 \times 0.561)^2$$

$$= 8.36 \times 10^{11} \, \text{mm}^6$$

$$J_0 = \frac{1}{3}\sum b_i t_i^3 = \frac{1}{3}(200 \times 8^3 \times 2 + 440 \times 6^3) = 65813 \text{mm}^4$$

$$J_\eta = J_0 + \gamma\eta(h_0 - t_f) t_w^3 / 3$$

$$= 65813 + \frac{1}{3} \times 0.446 \times 0.561 \times (448 - 8) \times 6^3$$

$$= 73740 \text{mm}^4$$

$$M_{cr} = C_1 \frac{\pi^2 EI_y}{L^2}\left[\beta_{x\eta} + \sqrt{\beta_{x\eta}^2 + \frac{I_{\omega\eta}}{I_y}\left(1 + \frac{GJ_\eta L^2}{E\pi^2 I_{\omega\eta}}\right)}\right]$$

$$= 1.315 \times \frac{3.14^2 \times 2.06 \times 10^5 \times 1067 \times 10^4}{3684^2}$$

$$\times \left[0 + \sqrt{0^2 + \frac{8.362 \times 10^{11}}{1067 \times 10^4} \times \left(1 + \frac{0.79 \times 10^5 \times 73740 \times 3684^2}{3.14^2 \times 2.06 \times 10^5 \times 8.362 \times 10^{11}}\right)}\right] \times 10^{-6}$$

$$= 601.95 \text{kN} \cdot \text{m}$$

5）计算上段柱（视为梁）的均匀弯曲受弯构件整体稳定系数 φ_b

$$\lambda = \sqrt{\frac{\gamma_x W_{x1} f_y}{M_{cr}}} = \sqrt{\frac{1.05 \times 1311 \times 10^3 \times 235}{601.95 \times 10^6}} = 0.733$$

$$n = \frac{1.51}{\lambda^{0.1}}\sqrt[3]{\frac{b_1}{h_1}} = \frac{1.51}{0.733^{0.1}} \times \sqrt[3]{\frac{200}{608}} = 1.075$$

$$\varphi_b = \frac{1}{(1 - \lambda_{b0}^{2n} + \lambda^{2n})^{1/n}} = \frac{1}{(1 - 0.34^{2 \times 1.075} + 0.733^{2 \times 1.075})^{\frac{1}{1.075}}} = 0.724$$

6）上段柱的平面外稳定验算

$$\frac{N_1}{\eta_{ty}\varphi_y A_{e1} f} + \left(\frac{M_1}{\varphi_b \gamma_x W_{e1} f}\right)^{1.3 - 0.3k_\sigma}$$

$$= \frac{64.5 \times 10^3}{0.931 \times 0.646 \times 6800 \times 215} + \left(\frac{198.3 \times 10^6}{0.724 \times 1.05 \times 1311 \times 10^3 \times 215}\right)^{1.3 - 0.3 \times 0.736}$$

$$= 0.073 + 0.920$$

$$= 0.993 < 1$$

下段柱也满足要求，这里从略。

讨论 强度计算属于截面承载力问题。对于底部铰接的柱，上端弯矩最大，这里只验算大头截面。计算时，抗剪承载力考虑了屈曲影响。如果剪力很大，V_1 接近 V_d，则还应考虑是否验算其他截面。

1.4 压型钢板设计

1.4.1 压型钢板的材料和截面形式

1.4.1.1 压型钢板的材料

压型钢板的原板按表面处理方法可分为镀锌钢板、彩色镀锌钢板和彩色镀铝锌钢板三种。其中镀锌钢板仅适用于组合楼板，彩色镀锌钢板和彩色镀铝锌钢板则多用于屋面和墙面上。彩色镀锌钢板是目前工程实践中采用最多的一种原板。彩色镀铝锌钢板则是由澳大利亚、韩国等国的生产厂商新近推出的一种原板，它结合了锌的抗腐蚀性好和铝的延展性好的综合优点，抗锈蚀能力更强，但价格稍贵，目前在国内尚处于推广应用阶段。

压型钢板原板材料的选择可根据建筑功能、使用条件、使用年限和结构形式等因素考虑。屋面及墙面外板的基板厚度不应小于 0.45mm，屋面及墙面内板的基板厚度不应小于 0.35mm。原板的长度不限，应优先选用卷板。原板宽度应符合压型钢板的展开宽度。

采用彩色镀层压型钢板的屋面及墙面板的基板力学性能应符合现行国家标准《建筑用压型钢板》GB/T 12755 的要求，基板屈服强度不应小于 350N/mm²，对扣合式连接板基板屈服强度不应小于 500N/mm²。

1.4.1.2　压型钢板的截面形式

压型钢板的截面形式（板型）较多，国内生产的轧机已能生产几十种板型，但真正在工程中应用较多的板型也就十几种。图 1-21 给出了几种压型钢板的截面形式。

图 1-20（a）、（b）是早期的压型钢板板型，截面形式较为简单，板和檩条、墙梁的固定采用钩头螺栓和自攻螺钉、拉铆钉。当作屋面板时，因板需开孔，所以防水问题难以解决，目前已不在屋面上采用。图 1-20（c）、（d）是属于带加劲肋的板型，增加了压型钢板的截面刚度，用作墙板时加劲产生的竖向线条还可增加墙板的美感。图 1-20（e）、（f）是近年来用在屋面上的板型，其特点是板和板、板与檩条的连接通过支架咬合在一起，板上无需开孔，屋面上没有明钉，从而有效地解决了防水、渗漏问题。压型钢板板型的表示方法为 YX 波高-波距-有效覆盖宽度，如 YX35-125-750 即表示为波高为 35mm，波距为125mm，板的有效覆盖宽度为 750mm 的板型。压型钢板的厚度需另外注明。

图 1-20　压型钢板的截面形式

压型钢板根据波高的不同，一般分为低波板（波高小于 30mm）、中波板（波高为30～70mm）和高波板（波高大于 70mm）。波高越高，截面的抗弯刚度就越大，承受的荷载也就越大。

屋面板一般选用中波板和高波板，中波在实际采用的最多。墙板常采用低波板。因高波板、中波板的装饰效果较差，一般不在墙板中采用。

1.4.2　压型钢板的截面几何特性

压型钢板的截面特性可用单槽口的特性来表示。

压型钢板的厚度较薄且各板段厚度相等，因此可用其板厚的中线来计算截面特性。这种计算法称为"线性元件算法"。单槽口截面的折线型中线示于图 1-21。以此算得的截面特性 A 和 I 乘以板厚 t，便是单槽口截面的各特性值。

用 Σb 代表单槽口中线总长，则 $\Sigma b = b_1 + b_2 + 2b_3$，这样，形心轴 x 与受压翼缘 b_1 中线之间的距离是

$$c = \frac{h(b_2 + b_3)}{\Sigma b} \tag{1-71}$$

在图 1-21（b）中，板件 b_1 对于 x 轴的惯性矩为 $b_1 c^2$，同理板件 b_2 对于 x 轴的惯性矩为 $b_2(h-c)^2$。腹板 b_3 是一个斜板段，对于和 x 轴平行的自身形心轴的惯性矩，根据力学原理不难得出为 $b_3 h^2/12$。板件 b_3 对于 x 轴的惯性矩为 $b_3\left(a^2 + \dfrac{h^2}{12}\right)$。以上都是线性值，尚未乘板厚。注意到单槽口截面中共有两个腹板 b_3，整理得到单槽口对于形心轴（x 轴）的惯性矩。

$$I_x = \frac{th^2}{\Sigma b}\left(b_1 b_2 + \frac{2}{3}b_3 \Sigma b - b_3^2\right) \tag{1-72}$$

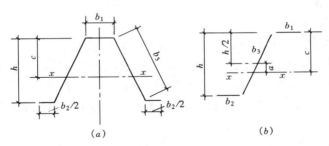

图 1-21　压型钢板的截面特性

即单槽口对于上边（用 s 代表）及下边（用 x 代表）的截面模量为

$$W_x^s = \frac{I_x}{c} = \frac{th\left(b_1 b_2 + \dfrac{2}{3}b_3 \Sigma b - b_3^2\right)}{b_2 + b_3} \tag{1-73}$$

$$W_x^x = \frac{I_x}{h-c} = \frac{th\left(b_1 b_2 + \dfrac{2}{3}b_3 \Sigma b - b_3^2\right)}{b_1 + b_3} \tag{1-74}$$

式中　t——板厚。

以上计算是按折线截面原则进行的，略去了各转折处圆弧过渡的影响。精确计算表明，其影响在 $0.5\%\sim4.5\%$，可以略去不计。当板件的受压部分非全部有效时，应该用有效宽度代替它的实际宽度。

1.4.3　压型钢板的荷载和荷载组合

这里主要介绍压型钢板用作屋面板时的情况。压型钢板用作墙板时，主要承受水平风

荷载作用，荷载和荷载组合都比较简单。

1.4.3.1   压型钢板的荷载

（1）永久荷载

当屋面板为单层压型钢板构造时，永久荷载仅为压型钢板的自重；当为双层板构造时（中间设置玻璃棉保温层），作用在底板（下层压型钢板）上的永久荷载除其自重外，还需考虑保温材料和龙骨的重量。

图 1-22   折算线荷载

（2）可变荷载

在计算屋面压型钢板的可变荷载时，除需与刚架荷载计算类似，要考虑屋面均布活荷载、雪荷载和积灰荷载外（见本章 1.3.1 的内容），还需考虑施工检修集中荷载，一般取1.0kN，当施工检修集中荷载大于 1.0kN 时，应按实际情况取用。当按单槽口截面受弯构件设计屋面板时，需要按下列方法将作用在一个波距上的集中荷载折算成板宽度方向上的线荷载（图 1-22）。

$$q_{re} = \eta \frac{F}{b_{pi}} \tag{1-75}$$

式中 b_{pi}——压型钢板的波距；

F——集中荷载；

q_{re}——折算线荷载；

η——折算系数，由实验确定。无实验依据时，可取 $\eta = 0.5$。

进行上述换算，主要是考虑到相邻槽口的共同工作作用提高了板承受集中荷载的能力。折算系数取 0.5，则相当于在单槽口的连续梁上，作用了一个 $0.5F$ 的集中荷载。

屋面板和墙板的风荷载体型系数不同于刚架计算，应按 GB 51022 规范取用。

1.4.3.2   压型钢板的荷载组合

计算压型钢板的内力时，主要考虑两种荷载组合：

（1）$1.2 \times$ 永久荷载 $+ 1.4 \times$ max｛屋面均布活荷载，雪荷载｝；

（2）$1.2 \times$ 永久荷载 $+ 1.4 \times$ 施工检修集中荷载换算值；

当需考虑风吸力对屋面压型钢板的受力影响时，还应进行下式的荷载组合：

（3）$1.0 \times$ 永久荷载 $+ 1.4 \times$ 风吸力荷载。

计算屋面板紧固件时，风荷载体形系数对封闭建筑为：中间区 -1.08，边缘带 -1.58，角部 -2.28。

1.4.4   薄壁构件的板件有效宽度

压型钢板和用于檩条、墙梁的卷边槽钢和 Z 形钢都属于冷弯薄壁构件，这类构件允许板件受压屈曲并利用其屈曲后强度。因此，在其强度和稳定性计算公式中截面特性一般以有效截面为准。然而，也并非所有这类构件都利用屈曲后强度。对于翼缘宽厚比较大的压型钢板，如图 1-20（c）、（d）所示设置尺寸适当的中间纵向加劲肋，就可以保证翼缘受压时全部有效。所谓尺寸适当包括两方面要求，其一是加劲肋必须有足够的刚度，中间加劲肋的惯性矩符合下列公式要求：

$$I_{is} \geqslant 3.66t^4 \sqrt{\left(\frac{b_s}{t}\right)^2 - \frac{27100}{f_y}} \tag{1-76}$$

$$I_{is} \geqslant 18t^4 \tag{1-77}$$

式中　I_{is}——中间加劲肋截面对平行于被加劲板之重心轴的惯性矩；

b_s——子板件的宽度；

t——板件的厚度。

图 1-23　带中间加劲肋的压型钢板

对图 1-23 所示边缘加劲肋，其惯性矩 I_{es} 要求不小于中间加劲肋的一半，计算时在公式（1-76）中用 b 代替 b_s。

尺寸适当的第二方面的要求是中间加劲肋的间距不能过大，即满足

$$\frac{b_s}{t} \leqslant 36\sqrt{205/\sigma_1} \tag{1-78}$$

式中　σ_1——受压翼缘的压应力（设计值）。

对于设置边加劲肋的受压翼缘来说，宽厚比应满足下式：

$$\frac{b}{t} \leqslant 18\sqrt{205/\sigma_1} \tag{1-79}$$

以上计算没有考虑相邻板件之间的约束作用，一般偏于安全。

1.4.5　压型钢板的强度和挠度计算

压型钢板的强度和挠度可取单槽口的有效截面，按受弯构件计算。内力分析时，把檩条视为压型钢板的支座，考虑不同荷载组合，按多跨连续梁进行。

（1）压型钢板腹板的剪应力计算

当 $\dfrac{h_s}{t} < 100$ 时　　　　　　　　$\tau \leqslant \tau_{cr} = \dfrac{8550}{(h_s/t)} \tag{1-80a}$

$$\tau \leqslant f_v \tag{1-80b}$$

当 $\dfrac{h_s}{t} \geqslant 100$ 时　　　　　　　$\tau \leqslant \tau_{cr} = \dfrac{855000}{(h_s/t)^2} \tag{1-80c}$

式中　τ——腹板的平均剪应力（N/mm^2）；

τ_{cr}——腹板剪切屈曲临界应力；

h_s/t——腹板的高厚比；

h_s——腹板在其平面内的高度。

（2）压型钢板支座处腹板的局部受压承载力计算

$$R \leqslant R_w \tag{1-81}$$

$$R_w = \alpha t^2 \sqrt{fE}(0.5 + \sqrt{0.02 l_c/t})\left[2.4 + \left(\frac{\theta}{90}\right)^2\right] \tag{1-82}$$

式中 R——支座反力；

   R_w——一块腹板的局部受压承载力设计值；

   α——系数，中间支座取 $\alpha = 0.12$，端部支座取 $\alpha = 0.06$；

   t——腹板厚度；

   l_c——支座处的支承长度，$10\text{mm} < l_c < 200\text{mm}$，端部支座可取 $l_c = 10\text{mm}$；

   θ——腹板倾角（$45° \leqslant \theta \leqslant 90°$）。

（3）压型钢板同时承受弯矩 M 和支座反力 R 的截面，应满足下列要求：

$$M/M_u \leqslant 1.0 \tag{1-83}$$

$$R/R_w \leqslant 1.0 \tag{1-84}$$

$$M/M_u + R/R_w \leqslant 1.25 \tag{1-85}$$

式中 M_u——截面的受弯承载力设计值，$M_u = W_e f$。

（4）压型钢板同时承受弯矩和剪力的截面，应满足下列要求。

$$\left(\frac{M}{M_u}\right)^2 + \left(\frac{V}{V_u}\right)^2 \leqslant 1.0 \tag{1-86}$$

式中 V_u——腹板的受剪承载力设计值，$V_u = (ht\sin\theta)\tau_{cr}$。

（5）压型钢板的挠度限值

压型钢板的挠度与跨度之比，GB 51022 规范对屋面板和墙板分别规定为 1/150 和 1/100。

1.4.6 压型钢板的构造规定

（1）压型钢板腹板与翼缘水平面之间的夹角不宜小于 45°。

（2）压型钢板宜采用长尺寸板材，以减少板长度方向的搭接。

（3）压型钢板长度方向的搭接端必须与支承构件（如檩条、墙梁等）有可靠的连接，搭接部位应设置防水密封胶带，搭接长度不宜小于下列限值：

波高大于或等于 70mm 的高波屋面压型钢板 350mm

波高小于 70mm 的中波屋面压型钢板

屋面坡度 $< \dfrac{1}{10}$ 时   250mm

屋面坡度 $> \dfrac{1}{10}$ 时   200mm

墙面低波压型钢板   120mm

图 1-24 压型钢板的侧向连接方式
（a）搭接式；（b）扣合式；（c）咬合式

（4）屋面压型钢板侧向可采用搭接式、扣合式或咬合式等不同连接方式（图1-24）。当侧向采用搭接式连接时，一般搭接一波，特殊要求时可搭接两波。搭接处用连接件紧固，连接件应设置在波峰上。对于高波压型钢板，连接件间距一般为 700～800mm；对于低波压型钢板，连接件间距一般为 300～400mm。当侧向采用扣合式或咬合式连接时，应在檩条上设置与压型钢板波形相配套的专用固定支座，两片压型钢板的侧边应确保扣合或咬合连接可靠。

（5）墙面压型钢板之间的侧向连接宜采用搭接连接，通常搭接一个波峰，板和板的连接可设在波峰，亦可设在波谷。

1.5　檩　条　设　计

1.5.1　檩条的截面形式

檩条的截面形式可分为实腹式和格构式两种。当檩条跨度（柱距）不超过 9m 时，应优先选用实腹式檩条。

实腹式檩条的截面形式如图 1-25 所示。

图 1-25　实腹式檩条的截面形式

图 1-25（a）为普通热轧槽钢或轻型热轧槽钢截面，因板件较厚，用钢量较大，目前已不在工程中采用。图 1-25（b）为高频焊接 H 型钢截面，具有抗弯性能好的特点，适用于檩条跨度较大的场合，但 H 型钢截面的檩条与刚架斜梁的连接构造比较复杂。图 1-25（c）、（d）、（e）是冷弯薄壁型钢截面，在工程中应用都很普遍。卷边槽钢（亦称 C 形钢）檩条适用于屋面坡度 $i \leqslant 1/3$ 的情况，直卷边和斜卷边 Z 形檩条适用于屋面坡度 $i > 1/3$ 的情况。斜卷边 Z 形钢存放时可叠层堆放，占地少。做成连续梁檩条时，构造上也很简单。这三类薄壁型钢的规格和截面特性见附表 1.1～1.3。连续檩条把搭接段放在弯矩较大的支座处，可比简支者省料。

格构式檩条的截面形式有下撑式（图 1-26a）、平面桁架式（图 1-26b）和空腹式（图 1-26c）等。

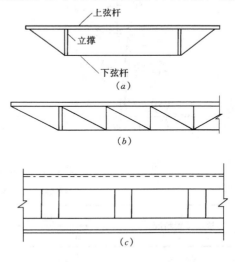

图 1-26　格构式檩条

当屋面荷载较大或檩条跨度大于 9m 时，宜选用格构式檩条。格构式檩条的构造和支座相对复杂，侧向刚度较低，但用钢量较少。

本节只介绍冷弯薄壁型钢实腹式檩条的设计，格构式檩条的设计可参见有关设计手册。

1.5.2   檩条的荷载和荷载组合

檩条所承受的荷载和压型钢板类似，只是增加了檩条和悬挂物的自重。荷载组合也和压型钢板一样，考虑 1.4.3.2 节所列三种组合，不过在风荷载很大的地区，第三种组合很重要。而檩条和墙梁的风荷载体型系数不同于刚架，应按 GB 51022 规范采用。对封闭的双坡屋顶建筑，中间区为 $-0.98\sim-1.08$，边缘带和角部为 $-1.18\sim-2.28$，挑檐角部为 $-2.50\sim-3.70$，随有效受风面积的大小取值。

1.5.3   檩条的内力分析

设置在刚架斜梁上的檩条在垂直于地面的均布荷载作用下，沿截面两个主轴方向都有弯矩作用，属于双向受弯构件。在进行内力分析时，首先要把均布荷载 q 分解为沿截面形心主轴方向的荷载分量 q_x、q_y，如图 1-27 所示：

$$q_x = q\sin\alpha_0 \tag{1-87a}$$

$$q_y = q\cos\alpha_0 \tag{1-87b}$$

式中 α_0——竖向均布荷载设计值 q 和形心主轴 y 轴的夹角。

由图可见，在屋面坡度不大的情况下，卷边 Z 形钢的 q_x 指向上方（屋脊），而卷边槽钢和 H 型钢的 q_x 总是指向下方（屋檐）。

对设有拉条的简支檩条（和墙梁），由 q_y、q_x 分别引起的 M_x 和 M_y 按表 1-3 计算。

图 1-27   实腹式檩条截面的主轴和荷载

檩条（墙梁）的内力计算（简支梁）   表 1-3

拉条设置情况	由 q_x 产生的内力		由 q_y 产生的内力	
	M_{ymax}	V_{xmax}	M_{xmax}	V_{ymax}
无拉条	$\frac{1}{8}q_x l^2$	$0.5q_x l$	$\frac{1}{8}q_y l^2$	$0.5q_y l$
跨中有一道拉条	拉条处负弯矩 $\frac{1}{32}q_x l^2$ 拉条与支座间 正弯矩 $\frac{1}{64}q_x l^2$	$0.625q_x l$	$\frac{1}{8}q_y l^2$	$0.5q_y l$

续表

拉条设置情况	由 q_x 产生的内力		由 q_y 产生的内力	
	M_{ymax}	V_{xmax}	M_{xmax}	V_{ymax}
三分点处各有一道拉条	拉条处负弯矩 $\dfrac{1}{90}q_x l^2$ 跨中正弯矩 $\dfrac{1}{360}q_x l^2$	$0.367q_x l$	$\dfrac{1}{8}q_y l^2$	$0.5q_y l$

注：在计算 M_y 时，将拉条作为侧向支承点，按双跨或三跨连续梁计算。

对于多跨连续梁，在计算 M_y 时，不考虑活荷载的不利组合，跨中和支座弯矩都近似取 $\dfrac{1}{10}q_y l^2$。

当檩条兼充支撑桁架的横杆或刚性系杆时还应承受支撑力，参看 2.1.3.3 节。

1.5.4　檩条的截面选择

1.5.4.1　强度计算

当屋面能阻止檩条的失稳和扭转时，可按下列强度公式验算截面：

$$\frac{M_x}{W_{enx}} + \frac{M_y}{W_{eny}} \leqslant f \tag{1-88}$$

$$\frac{3V_{ymax}}{2h_0 t} \leqslant f_v \tag{1-89}$$

式中　M_x、M_y ——对截面 x 轴和 y 轴的弯矩；

　　　　V_{ymax} ——腹板平面内的剪力；

　W_{enx}、W_{eny} ——对两个形心主轴的有效净截面模量；

　　　　h_0 ——腹板的计算高度，取板件弯折处两圆弧起点之间的距离；

　　　　t ——檩条厚度，当双檩条搭接时，取两檩条厚度之和并乘以折减系数 0.9。

由于轻钢结构的屋面坡度通常不大于 1/10，垂直于腹板平面的内力较小，且屋面板的蒙皮效应对于檩条有显著的侧向支承效果，故可只依据腹板平面内计算其几何特性、荷载、内力等，即略去公式（1-88）左侧的第二项，这样做可简化计算。对于屋面坡度大于 1/10 且屋面板蒙皮效应较小者，则不能忽略第二项。

1.5.4.2　整体稳定计算

当屋面不能阻止檩条的侧向失稳和扭转时（如采用扣合式屋面板时），应按稳定公式（1-90）验算截面：

$$\frac{M_x}{\varphi_{bx} W_{ex}} + \frac{M_y}{W_{ey}} \leqslant f \tag{1-90}$$

式中　W_{ex}、W_{ey} ——对两个形心主轴的有效截面模量；

　　　　φ_{bx} ——梁的整体稳定系数，按 GB 50018 的规定由下式计算：

$$\varphi_{bx} = \frac{4320Ah}{\lambda_y^2 W_x} \xi_1 \left(\sqrt{\eta^2 + \zeta} + \eta\right)\left(\frac{235}{f_y}\right) \tag{1-91}$$

$$\eta = 2\xi_2 e_a/h \tag{1-92}$$

$$\zeta = \frac{4I_\omega}{h^2 I_y} + \frac{0.156 I_t}{I_y}\left(\frac{l_0}{h}\right)^2 \tag{1-93}$$

式中　λ_y——梁在弯矩作用平面外的长细比；

A——毛截面面积；

h——截面高度；

l_0——梁的侧向计算长度，$l_0 = \mu_b l$；

μ_b——梁的侧向计算长度系数，按表 1-4 采用；

l——梁的跨度；

ξ_1、ξ_2——系数，按表 1-4 采用；

e_a——横向荷载作用点到弯心的距离：对于偏心压杆或当横向荷载作用在弯心时 e_a = 0，当荷载不作用在弯心且荷载方向指向弯心时 e_a 为负，而离开弯心时 e_a 为正；

W_x——对 x 轴的受压边缘毛截面模量；

I_ω——毛截面扇形惯性矩；

I_y——对 y 轴的毛截面惯性矩；

I_t——扭转惯性矩。

如按上列公式算得 φ_{bx} 值大于 0.7，则应以 φ'_{bx} 值代替 φ_{bx}，φ'_{bx} 值应按下式计算：

$$\varphi'_{bx} = 1.091 - \frac{0.274}{\varphi_{bx}} \tag{1-94}$$

C 形钢檩条的荷载不通过截面弯心（剪心），从理论上说稳定计算应计及双力矩 B（见上册 3.2.3 节）的影响，但 GB 50018 规范认为非牢固连接的屋面板能起一定作用，从而略去 B 的影响。

简支檩条的 ξ_1、ξ_2 和 μ_b 系数　　　　　　　表 1-4

系　数	跨间无拉条	跨中一道拉条	三分点两道拉条
μ_b	1.0	0.5	0.33
ξ_1	1.13	1.35	1.37
ξ_2	0.46	0.14	0.06

在风吸力作用下，当屋面能阻止上翼缘侧移和扭转时，受压下翼缘的稳定性应按 GB 51022 规范的规定计算。当屋面不能阻止上翼缘侧移和扭转时，受压下翼缘的稳定性应按公式（1-90）计算；当采取可靠措施能阻止檩条截面扭转时，可仅计算其强度。

在式（1-88）和式（1-90）中截面模量都用有效截面，其值应按 GB 50018 规范的规定计算。但是檩条是双向受弯构件，翼缘的正应力非均匀分布，确定其有效宽度的计算比较复杂，且该规范规定的部分加劲板件的稳定系数偏低。对于和屋面板牢固连接并承受重力荷载的卷边槽钢、Z 形钢檩条，据研究资料分析，翼缘全部有效的范围由下列公式给出，可供设计参考。

当 $h/b \leqslant 3.0$ 时

$$\frac{b}{t} \leqslant 31\sqrt{205/f} \qquad (1\text{-}95a)$$

当 $3.0 < h/b \leqslant 3.3$ 时

$$\frac{b}{t} \leqslant 28.5\sqrt{205/f} \qquad (1\text{-}95b)$$

式中　h、b、t——分别为截面高度、翼缘宽度和板件厚度。

　　GB 50018 规范所附卷边槽钢和卷边 Z 形钢规格，多数都在上述范围之内。需要提出注意的是这两种截面的卷边宽度应符合 GB 50018 规范的规定，见表1-5。

卷边的最小高厚比　　　　　　　　表 1-5

$\frac{b}{t}$	15	20	25	30	35	40	45	50	55	60
$\frac{a}{t}$	5.4	6.3	7.2	8.0	8.5	9.0	9.5	10.0	10.5	11.0

注：a——卷边的高度；

　　b——带卷边板件的宽度；

　　t——板厚。

　　如选用公式（1-95）范围外的截面，应按有效截面进行验算。

1.5.4.3　变形计算

实腹式檩条应验算垂直于屋面方向的挠度。

对卷边槽形截面的两端简支檩条，应按公式（1-96）进行验算。

$$\frac{5}{384}\frac{q_{ky}l^4}{EI_x} \leqslant [v] \qquad (1\text{-}96)$$

式中　q_{ky}——沿 y 轴作用的分荷载标准值；

　　　I_x——对 x 轴的毛截面惯性矩。

对 Z 形截面的两端简支檩条，应按公式（1-97）进行验算。

$$\frac{5}{384}\frac{q_k \cos\alpha l^4}{EI_{x1}} \leqslant [v] \qquad (1\text{-}97)$$

式中　α——屋面坡度；

　　　I_{x1}——Z 形截面对平行于屋面的形心轴的毛截面惯性矩。

容许挠度 $[v]$ 按表 1-6 取值。

檩条的容许挠度限值　　　　　　　表 1-6

仅支承压型钢板屋面（承受活荷载或雪荷载）	$\dfrac{l}{150}$
有吊顶	$\dfrac{l}{240}$

1.5.5　构　造　要　求

　　（1）当檩条跨度大于 4m 时，应在檩条间跨中位置设置拉条。当檩条跨度大于 6m 时，应在檩条跨度三分点处各设置一道拉条。拉条的作用是防止檩条侧向变形和扭转，并且提供 x 轴方向的中间支点。此中间支点的力需要传到刚度较大的构件。为此，需要在屋脊或檐口处设置斜拉条和刚性撑杆。当檩条用卷边槽钢时，横向力指向下方，斜拉条应如图

1-28 (*a*)、(*b*) 所示布置。当檩条为 Z 形钢而横向荷载向上时，斜拉条应布置于屋檐处（图 1-28*c*）。以上论述适用于没有风荷载和屋面风吸力小于重力荷载的情况。

图 1-28　拉条和撑杆的布置

当风吸力超过屋面永久荷载时，横向力的指向和图 1-27 相反。此时 Z 形钢檩条的斜拉条需要设置在屋脊处，而卷边槽钢檩条则需设在屋檐处。因此，为了兼顾两种情况，在风荷载大的地区或是在屋檐和屋脊处都设置斜拉条，或是把横拉条和斜拉条都做成可以既承拉力又承压力的刚性杆。

拉条通常用圆钢做成，圆钢直径不宜小于 10mm。圆钢拉条可设在距檩条上翼缘 1/3 腹板高度范围内。当在风吸力作用下檩条下翼缘受压时，屋面宜用自攻螺钉直接与檩条连接，拉条宜设在下翼缘附近。为了兼顾无风和有风两种情况，可在上、下翼缘附近交替布置，或在两处都设置。当采用扣合式屋面板时，拉条的设置根据檩条的稳定计算确定。刚性撑杆可采用钢管、方钢或角钢做成，通常按压杆的刚度要求 [λ]≤200 来选择截面。

拉条、撑杆与檩条的连接见图 1-29。斜拉条可弯折，也可不弯折。前一种方法要求弯折的直线长度不超过 15mm，后一种方法则需要通过斜垫板或角钢与檩条连接。

图 1-29　拉条与檩条的连接

（2）实腹式檩条可通过檩托与刚架斜梁连接，檩托可用角钢和钢板做成，檩条与檩托的连接螺栓不应少于 2 个，并沿檩条高度方向布置，见图 1-30。设置檩托的目的是为了阻止檩条端部截面的扭转，以增强其整体稳定性。

（3）槽形和 Z 形檩条上翼缘的肢尖（或卷边）应朝向屋脊方向，以减少荷载偏心引起的扭矩。

（4）计算檩条时，不能把隅撑作为檩条的支承点。

【例题 1-2】 一轻型门式刚架结构的屋面，檩条采用冷弯薄壁卷边槽钢，截面尺寸为 CN160×60×20×2.0，材料为 Q235。水平檩距 1.2m，檩条跨度 6m，屋面坡度 8％（*α*

图 1-30　檩条与刚架的连接

＝4.57°），檩条跨中设置一道拉条（图 1-31），试验算该檩条的承载力和挠度是否满足设计要求。已知该檩条承受的荷载为：

（1）1.2×永久荷载＋1.4×屋面活荷载

荷载标准值 $q_k＝0.749\text{kN/m}$

荷载设计值 $q_1＝0.988\text{kN/m}$

$$q_x = q_1 \sin 4.57° = 0.079\text{kN/m}$$

$$q_y = q_1 \cos 4.57° = 0.985\text{kN/m}$$

（2）1.0×永久荷载＋1.4×风吸力荷载

荷载设计值　$q_x＝0.016\text{kN/m}$；$q_y＝0.731\text{kN/m}$

图 1-31　檩条截面

【解】（1）檩条的毛截面几何特性

经查附表 1-1，知 CN160×60×20×2.0 截面的毛截面几何特性为：$A＝6.07\text{cm}^2$，$I_x＝236.59\text{cm}^4$，$I_y＝29.99\text{cm}^4$，$i_x＝6.24\text{cm}$，$i_y＝2.22\text{cm}$，$W_x＝29.57\text{cm}^3$，$x_0＝1.85\text{cm}$，$I_\omega＝1596.28\text{cm}^6$，$I_t＝0.0809\text{cm}^4$。

（2）弯矩计算

第一种组合：$M_x＝\dfrac{1}{8}×0.985×6^2＝4.433\text{kN·m}$

$$M_y＝\frac{1}{32}×0.079×6^2＝0.089\text{kN·m}$$

第二种组合：$M_x＝\dfrac{1}{8}×0.731×6^2＝3.29\text{kN·m}$

$$M_y＝\frac{1}{32}×0.016×6^2＝0.018\text{kN·m}$$

（3）有效截面计算

根据公式（1-95a）及表 1-5：

$$\frac{h}{b}＝\frac{160}{60}＝2.67＜3.0, \quad \frac{b}{t}＝\frac{60}{2}＝30＜31\sqrt{\frac{205}{205}}＝31$$

且 $\dfrac{a}{t} = \dfrac{20}{2} = 10 > 8.0$ 故檩条全截面有效。

（4）强度验算

根据公式（1-88），验算檩条在第一种荷载组合作用下①、②点的强度：

$$\sigma_1 = \frac{M_x}{W_{\text{enx}}} + \frac{M_y}{W_{\text{eny,max}}} = \frac{4.433 \times 10^6}{29.57 \times 10^3} + \frac{0.089 \times 10^6}{16.19 \times 10^3}$$

$$= 149.9 + 5.5 = 155.4 \text{N/mm}^2 < f = 205 \text{N/mm}^2$$

$$\sigma_2 = \frac{M_x}{W_{\text{enx}}} + \frac{M_y}{W_{\text{eny,min}}} = \frac{4.433 \times 10^6}{29.57 \times 10^3} + \frac{0.089 \times 10^6}{7.23 \times 10^3}$$

$$= 149.9 + 12.3 = 162.2 \text{N/mm}^2 < f = 205 \text{N/mm}^2$$

（5）整体稳定验算

根据公式（1-90）验算在第一种荷载组合作用下（采用扣合式屋面板）檩条的整体稳定。

受弯构件的整体稳定系数按 GB 50018 规范计算：

由表1-4 $\xi_1 = 1.35, \xi_2 = 0.14, \mu_b = 0.50$

由式（1-92） $\eta = 2\xi_2 e_a / h = 2 \times 0.14 \times (-8) / 16 = -0.14$

由式（1-93） $\zeta = \dfrac{4 I_\omega}{h^2 I_y} + \dfrac{0.156 I_t}{I_y} \left(\dfrac{\mu_b l}{h} \right)^2$

$$= \frac{4 \times 1596.28}{16^2 \times 29.99} + \frac{0.156 \times 0.0809}{29.99} \left(\frac{0.5 \times 600}{16} \right)^2 = 0.9796$$

$$\lambda_y = \frac{300}{2.22} = 135.14$$

由式（1-91） $\varphi_{\text{bx}} = \dfrac{4320 A h}{\lambda_y^2 W_x} \xi_1 \left(\sqrt{\eta^2 + \zeta} + \eta \right)$

$$= \frac{4320 \times 6.07 \times 16}{135.14^2 \times 29.57} \times 1.35 \times \left(\sqrt{(-0.14)^2 + 0.9796} - 0.14 \right)$$

$$= 0.902 > 0.7$$

$$\varphi'_{\text{bx}} = 1.091 - \frac{0.274}{\varphi_{\text{bx}}} = 1.091 - \frac{0.274}{0.902} = 0.787$$

$$\frac{M_x}{\varphi'_{\text{bx}} W_{\text{ex}}} + \frac{M_y}{W_{\text{ey}}} = \frac{4.433 \times 10^6}{0.87 \times 29.57 \times 10^3} + \frac{0.089 \times 10^6}{7.23 \times 10^3}$$

$$= 190.5 + 12.3 = 202.8 \text{N/mm}^2 < f = 205 \text{N/mm}^2$$

（6）挠度验算

由式(1-96)

$$v_y = \frac{5}{384} \frac{q_k \cos\alpha l^4}{EI_x}$$

$$= \frac{5}{384} \frac{0.749 \times \cos4.57° \times 6000^4}{2.06 \times 10^5 \times 236.59 \times 10^4}$$

$$= 25.9 \text{mm} < [v] = \frac{l}{150} = 40 \text{mm}$$

根据计算结果知，该檩条的强度、整体稳定和挠度均满足设计要求。

1.6 墙梁、支撑设计和本章小结

1.6.1 墙 梁 设 计

1.6.1.1 墙梁的截面形式

墙梁一般采用冷弯卷边槽钢，有时也可采用卷边 Z 形钢。

墙梁在其自重、墙体材料和水平风荷载作用下，也是双向受弯构件。墙板常做成落地式并与基础相连，墙板的重力直接传至基础，故墙梁的最大刚度平面在水平方向。当采用卷边槽形截面墙梁时，为便于墙梁与刚架柱的连接而把槽口向上放置，单窗框下沿的墙梁则需槽口向下放置。

墙梁应尽量等间距设置，在墙面的上沿、下沿及窗框的上沿、下沿处应设置一道墙梁。为了减少竖向荷载产生的效应，减少墙梁的竖向挠度，可在墙梁上设置拉条，并在最上层墙梁处设斜拉条将拉力传至刚架柱，设置原则和檩条相同。

墙梁尚应验算在风荷载标准值作用下的水平挠度，当墙梁支承压型钢板墙板时，其挠度的上限值取 $L/100$；当墙梁支承砌体墙时，其挠度的上限值取 $L/180$ 且 $\leqslant 50$mm；L 系墙梁跨度。

墙梁可根据柱距的大小做成跨越一个柱距的简支梁或两个柱距的连续梁，前者运输方便，节点构造相对简单，后者受力合理，节省材料。

1.6.1.2 墙梁的计算

墙梁的荷载组合有两种：

1.2×竖向永久荷载＋1.4×水平风压力荷载

1.2×竖向永久荷载＋1.4×水平风吸力荷载

在墙梁截面上，由外荷载产生的内力有：水平风荷载 q_x 产生的弯矩 M_y、剪力 V_x；由竖向荷载 q_y 产生的弯矩 M_x、剪力 V_y（计算公式见表 1-3）。墙梁的设计公式和檩条相同。当墙板放在墙梁外侧且不落地时，其重力荷载没有作用在截面剪力中心，计算还应考虑双力矩 B 的影响，计算双力矩产生的正应力参见本书上册 3.2.3 节，双力矩 B 的计算公式见 GB 50018 规范的附录 A。

1.6.2　支撑构件的设计

门式刚架结构中的交叉支撑和柔性系杆可按拉杆设计（认为受压斜杆不受力，见图 2-20），非交叉支撑中的受压杆件及刚性系杆按压杆设计。

刚架斜梁上横向水平支撑的内力，根据纵向风荷载按支承于柱顶的水平桁架计算，还要计算支撑对斜梁起减少计算长度作用而承受的支撑力，参看 2.1.3.3 节。刚架柱间支撑的内力，应根据该柱列所受纵向风荷载（如有吊车，还应计入吊车纵向制动力）按支承于柱脚上的竖向悬臂桁架计算，并计入支撑因保障柱稳定而应承受的力。如图 1-1 所示的柱间支撑作用在柱顶的支撑力为

$$\frac{\Sigma N}{300}\left(1.5+\frac{1}{n}\right) \tag{1-98}$$

式中　ΣN——所撑各柱的轴压力之和；

　　　n——所撑各柱的数目。

当同一柱列设有多道柱间支撑时，纵向力在支撑间可平均分配。

支撑杆件中，拉杆可采用圆钢制作，用特制的连接件与梁、柱腹板相连，并应以花兰螺丝张紧。压杆宜采用双角钢组成的 T 形截面或十字形截面，按压杆设计的刚性系杆也可采用圆管截面。

1.6.3　本　章　小　结

本章内容包括轻型门式刚架结构的整体布置、各类构件的计算和节点连接的构造和计算，这些内容综合地反映钢结构设计的下列普遍原则：

（1）保证结构的整体性

门式刚架属于平面结构，它们在纵向构件、支撑和围护结构的联系下形成空间的稳定整体。结构只有组成空间稳定整体，才能承担各种荷载和其他外在效应。不同构件之间的相互依存，反映结构整体性的另一方面。屋面板为檩条提供约束，使它不致失稳。通过隅撑的联系，檩条又为框架梁的受压下翼缘提供约束。中柱做成摇摆柱后，它所承受的荷载对边柱稳定有影响，需要后者承担其侧向效应。总之，设计结构时要有整体概念。

（2）设计者必须明确各类外力从作用点到基础的传递路径和传递全过程中产生的效应，有关构件如何既分工又协同工作。它们的强度和稳定性如何满足，力的传递过程中导致何种变形，应如何考虑变形的效应和加以控制。

（3）设计必须体现计算和构造的一致性。设计为刚性连接的节点，实际构造应该符合刚性节点的要求，否则将产生不利的后果。如果实际上达不到要求，则应在计算中作必要的修正。式（1-33b）的系数 1.2 就是这种性质。反之铰接连接的实际构造有一定的转动约束时，则可加以利用，式（1-33a）的系数 0.85 就是为此而引进的。

图 1-32 和图 1-33 给出 21m 跨门式刚架结构的构件布置示意图（墙梁及其拉条除外）和门架构件的明细图，以便读者对结构体系的概貌有所了解。

图 1-32 21m 跨门式刚架和支撑的布置示意图

图 1-33　檩条及其拉条布置示意图和刚架构件明细图

思 考 题

1.1 为什么说门式刚架结构质量轻？质量轻有何利与弊？

1.2 如果门式刚架结构侧移刚度计算不足时，有哪些有效的改进方法？

1.3 为什么轻型钢结构门式刚架构件的稳定及强度计算要用有效截面？

1.4 门式刚架柱平面内、外计算长度如何取？

1.5 门式刚架变截面斜梁的设计计算内容有哪些？

1.6 门式刚架斜梁与柱的连接方法有哪些？其主要组成部件起何作用及如何确定尺寸？

1.7 设置檩条、拉条、檩托、隅撑各部件的目的是什么？

1.8 C形檩条与C形墙梁的放置方向各有何特点？其计算简图如何取？

1.9 屋面压型钢板的计算简图如何取？简述其验算内容。

1.10 试结合本章课程学习评价一实际结构的构造关系。

习   题

1.1 檩条计算

某门式刚架结构采用檩条和压型钢板屋面体系，钢材为 Q235。屋面坡度 1/8（$\alpha=7.13°$），檩条跨度 6m，在跨中设置一道拉条；采用 Z 形檩条（图 1-34），间距 1.5m。已知：檩条上作用线荷载设计值 1.2kN/m；当屋面板能阻止檩条侧向失稳和扭转时，试计算两端简支檩条是否满足设计要求？

1.2 压型钢板计算

同上题结构，屋面材料选用 Q235A 钢，截面选用 YX130-300-600 型压型钢板（图 1-35），板厚 0.6mm；压型钢板支承长度为 100mm。已知：压型钢板上作用面荷载设计值 2.4kN/m²；试按全截面有效，验算压型钢板截面是否满足设计要求？

图 1-34 檩条截面

图 1-35 压型钢板截面

第2章 中、重型厂房结构设计

在冶金、造船、机械制造等行业，有许多重型厂房，它们的显著特点是跨度大、高度大、吊车吨位大。例如冶金工业的转炉车间，装配三个容积 $400m^3$ 的转炉时，其跨度可达 30m，多层部分的高度可达 80m，整个厂房占地面积达 $30000m^2$，吊车的起重量可达 450t。在机械制造行业，有高度 60m，吊车起重量高达 1200t 的重型厂房。综合分析可靠性，耐久性和经济性表明，这种重型工业厂房最适宜采用全钢结构建造，这是我国房屋钢结构应用的传统领域。随着钢产量的增加，一些中型厂房也逐渐采用全钢结构或钢屋盖结构。本章内容除厂房结构的形式和组成外，着重论述钢屋架和吊车梁这两类构件，并附带论及其他用途的钢桁架。

2.1 结构形式和结构布置

2.1.1 一般说明

和轻型门式刚架结构的建筑物类似，中、重型厂房一般取单层刚（框）架结构作为承重主体，但也有一部分为多层刚架者。图 2-1 是典型单层单跨厂房构造简图，其屋顶既可采用钢屋架-大型屋面板结构体系，亦可采用钢屋架-檩条-轻型屋面板结构体系，或横梁-檩条-轻型屋面板结构体系。后一种做法和图 1-1 很接近。前两种体系是厂房结构的传统做法，后一种则是近年来新兴的做法。无论采用哪种体系都需要设置屋盖支撑和柱间支撑把平面框架连成整体。

图 2-1 单层厂房构造简图
1—柱；2—屋架；3—吊车梁；4—天窗架；5—柱间支撑

吊车是厂房中常见的起重设备，按照吊车使用的繁重程度（亦即吊车的利用次数和荷载大小），国家标准《起重机设计规范》（GB3811）将其分为八个工作级别，称为 A1～A8。在相当多的文献中，习惯将吊车以轻、中、重和特重四个工作制等级来划分，它们之间的对应关系见表 2-1。设置 A6~A8 级吊车的厂房结构有以下特点：（1）荷载很重，且厂房高度较大，导致构件尺寸很大；（2）为了保证吊车平稳运行要求框架具有大的横向刚度；（3）吊车运行频繁需要避免对疲劳敏感的构造；（4）吊车梁属于生产设备，需要注意经常维修。

吊车的工作制等级与工作级别的对应关系 表 2-1

工作制等级	轻级	中级	重级	特重级
工作级别	A1~A3	A4、A5	A6、A7	A8

2.1.1.1 柱网布置和计算单元

厂房的柱网布置要综合考虑工艺、结构和经济等诸多因素来确定，同时还应注意符合标准化模数的要求。柱网布置首先要满足生产工艺流程的要求，包括预期的扩建和工艺设备更新的需求。这些要求往往涉及设备基础、地下管沟等与柱基础的协调布置。柱网布置必须满足结构上的要求，在保证厂房具有必需的刚度和强度的同时，注意柱距和跨度的类别尽量少些，以利施工。柱距的大小，直接影响着布置在柱距间的构件（如檩条、吊车梁等）的截面大小。加大柱距一般可减少处理地基的费用和基础的造价，但将使布置在柱距间的构件的材料增加。因此，合理的柱网布置应使总的经济效应最佳。当采用钢筋混凝土大型屋面板时，以 6m 柱距最为合宜，但高而重的厂房，在跨度不小于 30m、高度不小于14m、吊车额定起重量不小于 50t 时，则取柱距 12m 较为经济；如果采用轻型屋面板，柱距也以 12m 为宜；位于软弱地基上的重型厂房，应采用较大柱距，如上海宝山钢铁公司的厂房以 15m、18m 及 24m 为基本柱距。在一些工业部门，为了满足工艺要求，厂房亦可呈多跨形式（如图 2-2 所示）。

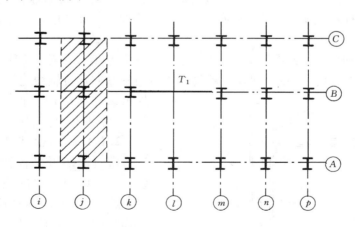

图 2-2 柱网布置

GB 50017 标准要求，在厂房的纵向或横向的尺度较大时，一般应按表 2-2 在平面布置中设置温度收缩缝，以避免结构中衍生过大的温度应力。采用金属压型钢板为围护结构时，可将表中容许的温度区段长度值放宽，参见本书 1.2.2.1 节。超出表中数值时，应考虑温度应力和温度变形影响。双柱温度收缩缝或单柱温度收缩缝原则上皆可采用，不过在地震域区宜布置双柱收缩缝。

由于工艺要求或其他原因，有时需要将柱距局部加大。如图 2-2 中，在纵向轴线 B 与

横向轴线 l 相交处不设柱子，因而导致轴线 k 和 m 之间的柱距增大，这种情形有时形象地称为拔柱。通常在拔柱处设置一构件来支承屋架，如图 2-2 中的构件 T1，上承屋架（或其他屋面结构），下传柱子，该构件为实腹式时称为托梁，桁架式时称为托架。托梁和托架一般作成简支受弯构件。托梁可采用焊接工字形截面，其截面高度可取其跨度的 $1/10 \sim 1/8$，翼缘宽度取截面高度的 $1/5 \sim 1/2.5$，箱形托梁双腹板之间的距离可取其截面高度的 $1/4 \sim 1/2$，且不宜小于 400mm。托架高度可取其跨度的 $1/10 \sim 1/5$，节间距可取 3m。托梁或托架与屋架的连接有叠接和平接两种，前者构造简单，便于施工，但必须注意避免屋架传来的荷载使托梁或托架受扭；后者较易有效地避免托梁或托架受扭，较常用。平接托架的高度需要和屋架端部高度协调。

温度区段长度值（m）   表 2-2

结 构 情 况	纵向温度区段 （垂直于屋架或构架跨度方向）	横向温度区段 （屋架或构架跨度方向）	
		柱顶为刚接	柱顶为铰接
采暖房屋和非采暖地区的房屋	220	120	150
热车间和采暖地区的非采暖房屋	180	100	125
露天结构	120	—	
维护构件为金属压型钢板的房屋	250	150	

为了进行结构分析，必须明确横向框架所承担的荷载，通常以计算单元表示。图 2-2 中阴影部分所示，即为位于轴线 j 上的两跨框架的计算单元，它的宽度一般是相邻柱距的平均值。对于等柱距且无拔柱的平面布置，显然只需取一个计算单元。否则，应当划分数个计算单元。

在柱网布置和剖、立面设计中还涉及诸多几何参数的相互协调，尤其是吊车外轮廓与屋架下弦下表面之间的净距 a、吊车大轮的中心线与柱纵向定位轴线之间的距离 b、吊车外轮廓与柱体内表面之间的净距离 c 等，可参见图 2-3 取值。

2.1.1.2   横向框架及其截面选择

横向框架可呈各种形式（如图 2-4）。中、重型厂房的柱脚通常做成刚接，这不仅可以削减柱段的弯矩绝对值（从而减小柱截面尺寸），而且增大横向框架的刚度。屋架与柱子的连接可以是铰接（如图 2-4c），亦可以是刚接（如图 2-4a、b），相应地，称横向框架为铰接框架或刚接框架。对一些刚度要求较高的厂房（如设有双层吊车，装备硬钩吊车等），尤其是单跨重型厂房，需要采用刚接框架。在多跨时，特别在吊车

图 2-3 吊车外轮廓线与邻近构件的净距要求

起重量不很大和采用轻型围护结构时，适宜采用铰接框架（如图 2-4c）。随着屋面材料的轻型化，实腹梁正逐渐取代屋架。实腹梁和实腹上柱一般用刚接，也可用半刚性连接。实腹梁的线刚度和端部连接刚度对框架的侧移刚度有直接影响，设有吊车的框架，横梁一般做成常截面梁。

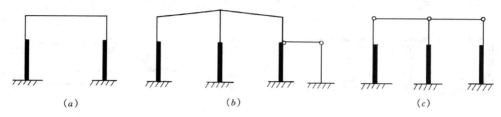

图 2-4 横向框架形式

从耗钢量考虑，中、重型厂房中的承重柱很少采用等截面实腹式柱，一般采用阶梯形柱。其下段通常取缀条格构式，而上段既可采用实腹式（见图 2-5a），亦可采用格构式。但是，当格构式柱的加工制作费用比重增大时，需综合权衡经济指标来选择承重柱的结构形式，如边柱下段做成实腹式。实腹式等截面柱的构造简单，加工制作费用低，常在厂房高度不超过 10m 且吊车额定起重量不超过 20t 时采用，这时吊车梁支承在柱牛腿上，情况如图 1-17 所示。分离式承重柱的两肢分别支承屋盖结构和吊车梁，具有构造简单、分工明确而计算简便的优点。柱的吊车肢和屋盖肢通常用水平板做成柔性连接（见图 2-5b）。这种连接既可减小吊车肢在框架平面内的计算长度，又实现了两肢分别单独承担吊车荷载和屋盖（包括围护结构）荷载的设计意图。对位置不高的大吨位吊车或车间分期扩建时，分离式柱更显其优点。

图 2-5 格构式柱与分离式柱
(a) 具有分离式柱脚的格构式柱；(b) 分离式柱

双肢格构式柱是重型厂房阶形下柱的常见型式，图 2-6 是其截面的常见类型。阶形柱的上柱截面通常取实腹式等截面焊接工字形或类型（a）。下柱截面类型要依吊车起重量的大小确定：类型（b）常见于吊车起重量较小的边列柱截面；吊车起重量不超过 50t 的中列柱可选取（c）类截面，否则需做成（d）类截面；显然，截面类型（e）适合于吊车起重量较大的边列柱；特大型厂房的下柱截面可做成（f）类截面。近年来以钢管为肢件的格构式柱（图中的 g 和 h）也有应用，还时常在钢管内填充混凝土形成组合结构。

图 2-6　双肢格构式柱

　　厂房结构形式的选取不仅要考虑吊车的起重量，而且还要考虑吊车的工作级别及吊钩类型，对于装备 A6～A8 级吊车的车间除了要求结构具有大的横向刚度外，还应保证足够大的纵向刚度。因此，对于装备 A6～A8 级吊车的单跨厂房，应将屋架和柱子的连接以及柱子和基础的连接均作刚性构造处理。纵向刚度则依靠柱的支撑来保证。设计在侵蚀性环境中工作的厂房，除了要选择耐腐蚀性的钢材，还应寻求有利于防侵蚀的结构形式和构造措施。同理，在高热环境中工作的厂房，在设计中不仅要考虑对结构的隔热防护，亦应采用有利于隔热的结构形式和构造措施。

　　可参照已有的同类型构件或设计参考资料，初步确定构件的截面尺寸。在无类似资料可参照时，可按表 2-3 初拟柱各段截面的高度。表中 Q 指吊车吨位，H 指全柱长度，H_1 指上阶柱长度。截面宽度与高度之比，上阶柱在 $0.35～0.6$ 之间，下阶则在 $0.25～0.5$ 之间。

柱各段截面的高度　　　　　　　　　　　　　　　　　　　　　　　　　　表 2-3

类别		柱高 H(m)	无吊车	$Q \leqslant 30$t	50t$\leqslant Q \leqslant 100$t	125t$\leqslant Q \leqslant 250$t	$Q \geqslant 300$t
等截面柱		$H \leqslant 10$	$(1/20～1/15)H$	$(1/18～1/12)H$			
		$10 < H \leqslant 20$	$(1/25～1/18)H$	$(1/20～1/15)H$			
		$H > 20$	$(1/30～1/20)H$				
阶形柱	上阶柱	$H_1 \leqslant 5$		$(1/10～1/7)H_1$	$(1/9～1/6)H_1$		
		$5 < H_1 \leqslant 10$			$(1/10～1/8)H_1$	$(1/10～1/7)H_1$	$(1/9～1/6)H_1$
		$H_1 > 10$			$(1/12～1/9)H_1$	$(1/12～1/8)H_1$	$(1/10～1/7)H_1$
	下阶柱	$H \leqslant 20$		$(1/15～1/12)H$	$(1/15～1/10)H$	$(1/12～1/9)H$	$(1/10～1/8)H$
		$20 < H \leqslant 30$		$(1/18～1/12)H$	$(1/15～1/10)H$	$(1/12～1/9)H$	
		$H > 30$		$(1/20～1/15)H$	$(1/18～1/12)H$	$(1/15～1/10)H$	

　　阶形柱无论是实腹式还是格构式，均是以肩梁将其各阶段连在一起形成整体的。肩梁有单腹壁和双腹壁之分，前者如图 2-7（a）所示，后者如图 2-7（b）所示。双腹壁肩梁虽构造复杂，耗钢量较多，但刚度大，有利于保证上下两段的连续性（变形不出现转折），适宜用于柱截面宽度较大（不小于 900mm）的情形。单腹壁肩梁由单腹板和上下翼缘组成，为了保证对上柱的嵌固作用以及上下柱段的整体工作，其惯性矩宜大于上柱的惯性矩，其线刚度与下柱单肢线刚度之比一般宜不小于 25，其高跨比可控制在 $0.35～0.5$ 之间（下段柱截面高度大者，取较小值）。当然，肩梁的截面高度还要满足其与柱翼缘的连

图 2-7 肩梁构造及计算简图

(a) 单腹壁肩梁；(b) 双腹壁肩梁；(c) 肩梁计算简图

接焊缝长度的要求。需要强调的是，上段柱翼缘应当以开槽口的方式直插到肩梁的下翼缘并与其焊接。肩梁常近似地以简支梁为力学模型进行强度验算，通过内力分析得到上段柱根部的弯矩 M 和轴力 N 之后，其计算简图如图 2-7 (c) 所示，其中 a_1 和 a 分别为上下段柱的截面高度。

2.1.1.3 柱间支撑

作用于厂房山墙上的风荷载、吊车的纵向水平荷载、纵向地震力等均要求厂房具有足够的纵向刚度。这在结构上是通过合理的柱间支撑和屋盖支撑（参见 2.1.3 节）的设置来实现的。每列柱都必须设置柱间支撑，多跨厂房的中列柱的柱间支撑宜与其边列柱的柱间支撑布置在同一柱间。通常将吊车梁上部的柱间支撑称为上层柱间支撑，吊车梁下部的柱间支撑称为下层柱间支撑（参见图 2-8）。下层柱间支撑一般宜布置在温度区段的中部，以减少纵向温度应力的影响。当温度区段长度大于 150m 或抗震设防烈度为 8 度 III、IV 类场地和 9 度时，应当增设一道下层柱间支撑，且两道下层柱间支撑的距离不应超过 72m。上层柱间支撑除了要在下层柱间支撑布置的柱间设置外，还应当在每个温度区段的两端设置。每列柱顶均要布置刚性系杆（参见 2.1.3 节）。

图 2-8 柱间支撑布置

常见的下层柱间支撑是单层十字形（见图 2-9）。支撑的倾角应控制在 35°～55°之间，如果单层十字形不能满足这种构造要求，可选用人字形、K 形、Y 形、双层十字形或单斜杆形。如果由于柱距过大（≥12m）或其他原因（例如工艺或建筑上的需要），不能设置上述形式的下层柱间支撑时，可以考虑采用门形、L 形柱间支撑，甚至不加任何斜撑而将吊车梁与下段柱的吊车肢刚性连接构成刚架。后一方式制造和安装都较复杂，一般不提倡使用。上层柱间支撑的常见形式见图 2-10，一般采用十字形、人字形或 K 形，柱距较大时可取 V 形或八字形。

图 2-9 下层柱间支撑的形式

(a) 单层十字形；(b) 人字形；(c) K 形；(d) Y 形；(e) 单斜杆形；

(f) 门形；(g) L 形；(h) 刚架形；(i) 双层十字形

图 2-10 上层柱间支撑的形式

(a) 十字形；(b) 人字形；(c) K 形；(d) 八字形；(e) V 形

柱间支撑的截面及连接均要由计算决定。从构造上讲，采用角钢时，柱间支撑的截面不宜小于 L75×6；采用槽钢时，不宜小于 ⊏ 12。下层柱间支撑一般设置为双片，分别与吊车肢和屋盖肢相连，以便有效地减小柱在框架平面外的计算长度。双片支撑之间以缀条相连，缀条常采用单角钢，以控制其长细比不超过 200，且不小于 L50×5 为宜。上层柱间支撑一般设置为单片，但端部应和上柱的两个翼缘相连接。如果上柱设有人孔或截面高度过大（≥800mm），亦应采用双片。支撑的连接可采用焊缝或高强度螺栓。采用焊缝时，焊脚尺寸不应小于 6mm，焊缝长度不应小于 80mm，同时要在连接处设置安装螺栓，一般不小于 M16。对于人字形、八字形之类的支撑还要注意采取构造措施，使其与吊车梁（或制动结构，辅助桁架）的连接仅传递水平力，而不传递垂直力，以免支撑成为吊车梁的中间支点。

2.1.2 屋架外形及腹杆形式

2.1.2.1 桁架的应用

桁架是指由直杆在端部相互连接而组成的格子式结构。桁架中的杆件大部分情况下只受轴向拉力或压力。应力在截面上均匀分布，因而容易发挥材料的作用。桁架用料经济，结构的自重小，易于构成各种外形以适应不同的用途，譬如可以做成简支桁架、拱、框架、网架及塔架等，后二者属于空间体系。桁架是一种应用极其广泛的结构，除了经常用于屋盖结构外，还用于皮带运输机桥、输电塔架和桥梁等。

在工业与民用房屋建筑中，当跨度比较大时用梁作屋盖的承重结构是不经济的，这时都要用桁架，这种用于屋盖承重结构的梁式桁架叫屋架。此外，拱架、网架也都能用作屋盖的承重结构。本节主要结合钢屋架阐述桁架设计的各种问题，也简略介绍一些其他用途的桁架的特点。

2.1.2.2 桁架的外形及腹杆形式

桁架的外形直接受到它的用途的影响。就屋架来说，外形一般分为三角形（图2-11a、b、c）、梯形（图2-11d、e）及平行弦（图2-11f、g）三种。桁架的腹杆形式常用的有人字式（图2-11b、d、f）、芬克式（图2-11a）、豪式（也叫单向斜杆式，见图2-11c）、再分式（图2-11e）及交叉式（图2-11g）五种。其中前四种为单系腹杆，第五种即交叉腹杆为复系腹杆。

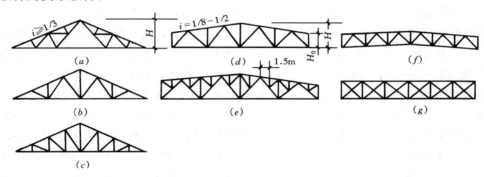

图 2-11 钢屋架的外形

2.1.2.3 确定桁架形式的原则

桁架外形与腹杆形式，应该经过综合分析来确定。确定的原则应从下述几个方面考虑。

（1）满足使用要求 对屋架来说，上弦的坡度应适合防水材料的需要。此外，屋架在端部与柱是简支还是刚接，房屋内部净空有何要求，有无吊顶，有无悬挂吊车，有无天窗及天窗形式以及建筑造型的需要等，也都影响屋架外形的确定。

三角形屋架上弦坡度比较陡，适合于波形石棉瓦、瓦楞铁皮等屋面材料，坡度一般在$1/3 \sim 1/2$。梯形屋架上弦较平坦，适合于采用压型钢板和大型钢筋混凝土屋面板（带油毡防水材料），坡度一般在$1/12 \sim 1/8$。当采用长压型钢板顺坡铺设屋面时，最缓的可用到$1/20$甚至更小的坡度。三角形屋架端部高度小，需加隔撑（图2-12）才能与柱形成刚接，否则只能与柱形成铰接。梯形屋架的端部可做成足够的高度，因之既可铰支于柱也可通过两个节点与柱相连而形成刚接框架。平行弦屋架可以做成不同大小的坡度，其端部可以铰接也可以刚接，并能用于单坡屋盖和双坡屋盖。近年来一些国家在厂房中多采用平行弦双坡屋架，我国宝山钢铁公司初轧厂的屋架形式如图 2-11（f）所示。这种屋架的杆件尺寸及节点形式划一，制作简便，制作时不必起拱。然而，人字形屋架在竖向荷载作用下对柱有推力作用。为了减少推力的不利影响，设计时可提出在屋面材料安装后，再将屋架支座焊接固定。如果支承节点在上弦，因上弦受力压缩，可以不考虑这一因素。

皮带运输机桥的桁架是斜置的（图 2-13c），通常跨度不特别大，一般采用平行弦桁架，带竖杆的人字式腹杆体系（图 2-13a），有时也用豪氏屋架中的单向斜杆体系（图 2-13b）。

图 2-12　有隔撑的框架

图 2-13　皮带运输机桥简支桁架

（2）受力合理　只有受力合理时才能充分发挥材料作用，从而达到节省材料的目的。对弦杆来说，所谓受力合理是要使各节间弦杆的内力相差不太大，这样，用一根通长的型钢来做弦杆时对内力小的节间就没有太大的浪费。一般讲，简支屋架外形与均布荷载下的抛物线形弯矩图接近时，各处弦杆内力才比较接近。但是，弦杆做成折线形时节点费料费工，所以桁架弦杆一般不做成多处转折的形式，而经常做成上述三种形式，它们的弦杆都只在屋脊处有转折。三者中以梯形屋架与抛物线形弯矩图最接近，它的各节间弦杆内力差别比较小，而在三角形屋架及平行弦屋架中各节间弦杆的差别要大些。为使桁架受力合理，对腹杆来说，应使长杆受拉短杆受压，且腹杆数量宜少，腹杆总长度也应较小。芬克式腹杆屋架中腹杆数量虽多，但短杆受压长杆受拉，受力合理且屋架可以拆成三部分，便于运输。人字式腹杆体系杆件数量少，腹杆总长度较小且下弦节点少，从而减少制造工作量。以上两种腹杆形式都比较可取。在梯形和平行弦屋架中，用单向斜杆式腹杆时使较长腹杆受拉，较短腹杆受压，从受力来说还是合理的，但它比人字式腹杆体系的杆数多、节点多。在三角形屋架中，单向斜杆式的腹杆不仅杆件数量多、节点多，且长杆受压、短杆受拉，受力是不合理的。单向斜杆式腹杆只用于房屋有吊顶，需要下弦节间长度较小的情况。再分式腹杆的优点是可以使受压上弦的节间尺寸缩小，常在有 1.5m×6m 大型屋面板时采用，以便屋架只受节点荷载作用，同时也使大尺寸屋架的斜腹杆与其他杆件有合适的夹角。再分式腹杆虽然增加了腹杆和节点的数量，但是既避免了上弦杆节间的附加弯矩也减少了上弦杆在屋架平面内的长细比，所以也是一种常采用的腹杆形式。有时只在跨中附近的节间内用再分式腹杆，其他节间为人字式腹杆并保证上弦各节间的尺寸一致（图 2-18b 及 d）。交叉式腹杆（图 2-11g）主要用于可能从不同方向受力的支撑体系。

塔架是主要承受水平荷载的悬臂空间桁架，塔架下部所受弯矩渐次增大，为使受力合理，通常做成上窄下宽的外形。塔架的弦杆（也叫塔柱）当塔高不很大时，一般采用直线形式；当塔高很大时则采用折线形式（图 2-14），形成多截棱锥形以适应弯矩图的变化。由于所受水平荷载可从不同方向作用，因此常用交叉腹杆体系。

图 2-14　折线形塔架

（3）制造简单及运输与安装方便　制造简单，运输及安装方便可以节省劳动量并加快建设速度。从制造简单方面看，应该是杆件数量少，节点少，杆件尺寸划一及节点构造形式划一。就外形来说，平行弦桁架最容易符合上述要求。就腹杆形式来说，芬克式屋架便于运输，人字式腹杆与单向斜杆式相比，腹杆数目少节点也少，有利于制造。此外，桁架中杆与杆之间的夹角以 30°～60° 为宜，夹角过小时易使节点构造不合理。

（4）综合技术经济效果好　传统的分析方法多着眼于构件本身的省料与节省工时，这样还是不全面的。在确定桁架形式与主要尺寸时，除上述各点外还应该考虑到各种有关的因素，如跨度大小、荷载状况，材料供应条件等，尤其应该考虑建设速度的要求，以期获得较好的综合技术经济效果。

(a)

(b)

图 2-15　屋架形式的变化

在上述原则基础上，根据具体条件，桁架形式可有很多变化。图2-15（a）的方式可使三角形屋架支座节点的构造有所改善，因为一般三角形屋架端节间弦杆内力大而交角小，制造上有困难。图 2-15（a）的三角形屋架的下弦下沉后，不仅弦杆交角增大且屋架的重心降低，提高了空间稳定性。平行弦双坡屋架如果不是坡度很小，下弦中间部分取水平段为好（图 2-15b）。双坡平行弦屋架的水平变位较大，对支承结构产生推力。下弦中部取水平段后，所述缺陷有所改善，弦杆内力也较均匀。

2.1.2.4　桁架主要尺寸的确定

桁架的主要尺寸指它的跨度 L 和高度 H（包括梯形屋架的端部高度 H_0）（图 2-11）。跨度 L，对屋架来说由使用和工艺方面的要求决定。屋架的高度则由经济条件、刚度条件（屋架的挠度限值为 $L/500$）、运输界限（铁路运输界限高度为 3.85m）及屋面坡度等因素来决定。

根据上述原则，各种屋架中部高度常在下述范围：三角形屋架 $H \approx (1/6 \sim 1/4) L$；梯形屋架 $H \approx (1/10 \sim 1/6) L$，但当跨度大时注意运送单元尽可能不超出运输界限。

至于梯形屋架端部的高度 H_0，它是与中部高度及屋面坡度相关连的。当为多跨屋架时 H_0 应取一致，以利屋面构造。我国常将 H_0 取为 1.8～2.1m 等较整齐的数值。当屋架与柱刚接时，H_0 应有足够的大小，以便能较好地传递支座弯矩而不使端部弦杆产生过大内力。端部高度的常用范围是 $H_0 \approx (1/16 \sim 1/10) L$。

2.1.3　屋　盖　支　撑

当采用屋架作为主要承重构件时，支撑（包括屋架支撑和天窗架支撑）是屋盖结构的必要组成部分。以下按支撑作用和支撑的布置原则，分别加以叙述。

2.1.3.1　屋盖支撑的作用

（1）保证屋盖结构的几何稳定性

在屋盖中屋架是主要承重构件。各个屋架如仅用檩条和屋面板连系时，由于没有必要的支撑，屋盖结构在空间是几何可变体系，在荷载作用下甚至在安装的时候，各屋架就会向一侧倾倒，如图2-16中虚线所示。只有用支撑合理地连接各个屋架，形成几何不变体系时，才能发挥屋架的作用，并保证屋盖结构在各种荷载作用下能很好地工作。

首先用支撑将两个相邻的屋架组成空间稳定体，然后用檩条及上下弦平面内的一些系杆将其余各屋架与空间稳定体连接起来，形成几何不变的屋盖结构体系（图2-16b）。

图2-16　屋盖支撑作用示意图

a—上弦横向水平支撑；b—下弦横向水平支撑；c—垂直支撑；d—檩条或大型屋面板

空间稳定体（图2-16b中的$ABB'A'$与$DCC'D'$之间）是由相邻两屋架和它们之间的上弦横向水平支撑，下弦横向水平支撑以及两端和跨中竖直面内的垂直支撑所组成的。它们形成一个六面的盒式体系。在不设下弦横向水平支撑时，则形成一个五面的盒式体系，固定在柱子上也还是空间稳定体。用三角形屋架时，空间稳定体中则没有端部垂直支撑而只在跨度中央或跨中的某处设置垂直支撑。

（2）保证屋盖的刚度和空间整体性

横向水平支撑是一个水平放置（或接近水平放置）的桁架，桁架两端的支座是柱或垂直支撑，桁架的高度常为6m（柱距方向），在屋面平面内具有很大的抗弯刚度。在山墙风荷载或悬挂吊车纵向刹车力作用下，可以保证屋盖结构不产生过大变形。

有时还需要设置下弦纵向水平支撑（图2-17）。同理可知，由纵向支撑提供的抗弯刚度能使各框架协同工作形成空间整体性，减少横向水平荷载作用下的变形。

由屋面系统（檩条，有时包括压型钢板或大型屋面板等）及各类支撑、系杆和屋架一起组成的屋盖结构，在各个方向都具有一定的刚度，并保证空间整体性。

（3）为弦杆提供适当的侧向支承点

支撑可作为屋架弦杆的侧向支承点（图2-16b），减小弦杆在屋架平面外的计算长度，保证受压上弦杆的侧向稳定，并使受拉下弦保持足够的侧向刚度。

（4）承担并传递水平荷载

如传递风荷载、悬挂吊车水平荷载和地震荷载。

（5）保证结构安装时的稳定与方便

2.1.3.2　屋盖支撑的布置

（1）上弦横向水平支撑

图 2-17　屋盖支撑示例

a—上弦横向水平支撑；b—下弦横向水平支撑；c—纵向水平支撑；d—屋架垂直支撑；

a'—天窗架横向水平支撑；d'—天窗架垂直支撑；e—刚性系杆；f—柔性系杆

在有檩条（有檩体系）或不用檩条而只采用大型屋面板（无檩体系）的屋盖中都应设置屋架上弦横向水平支撑，当有天窗架时，天窗架上弦也应设置横向水平支撑。

在能保证每块大型屋面板与屋架三个焊点的焊接质量时，大型板在屋架上弦平面内形成刚度很大的盘体，此时可不设上弦横向水平支撑。但考虑到工地焊接的施工条件不易保证焊点质量，一般仅考虑大型屋面板起系杆的作用。

上弦横向水平支撑应设置在房屋的两端或当有横向伸缩缝时在温度缝区段的两端。一般设在第一个柱间（图 2-17）或设在第二个柱间。横向水平支撑的间距 L_0 以不超过 60m 为宜，所以在一个温度区段 L_t 的中间还要布置一道或几道。

（2）下弦横向水平支撑

一般情况下应该设置下弦横向水平支撑，尤其是设有 10t 以上桥式吊车的厂房，为了防止屋架水平方向振动，必须设置。只是当跨度比较小（$L \leqslant 18$m），桥式吊车为 $A_1 \sim A_3$ 级且吨位不大，又没有悬挂式吊车，厂房内也没有较大的振动设备时，才可不设下弦横向水平支撑。

下弦横向水平支撑与上弦横向水平支撑设在同一柱间，以形成空间稳定体。

（3）纵向水平支撑

当房屋内设有托架，或有较大吨位的重级、中级工作制的桥式吊车，或有壁行吊车，或有锻锤等大型振动设备，以及房屋较高，跨度较大，空间刚度要求高时，均应在屋架下弦（三角形屋架可在下弦或上弦）端节间设置纵向水平支撑。纵向水平支撑与横向水平支撑形成闭合框，加强了屋盖结构的整体性并能提高房屋纵、横向的刚度。

（4）垂直支撑

所有房屋中均应设置垂直支撑。梯形屋架在跨度 $L \leqslant 30$m，三角形屋架在跨度 $L \leqslant 24$m 时，仅在跨度中央设置一道（图 2-18a、b），当跨度大于上述数值时，宜在跨度 1/3 附近或天窗架侧柱外设置两道（图 2-18d）。但芬克式屋架，当无下弦横向水平支撑时，即使跨度不大，也要设两道垂直支撑（图 2-18c），以保证主要受压腹杆出平面稳定性。梯形屋架不分跨度大小，其两端还应各设置一道（图 2-17、图 2-18），当有托架时则由托架代替。垂直支撑本身是一个平行弦桁架，根据尺寸的不同，一般可设计成图 2-18（e）、（f）及（g）的形式。

图 2-18 屋架的垂直支撑

天窗架的垂直支撑，一般在两侧设置（图 2-19a），当天窗的宽度大于 12m 时还应在中央设置一道（图 2-19b）。两侧的垂直支撑桁架，考虑到通风与采光的关系常采用图 2-19

图 2-19 天窗架垂直支撑

(c) 及 (d) 的形式，而中央处仍采取与屋架中相同的形式（图 2-19e）。

沿房屋的纵向，屋架的垂直支撑与上、下弦横向水平支撑布置在同一柱间（图 2-16、图 2-17）。

（5）系杆

没有参与组成空间稳定体的屋架，其上下弦的侧向支承点由系杆来充当，系杆的另一端最终连接于垂直支撑或上下弦横向水平支撑的节点上。能承受拉力也能承受压力的系杆，截面要大一些，叫刚性系杆，只能承受拉力的，截面可以小些，叫柔性系杆。

上弦平面内，大型屋面板的肋可起系杆作用，此时一般只在屋脊及两端设系杆，当采用檩条时，檩条可代替系杆。有天窗时，屋脊节点的系杆对于保证屋架的稳定有重要作用，因为屋架在天窗范围内没有屋面板或檩条。安装时，屋面板就位前，屋脊及两端的系杆应保证屋架上弦杆有较适当的出平面刚度，由于这种情况具有临时性，且内力不大，上弦杆出平面的长细比可以放宽一些，但不宜超出 220，否则应另加设上弦系杆。

下弦平面内，在跨中或跨度内部设置一或两道系杆，此外，在两端设置系杆。设置中部系杆，可以增大下弦杆的平面外刚度，从而保证屋架受压腹杆的稳定性。

系杆的布置原则是：在垂直支撑的平面内一般设置上下弦系杆，屋脊节点及主要支承节点处需设置刚性系杆，天窗侧柱处及下弦跨中或跨中附近设置柔性系杆。当屋架横向支撑设在端部第二柱间时，则第一柱间所有系杆均应为刚性系杆。

屋盖支撑的作用必须得到保证，但支撑的布置则根据具体条件可灵活处理，譬如在等高多跨厂房中，其中列柱可只沿一侧设下弦纵向水平支撑等。至于支撑中系杆的布置，更应灵活掌握。

当房屋处于地震区时，尤其不是全钢结构的厂房中，屋盖支撑的布置要有所加强。具体方法应符合抗震设计规范的要求。

2.1.3.3 屋盖支撑的杆件及支撑的计算原则

除系杆外各种支撑都是一个平面桁架。桁架的腹杆一般采用交叉斜杆的形式，也有采用单斜杆的。下面主要结合图 2-17 所示传统的支撑布置方法讲述。在上弦或下弦平面内，用相邻两屋架的弦杆兼作横向支撑桁架的弦杆，另加竖杆和斜杆，便组成支撑桁架。同理，屋架的下弦杆将兼作纵向水平支撑桁架的竖杆。屋架的纵横向水平支撑桁架的节间，以组成正方形为宜，一般为 6m×6m，但由于实际情况划分时也可能有长方形甚至是 6m×3m 的情况。上弦横向水平支撑节点间的距离常为屋架上弦杆节间长度的 2～4 倍。

垂直支撑常为图 2-18 (e)、(f)、(g) 的小桁架，其宽与高各由屋架间距及屋架相应竖杆高度确定。宽高相差不大时，可用交叉斜杆，高度较小时可用 V 及 W 式（图 2-18f 及 e），以避免杆件交角可能小于 30° 的情况。

屋盖支撑受力比较小时，可不进行内力计算，杆件截面常按容许长细比来选择。交叉斜杆和柔性系杆按拉杆设计，可用单角钢，非交叉斜杆、弦杆、竖杆以及刚性系杆按压杆设计，可用双角钢，但刚性系杆通常将双角钢组成十字形截面，以便两个方向的刚度接近。

当支撑桁架受力较大，如横向水平支撑传递较大的山墙风荷载时，或结构按空间工作计算因而其纵向水平支撑需作柱的弹性支座时，支撑杆件除需满足允许长细比的要求外，尚应按桁架体系计算内力，并据以选择截面。计算横向水平支撑时，除节点风荷载 W 外

图 2-20　横向水平支撑计算简图

（图 2-20），还应承受系杆传来的支撑力，但二者可不叠加。节点支撑力由下式计算：

$$F = \frac{\Sigma N}{42\sqrt{m+1}}(0.6 + 0.4/n)$$

式中，ΣN 为被撑各屋架弦杆轴压力之和；n 为被撑屋架榀数；m 为中间系杆的道数。支撑体系的刚性系杆也按 W 或 F 计算。

交叉斜腹杆的支撑桁架是超静定体系，但因受力比较小，一般常用简化方法进行分析。例如，当斜杆都按拉杆设计时认为图 2-20 中用虚线表示的一组斜杆因受压屈曲而退出工作，此时桁架按单斜杆体系分析。当荷载反向时，则认为另一组斜杆退出工作。当斜杆按可以承受压力设计时，其简化分析方法可参阅有关结构力学的文献。

2.2　厂房结构的计算原理

将单层房屋结构简化为平面刚架来分析，仍然是目前建筑结构内力计算的主要方法。墙架结构、吊车梁系统等均以明显的集中力方式作用于刚架上，必要时亦可将刚架的自重用静力等效原则化作集中力，作用于刚架上。

2.2.1　荷　载　计　算

在刚架的平面分析中，认为一个刚架仅承担一个计算单元内的各种荷载。这些荷载包括永久荷载、可变荷载及偶然荷载。它们原则上依据《建筑结构荷载规范》GB 50009 进行计算。

可变荷载包括屋面活荷载、雪荷载、积灰荷载、风荷载及吊车荷载。

施工荷载一般通过在施工中采取临时性措施予以考虑。吊车荷载在 2.4.1 节阐述。

刚架承受的永久荷载包括屋面恒载、檩条、屋架及其他构件自重和围护结构自重等。它们一般换算为计算单元上的均布面荷载（后续行文中，如无特别说明，均布荷载均指这种水平投影面上的均布面荷载）。屋面板、吊顶和墙板等自重标准值可按《建筑结构荷载规范》GB 50009 附录 A 计算。其中屋面板材自重的标准值可按表 2-4 取值。

屋面板材自重标准值　　　　　　　　　　　表 2-4

屋面类型	瓦楞铁	彩色钢板波形瓦	波形石棉瓦	水泥平瓦
自重标准值（kN/m²）	0.05	0.12～0.13	0.2	0.55

实腹式檩条的自重标准值可选用均布荷载 0.05～0.1kN/m²，而格构式常可近似取均布荷载 0.03～0.05kN/m²。

无天窗的钢屋架的自重，包括支撑，可按每平方米均布荷载

$$q = 0.12 + 0.011L$$

计算，L 为跨度，以米计。

墙架结构自重标准值可选用均布荷载 0.25～0.42kN/m²，檐高较大时相应取大者。

按照《建筑结构荷载规范》GB 50009 中的荷载组合规则，非上人的屋面活荷载不和屋面雪荷载同时考虑，因此只需在屋面活荷载与雪荷载的标准值中取较大者计算。

雪荷载要注意局部增大的可能性。比如在高低跨的毗邻处，低跨屋面会堆积较高的雪（图 2-21a）。积灰荷载常出现在钢铁冶炼和水泥厂的建筑物上，需要注意经常清扫，以免造成屋架超载。长期不扫的积灰在吸收雨水后重量大增，曾经压垮过厂房的屋盖结构。

图 2-21　局部积雪（灰）荷载与风荷载
(a) 局部积雪（灰）荷载；(b) 风荷载 P_w 投影

风荷载标准值与高度有关。在檐口高度和屋面坡度不是很大时，可偏于安全地取屋脊处的风荷载标准值作为整个刚架的风荷载标准值。否则，可取屋脊处的风荷载标准值作为斜梁的风荷载标准值，而取檐口高度处的风荷载标准值作为柱子的风荷载标准值。

《建筑结构荷载规范》GB 50009 中给出的风荷载标准值 W_k 是沿垂直于建筑物表面的方向作用的，要将它投影到水平面上。为此，考虑刚（框）架计算单元宽 b，跨度方向长 h（如图 2-21 所示）范围内的风荷载。显然，此范围内的风荷载合力为

$$N = bhW_k/\cos\alpha$$

投影到水平面上的值 P_0 为

$$P_0 = N/(bh) = W_k/\cos\alpha$$

对于常见的封闭式双坡屋面，其风荷载体型系数可依据屋面坡度 α 按表 2-5 确定，其中各区域①、②、③、④的意义及与风向的关系见图 2-22，坡度 α 取中间值时，可在表中插值。其他的情形按荷载规范的规定取值。

图 2-22　风向与分区

刚架的风荷载体型系数表　　　　　　　　　　　　　　　　　　　　　　表 2-5

表　面　区　域			
①	②	③	④
+0.80	−0.6 ($\alpha \leqslant 15°$) 0 ($\alpha = 30°$) +0.8 ($\alpha \geqslant 60°$)	−0.50	−0.50

荷载的分项系数一般为：永久荷载取 1.2，可变荷载取 1.4。但是，当永久荷载的效应起控制作用时，它的分项系数应取 1.35。此时荷载效应组合相应地有所改变，可变荷载效应除分项系数 1.4 外还乘以组合值系数 ψ_c（屋面活荷载和雪荷载均为 0.7，积灰荷载 0.9～1.0）。

2.2.2   刚架内力计算

为了简化计算，通常引用当量惯性矩将格构式柱和屋架换算为实腹式构件进行内力分析。当量惯性矩的一般表达式为：

图 2-23   双肢格构式柱

$$I_{yc} = \mu(A_\alpha x_\alpha^2 + A_\beta x_\beta^2) \tag{2-1}$$

其中，A_α 和 A_β 分别为格构式柱两肢（或屋架上下两弦）的截面积，x_α 和 x_β 分别是格构式柱两肢（或屋架上下两弦）的截面形心到格构式柱截面中性轴的距离，见图 2-23。其中 μ 是反映剪力影响和几何形状的修正系数，平行弦情形，可取 μ 为 0.9；上弦坡度为 1/10 时取 μ 为 0.8；上弦坡度为 1/8 时取 μ 为 0.7。对于屋架，其当量惯性矩可直接表达为：

$$I = \mu I_0 = \mu \frac{A_\alpha A_\beta}{A_\alpha + A_\beta} h^2 \tag{2-2}$$

其中，h 是跨度中央上下两弦截面形心之间的距离。当屋架的几何尺寸未定时，亦可依下式估算其当量惯性矩：

$$I = \mu I_0 = \mu \frac{M_{max} h}{2f} \tag{2-3}$$

其中最大弯矩 M_{max} 可以简支屋架在屋面荷载作用下的跨中弯矩代入，f 是弦杆的抗拉强度设计值。

考虑到小位移线性结构的叠加原理，内力分析一般只需针对几种基本类型进行。例如，对于单跨刚架，只需分别分析：（1）永久荷载；（2）屋面活荷载；（3）左（或右）风荷载；（4）吊车左（或右）刹车力；（5）吊车小车靠近左（或右）时的重力。这些分析均以荷载标准值进行，以便组合。

计算机软硬件的普及，使得在绝大多数情况下，平面刚（框）架的内力分析都用计算机进行。计算机内力分析应该是结构设计的首选手段。但是在方案论证或条件不具备时，一些适于手算的简化计算方法仍有意义。这些方法在结构力学教科书中都可找到。

2.2.3   内力组合原则

按照《建筑结构荷载规范》GB 50009 的规定，结构设计应根据使用过程中在结构上可能同时出现的荷载，按承载能力极限状态和正常使用极限状态，依照组合规则进行荷载效应的组合，并取最不利组合进行设计。在钢结构设计中，按承载能力极限状态计算时一般考虑荷载效应的基本组合（包括由可变荷载效应控制的组合和由永久荷载效应控制的组合），必要时考虑荷载效应的偶然组合。

在做方案设计或手工计算的情形，对于一般的刚（框）架，按承载能力极限状态设计时，构件和连接的基本组合由可变荷载控制时，可取下列简化公式中的最不利值确定：

$$S_d = \gamma_G S_{Gk} + \gamma_{Q1} S_{Q1k} \tag{2-4}$$

$$S_d = \gamma_G S_{Gk} + 0.9 \sum_{i=1}^{n} \gamma_{Qi} S_{Qik} \tag{2-5}$$

式中 S_{Q1k}、γ_{Q1}——起控制作用的可变荷载效应标准值及其分项系数;

S_{Qik}、γ_{Qi}——参与组合的第 i 个可变荷载效应标准值及其分项系数。

荷载效应组合的目的最终是为了找到最不利组合情形对构件和连接进行校核,以确定设计是否安全。因此,在实际设计过程中,通常采取的方法是:就构件校核条件中出现的内力,寻求它们分别取可能的最大值时的组合进行校核。譬如,对于一般的压弯构件最多(因为在一些特定的情形下,其中某些组合显然不起控制作用)只需作如下四种内力组合:

$$Ⅰ:(M_{max}^+,N),Ⅱ:(M_{max}^-,N),Ⅲ:(N_{max}^+,M),Ⅳ:(N_{max}^-,M)$$

其中 N_{max}^+,N_{max}^-——最大正负轴力。

以上四种组合自然还应包括和 M 对应的剪力 V,这里略去了。此外,对后两项组合有时还需分别考察正弯矩和负弯矩。

内力的正负向,可依设计者的习惯而定。内力组合计算的实际操作,一般是在类似表2-6的表格中进行。

内 力 组 合 表　　　　　　　表 2-6

构件与截面编号			恒载	活载	风 载		吊车刹车		…
					左吹	右吹	左刹	右刹	
左柱	截面 A	标准值 M	128.8	143.5	−94.5	1.61	−28.2	28.2	…
		标准值 N	36.4	40.5	−17.3	−8.98	−2.09	2.09	…
		组合Ⅰ (M_{max}^+) 选项	√	√		√		√	…
		组合Ⅰ M	1.2×128.8+0.9×1.4×(143.5+1.61+28.2+…)						
		组合Ⅰ N	1.2×36.4+0.9×1.4×(40.5−8.98+2.09+…)						
		组合Ⅱ (M_{max}^-) 选项	√		√		√		…
		组合Ⅱ M	1.2×128.8+0.9×1.4×(−94.5−28.2+…)						
		组合Ⅱ N	1.2×36.4+0.9×1.4×(−17.3−2.09+…)						
		组合Ⅲ (N_{max}^+) 选项	√	√				√	…
		组合Ⅲ M	1.2×128.8+0.9×1.4×(143.5+28.2+…)						
		组合Ⅲ N	1.2×36.4+0.9×1.4×(40.5+2.09+…)						
		组合Ⅳ (N_{max}^-) 选项	√		√		√		…
		组合Ⅳ M	1.2×128.8+0.9×1.4×(−94.5−28.2+…)						
		组合Ⅳ N	1.2×36.4+0.9×1.4×(−17.3−2.09+…)						
……	……		……						

2.3 钢 屋 架 设 计

2.3.1 桁架的内力计算和组合

屋架杆件的内力,按节点荷载作用下的铰接平面桁架,用图解法或解析法进行分析。为便于计算及组合内力,一般先求出单位节点荷载作用下的内力(称作内力系数),然后根据不同的荷载及组合,列表进行计算。

屋架节点多数为焊接连接(少数也有用高强度螺栓连接的),且交汇的杆件大多通过节点板相连。因此,节点有一定刚性,节点刚性在杆件中引起的次应力一般较小,不予考虑。但荷载很大的重型桁架杆件比较粗短者需要计入次应力的影响。GB 50017 标准有些

图 2-24 节间荷载

规定可资参考。

屋架中部某些斜杆，在全跨荷载时受拉而在半跨荷载时可能变成受压，这是应该注意的。半跨荷载是指活荷载、雪荷载或某些厂房受到的积灰荷载作用在屋盖半边的情况，以及施工过程中由一侧开始安装大型屋面板所产生的情况等。所以内力计算时除应该按满跨荷载计算外，还要按半跨荷载进行计算，以便找出各个杆件可能的最不利内力。

有节间荷载（图 2-24）作用的屋架，可先把节间荷载分配在相邻的节点上，按只有节点荷载作用的屋架计算各杆内力。直接承受节间荷载的弦杆则要用这样算得的轴线内力，与节间荷载产生的局部弯矩相组合，然后按压弯构件设计。这一局部弯矩，理论上应按弹性支座上的连续梁计算，算起来比较复杂。考虑到屋架杆件的轴力是主要的，为了简化，实际设计中一般取中间节间正弯矩及节点负弯矩为 $M=0.6M_0$，但二者不同时出现：其中一个为 $0.6M_0$ 时另一个为 $0.4M_0$。端节间正弯矩为 $M'=0.8M_0$，其中 M_0 为将上弦节间视为简支梁所得跨中弯矩，当作用集中荷载时其值为 $Pd/4$。d 为节间长度的水平投影。

屋架内力组合的一个特点是：当恒载较大时，需要通过计算比较来确定是永久荷载效应还是可变荷载效应起控制作用。

【例题 2-1】梯形屋架，跨度为 18m，其平面布置如图 2-25 所示，檩条的水平投影间距为 1.125m，在求屋架内力时先将屋面全部荷载化为节点荷载。已知数据如后，按恒载、活载、雪载及风载分别计算节点集中荷载值（kN），并画出其作用方向。

图 2-25 例题 2-1

已知：

彩色钢板屋面	$0.15kN/m^2$
保温层及灯具	$0.15kN/m^2$
每根檩条（长 4.5m）重	$0.43kN$
活荷载（水平投影面）	$0.50kN/m^2$
雪荷载（水平投影面）	$0.30kN/m^2$
风荷载 基本风压	$0.35kN/m^2$

屋架及支撑自重（水平投影面）

$$q=0.12+0.011L(kN/m^2)$$

【解】水平投影面 $1m \times 1m$ 时，其相应屋面斜面面积为 $1m \times 1m/\cos\alpha$，α 为屋面及水平面夹角。由已知数值算得本题 $\alpha=5.71°$，$\cos\alpha=0.995$。

计算竖向节点荷载时，比较方便的是按水平投影面计算。这样，节点荷载即为图 2-25 中阴影面积（4500mm×2250mm）内的荷载。

恒载计算：

彩色钢板屋面　　　　　　$0.15/\cos5.71°=0.151kN/m^2$（水平）

保温层及灯具　　　　　$0.15/\cos 5.71°=0.151\text{kN/m}^2$（水平）

檩条　　　　　　　　　$0.43/（1.125×4.5）=0.085\text{kN/m}^2$（水平）

屋架及支撑　　　　　　$0.12+0.011×18=0.318\text{kN/m}^2$（水平）

恒载标准值合计为 0.705kN/m^2，大于活荷载，更大于雪荷载。

恒载设计值按分项系数 1.2 为 $q_1=0.705×1.2=0.846\text{kN/m}^2$，按分项系数 1.35 则为 0.952kN/m^2。按前者，节点荷载 $P_1=4.5×2.25q_1=4.5×2.25×0.846=8.566\text{kN}$

活载计算：分项系数 1.4

活载　　　　　　　　　　$q_2=0.50×1.4=0.70\text{kN/m}^2$

$$P_2=4.5×2.25q_2=4.5×2.25×0.70=7.088\text{kN}$$

雪载　　　　　　　$P_3=0.30P_2/0.50=0.30×3.54=4.253\text{kN}$

风载　　迎风坡面体形系数按表 2-5 为 -0.6，背风坡面则为 -0.5，故得

$$P_4=-0.6×0.35×1.4×4.5×2.25/0.995=-2.992\text{kN}（迎风面）$$

$$P_5=-0.5×0.35×1.4×4.5×2.25/0.995=-2.493\text{kN}（背风面）$$

当屋面夹角比较小时风载为吸力（吸力用负号表示）。吸力起卸载作用，一般不考虑。但当恒载很小吸力较大时应考虑拉杆内力的变号。

节点荷载的作用方向，如图 2-26 所示。

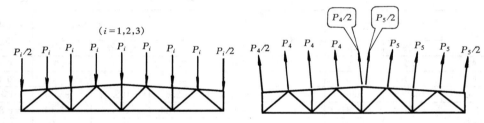

图 2-26　例题 2-1 解

【例题 2-2】 求上题中屋架各杆的最不利内力。

【解】 屋架的杆件，应根据使用过程中可能同时作用的荷载进行最不利内力的组合。由于组合值 $0.846+0.70=1.546\text{kN/m}^2 > 0.952+0.7×0.7=1.442\text{kN/m}^2$，永久荷载效应不起控制作用。

为了便于组合内力，通常先求出所谓的内力系数，然后用内力系数乘某种荷载下的节点荷载，即得该荷载下各杆的内力。

按上题所述，此题不考虑风载。荷载规范规定屋面活荷载与雪荷载不同时考虑，而采用其中较大者，上题中活荷载为 0.50kN/m^2，大于雪荷载，故只需考虑恒载和活荷载的组合。这种组合分全跨活荷载和半跨活荷载两种情形，求这两种情形的内力系数的单位荷载见图 2-27，相应的内力系数及内力组合结果见表 2-7，其中，"恒＋全"一栏所列数值表示将恒载与全跨活荷载依（2-4）式的组合值，而"恒＋半"一栏所列数值表示将恒载与半跨活荷载依（2-4）式的组合值。

由组合表看到，梯形屋架上下弦杆都是靠近跨中节间内力最大，腹杆则是端斜杆内力较大。半跨活荷载的组合只对 Dc 杆不利。当然，在选定杆件截面时，Fc 杆应和 Dc 杆相

同。杆件的截面除决定于内力的大小之外，还取决定于杆件在平面内外的计算长度。需要注意的是上弦每个节间中央有一根檩条的集中荷载，上弦应按压弯构件计算。

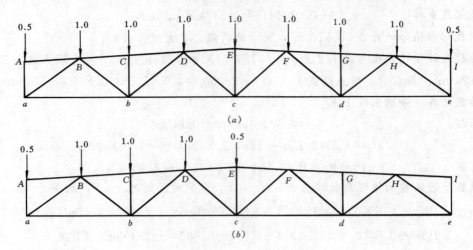

图 2-27   内力系数

（a）计算内力系数的全跨荷载；（b）计算内力系数的半跨荷载

例题 2-2 屋架内力组合表   表 2-7

杆件		内力系数		单项荷载内力			内力组合		不利组合
				恒载	活载				
		全跨	半跨		全跨	半跨	恒＋全	恒＋半	
上弦杆	AB	0.0	0.0	0.0	0.0	0.0	0.0	0.0	0.0
	HI	0.0	0.0	0.0	0.0	0.0	0.0	0.0	0.0
	BC	−6.958	−4.638	−59.60	−49.32	−32.87	−108.92	−92.47	−108.92
	GH	−6.958	−2.319	−59.60	−49.32	−16.44	−108.92	−76.04	−108.92
	CD	−6.958	−4.638	−59.60	−49.32	−32.87	−108.92	−92.47	−108.92
	FG	−6.958	−2.319	−59.60	−49.32	−16.44	−108.92	−76.04	−108.92
	DE	−7.537	−3.769	−64.56	−53.42	−26.71	−117.98	−91.27	−117.98
	EF	−7.537	−3.769	−64.56	−53.42	−26.71	−117.98	−91.27	−117.98
下弦杆	ab	4.565	3.261	39.10	32.36	23.11	71.46	62.21	71.46
	de	4.565	1.304	39.10	32.36	9.24	71.46	48.34	71.46
	bc	7.759	4.655	66.46	55.00	32.99	121.46	99.45	121.46
	cd	7.759	3.103	66.46	55.00	21.99	121.46	88.45	121.46
腹杆	Aa	−0.5	−0.5	−4.283	−3.54	−3.54	−7.823	−7.823	−7.823
	Ie	−0.5	0.0	−4.283	−3.54	0.0	−7.823	−4.283	−7.823
	Ba	−5.753	−4.109	−49.28	−40.78	−29.12	−90.06	−78.40	−90.06
	He	−5.753	−1.644	−49.28	−40.78	−11.65	−90.06	−60.93	−90.06
	Bb	2.971	1.707	25.45	21.06	12.10	46.51	37.55	46.51
	Hd	2.971	1.264	25.45	21.06	8.96	46.51	34.41	46.51
	Cb	−1.0	−1.0	−8.566	−7.09	−7.09	−15.66	−15.66	−15.66
	Gd	−1.0	0.0	−8.566	−7.09	0.0	−15.66	−8.566	−15.66
	Db	−1.162	−0.055	−9.954	−8.24	−0.39	−18.19	−10.34	−18.19
	Fd	−1.162	−1.107	−9.954	−8.24	−7.85	−18.19	−17.80	−18.19
	Dc	−0.36	−1.259	−3.084	−2.55	−8.92	−5.63	−12.00	−12.00
	Fc	−0.36	−0.899	−3.084	−2.55	6.37	−5.63	3.29	−5.63
	Ec	0.5	0.25	4.283	3.54	1.77	7.823	6.05	7.823

2.3.2　桁架杆件的计算长度

桁架中无论压杆或拉杆都需要找出其计算长度，因为有了计算长度才能进行压杆的稳定性验算，以及压杆和拉杆的刚度验算。桁架中压杆的计算长度见本书上册第5章第1节，拉杆的计算长度取其节点之间的几何长度。

桁架及支撑的杆件都应满足刚度要求，其标志是长细比的大小要符合GB 50017标准规定的容许值。因受力条件和杆件的重要程度不同，GB 50017标准规定了不同的容许值。桁架中的受压杆件的容许长细比为150，支撑的受压杆件为200。直接承受动力荷载的桁架中的拉杆为250，只承受静力荷载作用的桁架的拉杆，按GB 50017标准可仅计算在竖向平面内的长细比，容许值为350，支撑的受拉杆为400。然而，桁架的受拉弦杆还负有对受压腹杆下端提供平面外支点的作用，为此在水平面内的长细比也需要加以限制，一般不超过250；跨度不小于60m的桁架，其压杆的长细比则不宜大于120。

2.3.3　杆件的截面形式

桁架杆件截面的形式，应该保证杆件具有较大的承载能力、较大的抗弯刚度，同时应该便于相互连接且用料经济。这就要求杆件的截面比较扩展，壁厚较薄，同时外表平整。根据这一要求，多年来主要采用双角钢来做屋架以及跨度相近的桁架如皮带运输机桥等的杆件。压杆应该对于截面的两个主轴具有相等或接近的稳定性，即$\lambda_x = \lambda_y$，以充分发挥材料的作用。拉杆则常用等边角钢来做，因为等边角钢一般比不等边角钢容易获得。受拉弦杆角钢的伸出肢宜宽一些，以便具有较好的出平面刚度。需要注意的是，双角钢属于单轴对称截面，绕对称轴y屈曲时伴随有扭转，λ_y应取考虑扭转效应的换算长细比λ_{yz}。

受压弦杆，在一般支撑布置的情况下，常为$l_{0y} = 2l_{0x}$，为获得近于等稳的条件，经常采用两等肢角钢或两短肢相并的不等肢角钢组成的T形断面（图2-28a或b）。二者之中以用钢量较小的为好。鉴于$\lambda_{yz} > \lambda_y$，后一截面比较容易做到等稳定。当有节间荷载时，为增强弦杆在屋架平面内的抗弯能力，可采用两长肢相并的不等肢角钢组成的T形截面（图2-28c）；但弦杆处于屋架的边缘，为增加出平面的刚度以利运输及安装，也可以考虑

图 2-28　角钢杆件截面形式

采用两等肢角钢。受拉弦杆，往往 l_{0y} 比 l_{0x} 大得多，此时可采用两短肢相并的不等肢角钢组成的或者等肢角钢组成的 T 形截面（图 2-28b 或 a）。

梯形屋架支座处的斜杆（主节点在下时受压，主节点在上时受拉）及竖杆，由于 l_{0y} $=l_{0x}$，故可采用图 2-28（a）或（c）的形式。考虑到扭转影响，前者更容易做到等稳定。屋架中其他腹杆，因 $l_{0x}=0.8l$，$l_{0y}=l$，即 $l_{0y}=1.25l_{0x}$，所以一般采用图 2-28（a）两等肢角钢的形式。连接垂直支撑的竖杆，常采用两个等肢角钢组成的十字形截面（图 2-28d），因为垂直支撑如需传力时则竖杆不致产生偏心，并且吊装时屋架两端可以任意调动位置而竖杆伸出肢位置不变。受力小的腹杆，也可采用单角钢截面，如图 2-28（e）和（f）所示，前者因连接有偏心，看作轴压杆件计算时需要把长细比适当放大（参见单角钢缀条的计算），后者虽无偏心但角钢端部需切口以插入节点板进行焊接，工作稍繁。随着厂房结构的发展，屋架杆件已有用 T 型钢取代双角钢的趋势，特别是屋架的弦杆。在实际工程中常采用将 H 型钢沿腹板纵向切开的方法做成剖分 T 型钢，由轧钢厂直接提供。与 H 型钢相应，剖分 T 型钢也分为窄翼缘、中翼缘和宽翼缘三种类型（图 2-29a，b 及 c）。由于 T 型钢是 H 型钢之半，故其截面尺寸都与相应 H 型钢相同。T 型钢的优点在于翼缘的宽度大，并且腹板的厚度较薄。腹板薄则截面的经济性好。在屋架中，弦杆多半采用宽翼缘 T 型钢，腹杆则可用中翼缘 T 型钢、单角钢或双角钢。当腹杆采用 T 型钢或单角钢时，由于不存在双角钢相并的间隙，所以耐腐蚀作用好，从这一角度看不次于圆管、方管等封闭式截面杆件的结构。但是单面连接的单角钢的承载力设计值降低较多，因而，现在还常用双角钢做腹杆。用角钢做腹杆时，节点构造方便。

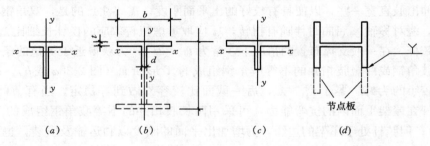

(a)　　　　　(b)　　　　　(c)　　　　　(d)

图 2-29 T 型钢和 H 型钢杆件截面形式

T 型钢弦杆双角钢腹杆的屋架比传统的全角钢屋架约节省钢材 12%～15%。这主要是由于减小了节点板尺寸，上弦用料比角钢经济，以及省去填板等原因。这种屋架在国外已广泛采用，我国在宝钢工程中也已采用。不过目前生产的 T 型钢规格较少，在一定程度上制约其应用。

当屋架跨度较大（如 L>24m）并且弦杆内力相差较大时，弦杆可改变一次截面，以便节省钢材。但以改变一次为度，如果改变两次则制造工作量加大，反而不经济。改变弦杆截面时，可保持角钢厚度不变而改变肢宽，以方便连接。T 型钢弦杆则可改变腹板高度。

除上述截面外，圆管在网架结构中用得较多，矩形管因节点连接方便近年来在桁架中用得渐多。跨度和荷载较大的重型桁架，则多用 H 形截面（图 2-29d），包括轧制 H 型钢和焊接者。用这种截面时，节点连接需要两块节点板，称为双壁式桁架。双壁式桁架的杆件还可用由双槽钢组成的格构式杆件，类似轴线受压的格构柱。

2.3.4 一般构造要求与截面选择

2.3.4.1 屋架构造的一般要求

在一榀屋架中，所用角钢的规格不应超过 5～6 种。普通钢屋架中所用的角钢，最小规格应是 L45×4 或 L56×36×4。跨度不超过 18m 的小角钢屋架则不受此限。

双角钢截面杆件在节点处以节点板相连，T 型钢截面杆件是否需要用节点板相连应根据具体情况决定。节点板受力复杂，对一般跨度的屋架可以不作计算，而由经验确定厚度。梯形屋架和平行弦屋架的节点板把腹杆的内力传给弦杆，节点板的厚度即由腹杆最大内力（一般在支座处）来决定。三角形屋架支座处的节点板要传递端节间弦杆的内力，因此，节点板的厚度应由上弦杆内力来决定。此外，节点板的厚度还受到焊缝的焊脚尺寸 h_f 和 T 型钢腹板厚度等因素的影响。一般屋架支座节点板受力大，该处节点板厚度可参照表 2-8 取用。中间节点板受力小，板厚可比支座处节点板的厚度减小 2mm。在一榀屋架中，除支座处节点板厚度可以大 2mm 外，全屋架节点板取相同厚度。20 世纪 70 年代后期国外有的研究证明，提高节点板的屈服强度并不提高腹杆的承载能力，而在试验研究中将节点板厚度由 10mm 加厚到 20mm 时却提高腹杆屈曲荷载近 40％。由此可见，屋架节点板的厚度稍大些是有利的。

屋架节点板厚度参考表（Q235 钢）　　　　　　　　　　　表 2-8

梯形屋架、平行弦屋架腹杆最大内力 三角形屋架端节间弦杆内力（kN）	≤200	201～320	321～520	521～780	781～1170
支座节点板厚度（mm）	8	10	12	14	16

由双角钢组成的 T 形或十字形截面的杆件，为了保证两个角钢共同工作，两角钢间需有足够的连系。做法是每隔一定距离在两角钢间加设填板（图 2-30），填板尺寸由构造决定。在十字形双角钢杆件中填板应横竖交错放置。填板应比角钢肢宽伸出（十字形截面则缩进）10～15mm 以便焊接。填板间距，对压杆取 $l_z \leqslant 40i$，拉杆取 $l_z \leqslant 80i$，式中 i 为一个角钢的回转半径，回转半

图 2-30　屋架杆件的填板

径所对应的形心轴在 T 形双角钢（图 2-30a）中为平行轴 a-a，在十字形双角钢（图 2-30b）中为最小轴 b-b。在压杆的两个侧向固定点之间的填板不宜少于两个，且每节间不应少于两个（无法放置时至少放一个）；拉杆同此处理。

2.3.4.2 桁架杆件截面选择

桁架中的杆件，按前述原则先确定截面型式，然后根据轴线受拉、轴线受压和压弯的不同受力情况，按轴线受力构件或压弯构件计算确定。为了不使型钢规格过多，在选出截面后可作一次调整。

拉杆应进行强度验算和刚度验算。强度验算中在有螺栓孔削弱时，应该用净截面，如果螺栓孔位置处于节点板内且离节点板边缘有一定距离，例如≥100mm 时，可考虑不计截面削弱，因为焊缝已传走一部分内力，截面有减弱处内力也已减小。刚度验算应使杆在两个方向的长细比中的较大者 λ_{max} 小于容许长细比。GB 50017 标准对于承受静力荷载的桁架拉杆只限制在竖向平面内的长细比，但从运输、安装和对腹杆提供支持的角度考虑，受拉下弦出平面的刚度还是大些为好（参见 2.3.2 节）。

压杆应进行稳定性和刚度的计算，压弯杆（当上弦有节间荷载时）应进行平面内外的稳定性和刚度的验算。双角钢压杆绕对称轴失稳时呈弯扭屈曲，它们的换算长细比除可按本书上册的理论公式（4-29）计算外，还可以用下列简化公式计算。轴对称放置的单角钢压杆（图 2-28 f），当两个方向计算长度相同时，承载力由绕弱轴弯曲屈曲控制，可不计算绕强轴的弯扭屈曲。

（1）等边双角钢截面（图 2-28 a）

当 $\lambda_y \geqslant \lambda_z$ 时，

$$\lambda_{yz} = \lambda_y \left[1 + 0.16 \left(\frac{\lambda_z}{\lambda_y} \right)^2 \right] \tag{2-6a}$$

当 $\lambda_y < \lambda_z$ 时，

$$\lambda_{yz} = \lambda_z \left[1 + 0.16 \left(\frac{\lambda_y}{\lambda_z} \right)^2 \right] \tag{2-6b}$$

（2）长肢相并的不等边双角钢截面（图 2-28 c）

当 $\lambda_y \geqslant \lambda_z$ 时，

$$\lambda_{yz} = \lambda_y \left[1 + 0.25 \left(\frac{\lambda_z}{\lambda_y} \right)^2 \right] \tag{2-7a}$$

当 $\lambda_y < \lambda_z$ 时，

$$\lambda_{yz} = \lambda_z \left[1 + 0.25 \left(\frac{\lambda_y}{\lambda_z} \right)^2 \right] \tag{2-7b}$$

（3）短肢相并的不等边双角钢截面（图 2-28 b）

当 $\lambda_y \geqslant \lambda_z$ 时，

$$\lambda_{yz} = \lambda_y \left[1 + 0.06 \left(\frac{\lambda_z}{\lambda_y} \right)^2 \right] \tag{2-8a}$$

当 $\lambda_y < \lambda_z$ 时，

$$\lambda_{yz} = \lambda_z \left[1 + 0.06 \left(\frac{\lambda_y}{\lambda_z} \right)^2 \right] \tag{2-8b}$$

在式（2-6）～式（2-8）中，λ_z 是构件的扭转屈曲换算长细比，按下式计算：

$$\lambda_z = \zeta b_f / t \tag{2-9}$$

式中 t 为角钢厚度。b_f 指垂直于对称轴的角钢肢的宽度，亦即，相应于图 2-28 (a) ～ 图 2-28 (c)，b_f 分别取 b、b_2（短肢宽）和 b_1（长肢宽），系数 ζ 则相应分别取 3.9、5.1 和 3.7。式（2-6）～式（2-8）都由两个式子组成，其中前一个式子为 λ_y 乘以放大系数，表明弯曲是屈曲变形的主导模式。后一个式子则为 λ_z 乘以放大系数，表明扭转成为屈曲变形的主导模式，此时 λ_{yz} 和 λ_y 相比，增大得较多。这种情况发生在 λ_y 较小的杆件。

在确定双角钢截面时，如果 $\lambda_x > \lambda_{yz}$，即在桁架平面内弯曲屈曲时选用薄而宽的角钢比较经济。但是，如果 $\lambda_x < \lambda_{yz}$，则所选角钢很可能不是最佳选择，说明未必最经济。

压弯杆的容许长细比近似采用轴线压杆的数值。这两种杆件，必要时还应进行强度验算。

初选压杆截面的尺寸时，如无合适资料与经验，亦可先假设 $\lambda = 40 \sim 100$（对于弦杆）或 $\lambda = 80 \sim 120$（对于腹杆），最后以验算合适的截面为准。

内力很小的腹杆，以及支撑中受力不大的杆件，常由刚度条件即由容许长细比最后确定截面。当雪荷载或活荷载作用在半跨上时，梯形屋架跨中的一些受拉腹杆可能变成压杆，这些杆件应按压杆来考虑刚度要求。双角钢压杆由容许长细比控制截面时，平面外计算以 λ_y 为准。

屋架杆件截面选出后，应照表 2-9 的形式列表，以便检查和统一规划杆件类型数量。

屋架杆件截面选择表　　　　　　　　　　　　　　　　　　　　　表 2-9

杆件		计算内力 (N)	几何长度 (mm)	计算长度		截面规格	截面面积 (cm²)	回转半径		长细比		容许长细比	稳定系数	验算强度或稳定性 N/A_n 或 $N/(\varphi A)$
名称	编号			l_{0x}	l_{0y}			i_x	i_y	λ_x	λ_y (λ_{yz})	$[\lambda]$	φ_{min}	
上弦杆														
下弦杆														
腹杆														

【例题 2-3】 在某三角形屋架中，下弦 Ab 杆 $N_{Ab} = 136.07\text{kN}$，竖杆 Ed 为零杆，且在腹杆 Cc 处有垂直支撑，下弦 A 及 c 点有水平系杆（图 2-31）。连接支撑的螺栓孔设在节

图 2-31　几何长度

点板上，节点板预先焊于杆件上，所以各杆截面无削弱。因运输条件限制，需拆成两个小桁架运输。厂房内无吊车，材料为Q235。试选择下弦杆及Ed杆的截面。

【解】下弦Ab杆需要的截面积为

$$A=N_{Ab}/f=136.07\times10^3/(215\times10^2)=6.33\text{cm}^2$$

选用 2L45×4 角钢（图 2-32a），查得 $A=2\times3.49=6.98\text{cm}^2$，$i_x=1.38\text{cm}$ 和 $i_y=2.08\text{cm}$。验算强度和刚度如下。

图 2-32　例题 2-3　　　　　　　　　　图 2-33　例题 2-4

$$\sigma=\frac{N_{Ab}}{A_n}=\frac{136.07\times10^3}{6.98\times10^2}=194.9\text{N/mm}^2<f=215\text{N/mm}^2$$

受拉杆件的容许长细比为 350。

$$\lambda_x=(l_{0x})_{Ab}/i_x=260/1.38=188<350$$

因运输条件关系，c 点处需将下弦断开。如截面较大时可在截断处改变一次截面。现在截面很小，bc 杆和 cd 杆取与 Ab 杆相同的截面，由于 cd 杆较长，还应验算刚度。

$$\lambda_x=(l_{0x})_{cd}/i_x=380/1.38=275<350$$

因为屋架只受静荷载作用，按 GB 50017 标准规定，可不验算拉杆在屋架平面外的刚度。从对腹杆提供支点考虑，cdc'（点 c 关于 dE 线对称的点称 c' 点）段内无受压腹杆，下弦的平面外长细比不需限制。Abc 段平面外长细比等于 $520/2.08=250$，满足要求。

竖杆 Ed 为零杆，截面只根据刚度条件选择，采用等肢双角钢十字形截面。桁架的竖杆按压杆考虑，容许长细比为 200，则十字形截面所需回转半径为

$$i_{min}=l_0/\lambda=0.9\times360/200=1.62\text{cm}$$

由角钢表查得　L45×4，$i_{min}=1.74\text{cm}$，所以杆 Ed 采用 2L45×4 角钢（图 2-32b）。

【例题 2-4】在全部节点设计荷载 $P=58.8\text{kN}$ 作用下，梯形屋架上弦杆内力及侧向支承点位置如图 2-33 所示，上弦截面无削弱，材料为 Q235 钢，节点板厚度为 10mm。试选择双角钢上弦截面。

【解】平面内计算长度为 $l_{0x}=201\text{cm}$，平面外计算长度（参见上册第 5.1.2 节）：

$$l_{0y}=l_1\left(0.75+0.25\frac{N_2}{N_1}\right)=402\left(0.75+0.25\times\frac{482}{669}\right)=373.9\text{cm}$$

$$l_{0y}/l_{0x}=373.9/201=1.86$$

若获得等稳定条件 $\lambda_x=\lambda_{yz}$，则应该有 $i_y/i_x>1.86$，选用两不等肢角钢短肢相并比较适当。

假定没有相似资料参照，故先设 λ 以帮助选择截面。设 $\lambda=70$，双角钢截面属于轴心压杆的 b 类，由本书上册附表 17 查得 $\varphi=0.751$。取强度设计值 $f=215\text{N/mm}^2$，根据所

设 λ，截面应该有

$$A = N_1/\varphi f = 669 \times 10^3/0.751 \times 215 \times 10^2 = 41.43 \text{cm}^2$$

$$i_x = l_{0x}/\lambda = 201/70 = 2.87 \text{cm}, i_y \text{ 应大于 } l_{0y}/\lambda = 373.9/70 = 5.34 \text{cm}$$

根据假设的 A、i_x 及 i_y 并注意到节点板厚 $\delta = 10$mm，由型钢表选得 2L140×90×10 并由短肢相并构成压杆（图 2-34），查得 $A = 2 \times 22.3 = 44.6 \text{cm}^2$，$i_x = 2.56$cm，$i_y = 6.77$cm，用实际截面验算。先计算杆件长细比：

$$\lambda_y = l_{0y}/i_y = 373.9/6.77 = 55.2, \lambda_x = l_{0x}/i_x = 201/2.56 = 78.5, \lambda_z = 3.7 \times \frac{140}{10} =$$

$$51.8, \lambda_{yz} = 55.2\left[1 + 0.06\left(\frac{51.8}{55.2}\right)^2\right] = 58.1, \text{ 均小于容许长细比 } 150。$$

对此短肢相并的不等边双角钢截面，由 $\max(\lambda_x, \lambda_{yz}) = \lambda_x = 78.5$，查得 $\varphi = 0.698$

$$\frac{N_1}{\varphi A f} = \frac{669 \times 10^3}{0.698 \times 44.6 \times 10^2 \times 215} = 0.9995 < 1.0$$

所选截面合适。由稳定验算结果看到，截面无削弱时强度不必验算。同时看到，假设 λ 的中间步骤不一定是必需的。

图 2-34　例题 2-4 截面

图 2-35　例题 2-5

【例题 2-5】屋架的设计荷载及内力如图 2-35 所示，节点荷载 $P = 29.4$kN，试选定上弦杆截面。

【解】上弦杆的内力除图示的轴向压力外，在节间处还有 $0.6M_0$ 或 $0.4M_0$ 的正弯矩（节点处对应弯矩为 $-0.4M_0$ 或 $-0.6M_0$，图 2-36a），上弦成为压弯杆。此时计算较复杂，假设 λ 的步骤作用不大，可直接选用截面进行验算。$M_0 = \frac{29400 \times 2000}{4} = 1470 \times 10^4 \text{N} \cdot$

mm，$0.6M_0 = 882 \times 10^4 \text{N} \cdot \text{mm}$，而 $0.4M_0 = 588 \times 10^4 \text{N} \cdot \text{mm}$。

选用等肢角钢 2L160×10，已知 $A = 2 \times 31.5 = 63 \text{cm}^2$

受压最大纤维的截面抵抗矩 $W_{1x} = 2 \times 180 = 360 \text{cm}^3$，以及 $W_{2x} = 2 \times 66.7 = 133.4 \text{cm}^3$，$i_x = 4.98$cm，$i_y = 6.92$cm（取 $\delta = 10$mm）。相应的塑性系数 $\gamma_{x1} = 1.05$，$\gamma_{x2} = 1.2$，$\lambda_x = l_{0x}/i_x = 201/4.98 = 40.36$ < 150，查上册附表 17 得 $\varphi_x = 0.898$

$$N'_{Ex} = \frac{\pi^2 EA}{1.1\lambda_x^2} = \frac{\pi^2 \times 2.06 \times 10^5 \times 63 \times 10^2}{1.1 \times 40.36^2 \times 10^3} = 7148 \text{kN}$$

（1）强度验算

只计算端截面弯矩为 $0.6M_0$ 时合并肢肢尖的强度（为什么？）

图 2-36　例题 2-5 解

$$\frac{N}{A} + \frac{M_x}{\gamma_{x2}W_{2x}} = \frac{669 \times 10^3}{63 \times 10^2} + \frac{882 \times 10^4}{1.2 \times 133.4 \times 10^3}$$

$$= 106.19 + 55.1 = 161.29 \text{ N/mm}^2 < 215 \text{ N/mm}^2$$

强度可以得到保证。

（2）平面内稳定性验算

上弦杆在弯矩作用平面内只需计算节间正弯矩为 $0.6M_0$ 的情形（为什么？）。节间弦杆为两端支承的杆件，作用有端弯矩和横向荷载且为异号曲率的情况，节点处截面取 $0.4M_0$，故有

$$\beta_{mx}M_x = [1 - 0.36 \times 669/(1.1 \times 7148)] \times 1470 \times 10^4 - 588 \times 10^4$$
$$= 837 \times 10^4 \text{ N} \cdot \text{mm}$$

因此

$$\frac{N}{\varphi_x A f} + \frac{\beta_{mx}M_x}{\gamma_{x1}W_{1x}(1 - 0.8 N/N'_{Ex})f}$$

$$= \frac{669 \times 10^3}{0.898 \times 63 \times 10^2 \times 215}$$

$$+ \frac{837 \times 10^4}{1.05 \times 360 \times 10^3 \times (1 - 0.8 \times 669 \times 10^3/7148 \times 10^3) \times 215}$$

$$= 0.55 + 0.11 = 0.66 < 1.0$$

对于这种 T 形截面压弯杆，还应验算截面的另一侧，即

$$\frac{N}{Af} - \frac{\beta_{mx}M_x}{\gamma_{x21}W_{2x}(1 - 1.25 N/N'_{Ex})f}$$

$$= \frac{669 \times 10^3}{63 \times 10^2 \times 215}$$

$$- \frac{837 \times 10^4}{1.2 \times 133.4 \times 10^3 \times (1 - 1.25 \times 669 \times 10^3/7148 \times 10^3) \times 215}$$

$$= 0.494 - 0.275 = 0.219 < 1.0$$

平面内的稳定性可以得到保证。

（3）平面外稳定性验算

由上题已知平面外的计算长度 $l_{0y} = 373.9$ cm，$\lambda_y = l_{0y}/i_y = 373.9/6.92 = 54.03 < 150$。依式（2-9）有 $\lambda_z = 3.9 \times 160/10 = 62.4 > 54.03$，故由式（2-6b）可计算由其组成的双角钢截面的换算长细比为：

$$\lambda_{yz} = 62.4 \times [1 + 0.16 \times (54.03/62.4)^2] = 69.9$$

由 λ_{yz} 查上册附表 17 得 $\varphi_y = 0.752$。整体稳定系数 φ_b 取简化公式计算：

$$\varphi_b = 1 - 0.0017\lambda_y/\varepsilon_k = 0.908$$

$$\frac{N}{\varphi_y A f} + \frac{\beta_{tx}M_x}{\varphi_b W_{1x}f} = \frac{669 \times 10^3}{0.752 \times 63 \times 10^2 \times 215} + \frac{882 \times 10^4}{0.908 \times 360 \times 10^3 \times 215}$$

$$= 0.657 + 0.125 = 0.782 < 1$$

平面外的稳定性可以得到保证。

所选双角钢 160×10 的承载力富余较多，读者可试取较小规格计算。

例题 2-4 的屋架是将檩距加大使屋架只受节点荷载的情况，那时上弦为轴心受压，上

弦截面积为 44.6cm²。例题 2-5 是该屋架没有加大檩距的情况，即如图 2-31 所示，上弦节间有节间荷载 P，此时上弦为压弯杆，上弦杆截面积为 63cm²。如果不考虑两种情况下檩条的自重，由计算过程看到，在屋面荷载不变的条件下，有节间荷载时上弦杆用料较多，不如仅有节点荷载的方案经济。当然，实际设计时不仅要看屋架本身用钢的经济性，还要考虑檩条用钢的增减以及整个方案的经济性。

2.3.5 桁架节点设计和施工图

桁架节点设计的原则和具体方法均已在上册第 7 章第 7.13 节论述，这里不再重复。

施工图是在钢结构制造厂进行加工制造的主要依据，必须清楚详尽。书后附录的图选自梯形钢屋架标准图集。现主要根据该图说明施工图的绘制要点。

（1）通常在图纸上部绘一桁架简图作为索引图。对于对称桁架，图中一半注明杆件几何长度（mm），另一半注明杆件内力（N 或 kN）。桁架跨度较大时（梯形屋架 $L \geqslant 24$m，三角形屋架 $L \geqslant 15$m）所产生挠度较大，影响使用与外观，制造时应予起拱，以避免在竖向荷载作用下屋架跨中下垂。按杆件在荷载作用下的伸长量或缩短量，预先给各杆以减短或加长则可得下弦的起拱线。但实际制造时，只在下弦有拼接处起拱，拱度一般采用 $f = L/500$（图 2-37）。屋架起拱也可在索引图中画出。

图 2-37 屋架的起拱

（2）施工详图中，主要图面用以绘制屋架的正面图，上、下弦的平面图，必要的侧面图，以及某些安装节点或特殊零件的大样图（限于篇幅，附录图中只画一部分大样图），施工图还应有其材料表。屋架施工图通常采用两种比例尺：杆件轴线一般为 1：20～1：30 以免图幅太大，节点（包括杆件截面，节点板和小零件）一般为 1：10～1：15（重要节点大样比例尺还可大些），可清楚地表达节点的细部制造要求。

（3）在施工图中，要全部注明各零件的型号和尺寸，包括其加工尺寸、零件（杆件和板件）的定位尺寸、孔洞的位置，以及对工厂加工和工地施工的所有要求。定位尺寸主要有：轴线至角钢肢背的距离，节点中心至腹杆等杆件近端的距离，节点中心至节点板上、下和左、右边缘的距离等。螺孔位置要符合型钢线距表和螺栓排列规定距离的要求。对加工及工地施工的其他要求包括零件切斜角，孔洞直径和焊缝尺寸都应注明。拼接焊缝要注意区分工厂焊缝和安装焊缝，以适应运输单元的划分和拼装。

（4）在施工图中，各零件要进行详细编号，零件编号要按主次、上下、左右一定顺序逐一进行。完全相同的零件用同一编号。当组成杆件的两角钢的型号尺寸完全相同，然而因开孔位置或切斜角等原因，而成镜面对称时，亦采用同一编号，但在材料表中注明正反二字以示区别（如附录图中的上弦杆①、下弦杆②、中斜杆⑫等）。此外，连接支撑和不连接支撑的屋架虽有少数地方不同（比如螺孔有不同），但也可画成一张施工图而加以注明。附图是标准图，既可用于和柱铰接，也可用于和柱刚性连接。材料表包括各零件的截面、长度、数量（正、反）和自重。材料表的用途主要是配料和计算用钢指标，其次是为吊装时配备起重运输设备。

（5）施工图中的文字说明应包括不易用图表达以及为了简化图面而易于用文字集中说明的内容，如：钢材标号、焊条型号、焊缝形式和质量等级、图中未注明的焊缝和螺孔尺寸以及油漆、运输和加工要求等，以便将图纸全部要求表达完备。标准图集中有些说明集中做总说明，因而附图的附注不完整。

2.3.6 矩形钢管屋架特点

无论是圆管还是矩形管，其截面材料都分布在远离中性轴的位置，而且是剪心和形心重合的封闭截面，其抗弯和抗扭的力学性能明显优于角钢。由钢管构件组成的桁架可以省去大量节点板、填板等的制作。据称，钢管桁架与传统的角钢桁架相比，节省钢材的幅度在 20% 以上，对于有些结构（例如输电塔架）节省钢材可高达 50%。除此之外，管截面特有的封闭性使其具有良好的防腐蚀性能。矩形管屋架节点构造比圆管简单，国内应用较多，因此主要介绍矩形管屋架设计特点。

目前，钢管桁架结构主要用在不直接承受动力荷载的场合。为了防止钢管构件的局部屈曲，圆钢管的外径与壁厚之比一般要求不超过 $100\varepsilon_k$，矩形管的最大外缘尺寸与壁厚之比不超过 $40\varepsilon_k$。原则上既可采用热加工管材，亦可采用冷成型管材，但其材料的屈强比不宜超过 0.8，而且壁厚一般不大于 25mm。

钢管屋架的高跨比可在 1/15～1/10 范围内选择。应尽量缩减节点的类别与数量（例如选择无竖杆的人字形腹杆体系）以及所用管材规格。在钢管桁架结构中，杆件直接相互焊接在一起形成节点，图 2-38 是常见的矩形管直接焊接节点。在交于同一节点的杆件中，截面尺寸最大者常称为主管（通常为弦杆），其余皆称为支管。不允许将支管插入主管内。主管与支管或两支管之间的夹角不宜小于 30°。支管端部宜使用自动切管机械切割，支管壁厚小于 6mm 时可不切坡口。支管与主管的连接焊缝，应沿全周连续焊接并平滑过渡。焊缝形式既可采用全周角焊缝，亦可部分采用角焊缝，部分采用对接焊缝。但是，支管管壁与主管管壁的夹角不小于 120° 的区域宜采用对接焊缝或带坡口的角焊缝。角焊缝的焊脚尺寸 h_f 不宜大于壁厚的 2 倍（支管为圆管）或 1.5 倍（支管为矩形管）。对于有间隙的 K、N 形节点（图 2-38c），支管间隙 a 不应小于两支管壁厚之和。对于搭接的 K、N 形节

图 2-38 矩形管直接焊接节点

(a)T、Y 形节点；(b)X 形节点；(c)(有间隙)K、N 形节点；(d)(搭接)K、N 形节点

点（图 2-38d），当两支管的壁厚不同时，薄壁管应搭接在厚壁管之上；而两支管的钢材强度不同时，低强度管应搭接在高强度管之上。搭接率 $\eta_{ov}=q/p$（两支管在主管表面的搭接长度与搭接管在该表面宽度之比，见图 2-39）应控制在如下范围：

$$25\% \leqslant \eta_{ov} \leqslant 100\%$$

尽管搭接型节点强度高，但宜首选非搭接型节点，因为这种节点加工制作方便。

图 2-39 搭接率计算示意

记第 i 个支管的截面宽度为 b_i，主管的截面宽度为 b，则它们的比值 $\beta=b_i/b$ 是影响节点力学性能的重要参数。对于 K、N 形节点，这个参数定义为：

$$\beta=\frac{b_1+b_2+h_1+h_2}{4b} \qquad (2-10)$$

其中，h_i 是第 i 个支管的截面高度。通常以下标 1 代表受压支管，下标 2 代表受拉支管。当 β 以及矩形管节点的其他几何参数满足表 2-10，同时桁架平面内主管的节间长度与截面高度之比不小于 12、支管的相应之比不小于 24 时，仍然可将节点视作铰接进行内力分析。如果不符合这些要求，须按 GB 50017 标准规定进行节点刚度判断。

矩形管节点几何参数的适用范围表　　　　表 2-10

管截面及节点形式		节点几何参数，$i=1$ 或 2，表示支管；j 表示被搭接的支管					
		b_i/b, h_i/b 或 d_i/b	b_i/t_i, h_i/t_i 或 d_i/t_i		h_i/b_i	b/t h/t	a 或 η_{ov} b_i/b_j、t_i/t_j
			受压	受拉			
支管为矩形管	T、Y、X 形	$\geqslant 0.25$	$\leqslant 37\varepsilon_{k,i}$ 且 $\leqslant 35$	$\leqslant 35$	$0.5 \leqslant h_i/b_i \leqslant 2$	$\leqslant 35$	—
	K 与 N 间隙节点	$\geqslant 0.1+0.01b/t$ $\beta \geqslant 0.35$					$0.5(1-\beta) \leqslant a/b \leqslant 1.5(1-\beta)$ $a \geqslant t_1+t_2$
	K 与 N 搭接节点	$\geqslant 0.25$	$\leqslant 33\varepsilon_{k,i}$			$\leqslant 40$	$25\% \leqslant \eta_{ov} \leqslant 100\%$ $t_i/t_j \leqslant 1.0$ $0.75 \leqslant b_i/b_j \leqslant 1.0$
支管为圆管		$0.4 \leqslant d_i/b \leqslant 0.8$	$\leqslant 44\varepsilon_{k,i}^2$	$\leqslant 50$			取 $d_i=b_i$ 仍应满足上述相应条件

注：1. 当 $a/b>1.5(1-\beta)$，则按 T 形或 Y 形节点计算；

　2. b_i、h_i、t_i 分别为第 i 个矩形支管的截面宽度、高度和壁厚；

　　d_i、t_i 分别为第 i 个圆支管的外径和壁厚；

　　b、h、t 分别为矩形主管的截面宽度、高度和壁厚；

　　a 为支管间的间隙；

　　η_{ov} 为搭接率；

　　$\varepsilon_{k,i}$ 为第 i 个支管钢材的钢号调整系数；

　　β 的参数：对 T、Y、X 形节点，$\beta=\dfrac{b_1}{b}$ 或 $\dfrac{d_1}{b}$，对 K、N 形节点，$\beta=\dfrac{b_1+b_2+h_1+h_2}{4b}$ 或 $\beta=\dfrac{d_1+d_2}{b}$。

为了保证直接焊接钢管结构的安全正常工作，不仅结构中的杆件不允许破坏，节点也同样不允许破坏。因此钢管结构中的主管和支管，作为普通的轴线受力构件或压（拉）弯构件（存在节间荷载时），不仅要满足这些构件的承载力的要求，同时，支管的轴向内力设计值还不应超过节点承载力设计值。节点的承载力与节点的破坏模式紧密相关，而 β 则是反映破坏模式的重要参数。例如，当 β 值较小时，主管的壁板在支管力作用下可能因屈服而失效（图2-40a）。当 $\beta=1$ 时主管的侧壁可能在支管压力作用下局部屈曲（图2-40b）。当 β 小于1而小得不多时，主管壁板有可能出现冲剪破坏（图2-40c）。此外，由于主管连接面变形使支管垂直于侧壁的壁板受力不均匀，从而制约支管截面充分发挥作用。

图2-40　节点破坏模式
（a）主管表面塑性破坏；（b）主管侧壁屈曲破坏；（c）主管表面冲剪破坏

2.3.6.1　矩形支管的 T、Y 和 X 形节点（图2-38a、b）

支管在节点处的承载力设计值 N_i^{pj} 依参数 β 的取值不同而采用不同性质的计算公式：

（1）当 $\beta \leqslant 0.85$ 时，支管宽度比主管小得多，其轴力主要传到主管的连接面，使之因受弯出现多条屈服线而达到承载能力极限状态。此时，

$$N_i^{pj} = 1.8\left(\frac{h_i}{bc\sin\theta_i} + 2\right)\frac{t^2 f}{c\sin\theta_i}\Psi_n, \quad c = \sqrt{1-\beta} \tag{2-11}$$

同时，主管壁板的宽厚比不应超过表2-10的限值。

（2）当 $\beta = 1.0$ 时，支管宽度和主管相同，其轴力主要传到主管侧壁，使之在局部拉（压）力作用下失效而达到承载能力极限状态。此时，

$$N_i^{pj} = 2.0\left(\frac{h_i}{\sin\theta_i} + 5t\right)\frac{tf_k}{\sin\theta_i}\Psi_n \tag{2-12}$$

当支管受压时，f_k 为主管侧壁受压屈曲临界应力，括弧中的量值为侧壁的有效宽度。

对于 X 形节点，当 $\theta_i < 90°$ 且 $h \geqslant h_i/\cos\theta_i$ 时，存在主管受剪屈服的可能性，相应的极限承载力为：

$$N_i^{pj} = \frac{2ht f_v}{\sin\theta_i} \tag{2-13}$$

（3）当 $0.85 < \beta < 1.0$ 时，N_i^{pj} 除不应超过式（2-11）与式（2-12）或式（2-13）之间根据 β 所作线性插值外，还需要考虑支管端部截面的应力分布不均匀，此时 b_i 非全部有效，应以 b_e 代替 b_i，即按下式计算其承载力：

$$N_i^{pj} = 2.0(h_i - 2t_i + b_e)t_i f_i \tag{2-14}$$

当 $0.85 \leqslant \beta \leqslant 1 - 2t/b$ 时，需要考虑主管连接面冲剪破坏，此时支管的承载力由下式

计算，支管宽度仍然非全部有效：

$$N_i^{pj} = 2.0\left(\frac{h_i}{\sin\theta_i} + b_{ep}\right)\frac{tf_v}{\sin\theta_i} \tag{2-15}$$

在以上公式中

Ψ_n——反映主管轴力影响的参数，主管受压时，$\Psi_n = 1.0 - 0.25\sigma/(\beta f)$；主管受拉时，$\Psi_n = 1.0$；

σ——节点两侧主管较大轴向压应力（绝对值），当节点有一侧主管受拉时，则取另一侧主管的轴向压应力（绝对值）；

f_k——主管强度，支管受拉时，$f_k = f$；支管受压时，对 T 和 Y 形节点，$f_k = 0.8\varphi f$，对 X 形节点，$f_k = 0.65\sin\theta_i\varphi f$；

φ——按长细比 $\lambda = 1.73(h/t - 2)(\sin\theta_i)^{-0.5}$ 确定的轴压构件的稳定系数；

f_v——主管钢材的抗剪强度设计值；

b_e——有效宽度，$b_e = 10f_y t^2 b_i/f_{yi} t_i \leqslant b_i$；

b_{ep}——有效宽度，$b_{ep} = 10tb_i/b \leqslant b_i$。

2.3.6.2　矩形支管有间隙的 K 形和 N 形节点（图 2-38c）

（1）节点处任一支管的承载力设计值 N_i^{pj} 应取下列各式的较小值，它们分别对应于不同的失效模式：

主管连接面受弯屈服

$$N_i^{pj} = \frac{8}{\sin\theta_1}\beta\left(\frac{b}{2t}\right)^{0.5}t^2 f\Psi_n \tag{2-16}$$

主管受剪屈服

$$N_i^{pj} = \frac{A_v f_v}{\sin\theta_i} \tag{2-17}$$

支管受拉（压）屈服

$$N_i^{pj} = 2.0 \times \left(h_i - 2t_i + \frac{b_i + b_e}{2}\right)t_i f_i \tag{2-18}$$

当 $\beta \leqslant 1 - 2t/b$ 时，尚应考虑冲剪破坏的可能性

$$N_i^{pj} = 2.0\left(\frac{h_i}{\sin\theta_i} + \frac{b_i + b_{ep}}{2}\right)\frac{tf_v}{\sin\theta_i} \tag{2-19}$$

式中引入的参数 A_v 代表弦杆的受剪面积：$A_v = (2h + \alpha b)t$，参数 α 按下列公式计算

$$\alpha = \sqrt{\frac{3t^2}{3t^2 + 4a^2}} \tag{2-20}$$

（2）节点间隙处的弦杆轴心受力承载力设计值因存在剪力而需要折减

$$N^{pj} = (A - \alpha_v A_v)f \tag{2-21}$$

式中，α_v 是考虑剪力对弦杆轴向承载力的影响系数：

$$\alpha_v = 1 - \left[1 - \left(\frac{V}{V_p}\right)^2\right]^{0.5} \tag{2-22}$$

而

$$V_p = A_v f_v$$

V 是节点间隙处弦杆所受的剪力，可按任一支管的竖向分力计算，这里不作介绍。

对于支管搭接的节点，N_i^{pj} 的计算公式见 GB 50017 标准。

主管与支管间连接焊缝的计算见上册第 7 章 7.13.3 节。

2.4 吊车梁设计

2.4.1 吊车梁的荷载及工作性能

吊车梁承受桥式吊车产生的三个方向荷载作用，即吊车的竖向荷载 P，横向水平荷载 T（刹车力及卡轨力）和纵向水平荷载 T_L（刹车力）（图 2-41）。其中纵向水平刹车力 T_L 沿吊车轨道方向，通过吊车梁传给柱间支撑，对吊车梁的截面受力影响很小，计算吊车梁时一般均不需考虑。因此，吊车梁按双向受弯构件设计。

图 2-41 吊车荷载作用

（1）吊车最大轮压

吊车的竖向标准荷载为吊车的最大轮压标准值 $P_{k,max}$，可在吊车产品规格中直接查得。计算吊车梁的强度时，应乘以荷载分项系数 $\gamma_Q = 1.4$；同时还应考虑吊车的动力作用，乘以动力系数 α。对悬挂吊车（包括电动葫芦）及工作级别为 A1～A5 的软钩吊车，动力系数 α 取 1.05；对工作级别为 A6～A8 的软钩吊车、硬钩吊车和其他特种吊车，动力系数 α 可取 1.1。这样，作用在吊车梁上的最大轮压设计值为

$$P_{max} = 1.4\alpha P_{k,max} \tag{2-23}$$

（2）吊车横向水平力

吊车的横向水平荷载依《建筑结构荷载规范》GB 50009 的规定可取吊车上横行小车重量 Q' 与额定起重量 Q 的总和乘以重力加速度 g，并乘以下列规定的百分数 ξ：

软钩吊车：额定起重量 Q 不大于 10t，取 $\xi = 12\%$；

额定起重量 Q 为 16～50t，取 $\xi = 10\%$；

额定起重量 Q 不小于 75t，取 $\xi = 8\%$；

硬钩吊车：取 $\xi = 20\%$。

按上述百分数算得的横向水平荷载应等分于两边轨道，并分别由轨道上的各车轮平均传至轨顶，方向与轨道垂直，并考虑正反两个方向的刹车情况。再乘以荷载分项系数 $\gamma_Q = 1.4$ 之后，得作用在每个车轮上的横向水平力为

$$T = 1.4g\xi(Q + Q')/n \tag{2-24}$$

式中，n 是桥式吊车的总轮数。在吊车的工作级别为 A6～A8 时，吊车运行时摆动引起的水平力比刹车为更为不利，因此，GB 50017 标准规定，此时作用于每个轮压处的水平力标准值改按下式计算

$$T = \alpha_1 P_{k,max} \tag{2-25}$$

系数 α_1 对一般软钩吊车取 0.1，抓斗或磁盘吊车宜采用 0.15，硬钩吊车宜采用 0.2。

手动吊车及电葫芦可不考虑水平荷载，悬挂吊车的水平荷载应由支撑系统承受，可不计算。

2.4.2 吊车梁的截面组成

根据吊车梁所受荷载作用，对于吊车额定起重量 $Q \leqslant 30t$，跨度 $l \leqslant 6m$，工作级别为 A1～A5 的吊车梁，可采用加强上翼缘的办法，用来承受吊车的横向水平力，做成如图 2-42（a）所示的单轴对称工字形截面。当吊车额定起重量和吊车梁跨度再大时，常在吊车梁的上翼缘平面内设置制动梁或制动桁架，用以承受横向水平荷载。例如图 2-42（b）所示为一边列柱上的吊车梁，它的制动梁由吊车梁的上翼缘、钢板和槽钢组成，即图中影线部分的截面。吊车梁则主要承担竖向荷载的作用，但它的上翼缘同时为制动梁的一个翼缘。图 2-42（c）、（d）所示为设有制动桁架和辅助桁架的吊车梁，由两角钢和吊车梁的上翼缘构成制动桁架的二弦杆，中间连以角钢腹杆。图 2-42（e）所示为中列柱上的二等高吊车梁，在其二上翼缘间可以直接连以腹杆组成制动桁架（也可以铺设钢板做成制动梁）。

制动结构不仅用以承受横向水平荷载，保证吊车梁的整体稳定，同时可作为人行走道和检修平台。制动结构的宽度应依吊车额定起重量、柱宽以及刚度要求确定，一般不小于 0.75m。当宽度小于等于 1.2m 时，常用制动梁；超过 1.2m 时，为了节省一些钢材，宜采用制动桁架。对于夹钳或料耙吊车等硬钩吊车的吊车梁，因其动力作用较大，则不论制动结构宽度如何，均宜采用制动梁，制动梁的钢板常采用花纹钢板，以利于在上面行走。

A6～A8 级工作制吊车梁，当其跨度大于等于 12m，或 A1～A5 级吊车梁，跨度大于等于18m，为了增强吊车梁和制动结构的整体刚度和抗扭性能，对边列柱上的吊车梁，宜在外侧设置辅助桁架（图 2-42c、d），同时在吊车梁下翼缘和辅助桁架的下弦之间设置水平支撑。也可在靠近梁两端 1/4～1/3 的范围内各设置一道垂直支撑（图 2-42c、e），图 2-42（d）中的垂直支撑和下弦水平支撑均未画出。垂直支撑虽对增强梁的整体刚度有利，但因其在吊车梁竖向挠度影响下，易产生破坏，所以应避免在梁的竖向挠度较大处设置。

图 2-42 吊车梁及制动结构的组成

1—吊车梁；2—制动梁；3—制动桁架；4—辅助桁架；5—水平支撑；6—垂直支撑

2.4.3　吊车梁的连接

吊车梁上翼缘的连接应以能够可靠地与柱传递水平力，而又不改变吊车梁简支条件为原则。图 2-43 所示是两种构造处理，其中左侧连接方式称为高强度螺栓连接，右侧连接方式称为板铰连接。高强度螺栓连接方式的抗疲劳性能好，施工便捷，采用较普遍。其中横向高强度螺栓按传递全部支座水平反力计算，而纵向高强度螺栓可按一个吊车轮最大水平制动力计算（对于重级工作制吊车梁尚应考虑增大系数）。高强度螺栓直径一般在 20～24mm 之间。

图 2-43　吊车梁上翼缘的连接

板铰连接较好地体现了不改变吊车梁简支条件的设计思想。板铰宜按传递全部支座水平反力的轴心受力构件计算（对于重级工作制吊车梁亦应考虑增大系数）。铰栓直径按抗剪和承压计算，一般在 36～80mm 之间。

重级工作制吊车梁为了增强抗疲劳性能，其上翼缘与制动结构的连接应首选高强度螺栓，可将制动结构作为水平受弯构件，按传递剪力的要求确定螺栓间距。不过一般可按100～150mm 等间距布置。对于轻、中级工作制吊车梁，其上翼缘与制动结构的连接可采取工地焊接方式，一般可用焊脚尺寸 6～8mm 的焊缝沿全长搭接焊，仰焊部分可为间断焊缝。

图 2-44 所示是吊车梁支座的一些典型连接。其中 (a)、(b) 两种是简支吊车梁的支座连接。支座垫板要保证足够的刚度，以利均匀传力，其厚度一般不应小于 16mm。采用平板支座连接方案时，必须使支座加劲肋上下端刨平顶紧；而采用突缘支座连接方案时，必须要求支座加劲肋下端刨平，以利可靠传力。对于特重级工作制吊车梁在采用平板支座连接方案时，支座加劲肋与梁翼缘宜焊透。在突缘支座连接情形，支座加劲肋与上翼缘的连接常用如图 2-44 所示的角焊缝，并要求铲去焊根后补焊，而其下端与腹板的连接则要求在如图 2-44 所示的 40mm 长度上不焊。相邻二梁的腹板在 (a)、(b) 两种情形都要求在靠近下部约 1/3 梁高范围内用防松螺栓连接，既能传递纵向制动力，又符合简支梁端截面自由转动的假定。情形 (a) 的单侧连接板厚度不应小于梁腹板厚度，情形 (b) 则须注意二梁之间的填板的长度不应过大，满足防松螺栓的布置即可。梁下设有柱间支撑时，应将该梁下翼缘和焊于柱顶的传力板（厚度亦不小于 16mm），用高强度螺栓连接。传力板的另一端连于柱顶。可在梁下翼缘设扩大孔，下覆一带标准孔的垫板（厚度同传力板），安装定位后，将垫板焊牢于梁下翼缘。传力板与梁下翼缘之间可塞一调整垫板，以调整传

图 2-44 吊车梁支座连接

(a) 平板支座；(b) 突缘支座；(c) 中间连续支座

力板的标高，方便与柱顶的连接。传力板亦可以弹簧板代之。图 2-44（c）所示是连续吊车梁中间支座的构造图，其加劲肋除了需按要求作切角处理外，上下端均须刨平顶紧，顶板与上翼缘一般不焊。

2.4.4 吊车梁的截面验算

焊接吊车梁的初选截面方法与普通焊接梁相似，但吊车梁的上翼缘同时受有吊车横向水平荷载的作用。初选截面时，为了简化起见，可只按吊车竖向荷载计算，但把钢材的强度设计值乘以 0.9，然后再按实际的截面尺寸进行验算。

2.4.4.1 强度验算

验算截面时，假定竖向荷载由吊车梁承受，而横向水平荷载则由加强的吊车梁上翼缘（图 2-45a），制动梁（图 2-45b 所示影线部分截面）或制动桁架承受，并忽略横向水平荷载所产生的偏心作用。

对于图 2-45（a）所示加强上翼缘的吊车梁，应首先验算梁受压区的正应力。A 点的

图 2-45   截面强度验算

压应力最大，验算公式为：

$$\sigma = \frac{M_x}{W_{nx1}} + \frac{M_y}{W'_{ny}} \leqslant f \tag{2-26}$$

同时还需用下式验算受拉翼缘的正应力：

$$\sigma = \frac{M_x}{W_{nx2}} \leqslant f \tag{2-27}$$

对于图 2-45（b）所示有制动梁的吊车梁，同样为 A 点压应力最大，验算公式为

$$\sigma = \frac{M_x}{W_{nx}} + \frac{M_y}{W_{ny1}} \leqslant f \tag{2-28}$$

当吊车梁本身为双轴对称截面时，则吊车梁的受拉翼缘无需验算。对于采用制动桁架的吊车梁，如图 2-45（c）所示，同样应验算 A 点应力：

$$\sigma = \frac{M_x}{W_{nx}} + \frac{M'_y}{W'_{ny}} + \frac{N_1}{A_n} \leqslant f \tag{2-29}$$

在以上各式中

M_x——竖向荷载所产生的最大弯矩设计值；

M_y——横向水平荷载所产生的最大弯矩设计值，其荷载位置与计算 M_x 一致；

M'_y——吊车梁上翼缘作为制动桁架的弦杆，由横向水平力所产生的局部弯矩，可近

似取 $M'_y = Td/3$，T 根据具体情况按式（2-24）或式（2-25）计算；

N_1——吊车梁上翼缘作为制动桁架的弦杆，由 M_y 作用所产生的轴力，$N_1 = M_y/b_1$；

W_{nx}——吊车梁截面对 x 轴的净截面模量（上或下翼缘最外纤维）；

W'_{ny}——吊车梁上翼缘截面对 y 轴的净截面模量；

W_{ny1}——制动梁截面（图 2-42b 所示影线部分截面）对其形心轴 y_1 的净截面模量；

A_n——图 2-45（c）所示吊车梁上翼缘及腹板 $15t_w$ 的净截面面积之和。

2.4.4.2 整体稳定验算

连有制动结构的吊车梁，侧向弯曲刚度很大，整体稳定得到保证，不需验算。加强上翼缘的吊车梁，应按下式验算其整体稳定。

$$\frac{M_x}{\varphi_b W_x f} + \frac{M_y^f}{W_y f} \leqslant 1.0 \qquad (2-30)$$

式中 φ_b——依梁在最大刚度平面内弯曲所确定的整体稳定系数；

W_x——梁截面对 x 轴的毛截面模量；

W_y——梁截面对 y 轴的毛截面模量。

2.4.4.3 刚度验算

验算吊车梁的刚度时，应按效应最大的一台吊车的荷载标准值计算，且不乘动力系数。吊车梁在竖向的挠度可按下列近似公式计算

$$v = \frac{M_{kx} l^2}{10 E I_x} \leqslant [v] \qquad (2-31)$$

对于 A7 和 A8 级的吊车梁除计算竖向的刚度外，还应按下式验算其水平方向的刚度。

$$u = \frac{M_{ky} l^2}{10 E I_{y1}} \leqslant \frac{l}{2200} \qquad (2-32)$$

在上列二式中

l——吊车梁跨度；

$[v]$——由永久和可变荷载标准值产生的挠度容许值，轻、中和重级工作制的桥式吊车分别取 $l/750$、$l/900$ 和 $l/1000$；当 $l > 12$m 时，挠度容许值应乘以 0.9 的系数；

M_{kx}——竖向荷载标准值作用下梁的最大弯矩；

M_{ky}——跨内一台起重量最大吊车横向水平荷载标准值作用下所产生的最大弯矩；

I_{y1}——制动结构截面对形心轴 y_1 的毛截面惯性矩。对制动桁架应考虑腹杆变形的影响，I_{y1} 乘以 0.7 的折减系数。

2.4.4.4 疲劳验算和构造措施

吊车梁在吊车荷载的反复作用下，可能产生疲劳破坏。疲劳破坏的计算及抗疲劳构造设计要求的细节参见上册第 8 章。在设计吊车梁时，首先应注意选用合适的钢材牌号和质量等级要求。对于构造细部应尽可能选用疲劳强度高的连接型式，例如对于 A6～A8 级和起重量 $Q \geqslant 50$t 的 A4、A5 级吊车梁，其腹板与上翼缘的连接应采用焊透的 K 形焊缝。

一般对 A4～A8 级吊车梁需进行疲劳验算。验算的部位有受拉翼缘的连接焊缝处，受拉区加劲肋的端部和受拉翼缘与支撑连接处的主体金属，还需验算连接的角焊缝。这些部位的应力集中比较严重，对疲劳强度的影响大。按 GB 50017 标准规定，验算时采用一台

起重量最大吊车的荷载标准值，不计动力系数，且可引用欠载效应的等效系数，作为常幅疲劳问题按下式计算（参见上册第 8 章）。

$$\alpha_f \Delta \sigma \leqslant [\Delta \sigma]_{2 \times 10^6} \tag{2-33}$$

式中　$\Delta \sigma$——应力幅，$\Delta \sigma = \sigma_{max} - \sigma_{min}$；

$\quad [\Delta \sigma]_{2 \times 10^6}$——循环次数 $n = 2 \times 10^6$ 次时的容许正应力幅，按上册表 8-2 取用，亦可按表 2-11 取用；

$\quad \alpha_f$——欠载效应的等效系数，按上册表 8-3 取用，亦可按表 2-12 取用。

循环次数 $n = 2 \times 10^6$ 次时的正应力容许应力幅（N/mm²）　　　表 2-11

构件和连接类别	Z1	Z2	Z3	Z4	Z5	Z6	Z7	Z8	Z9	Z10	Z11	Z12	Z13	Z14
$[\Delta \sigma]_{2 \times 10^6}$	176	144	125	112	100	90	80	71	63	56	50	45	40	36

吊车梁和吊车桁架欠载效应的等效系数 α_f 值　　　表 2-12

吊　车　类　别	α_f
A6～A8 工作级别（重级）的硬钩吊车	1.0
A6、A7 工作级别（重级）的软钩吊车	0.8
A4、A5 工作级别（中级）的吊车	0.5

图 2-46　吊车梁上翼缘

通常的疲劳计算都是针对受拉区的。计算结果满足要求，疲劳破损应该不会在吊车梁的预期寿命中出现。然而，现实的 A6～A8 级吊车梁却多次在受压翼缘的连接焊缝和邻近的腹板出现疲劳裂纹。造成这种裂纹的原因有：钢轨位置的偏移使上翼缘受扭，翼缘连接焊缝和邻近的腹板受弯及剪（图 2-46a），水平卡轨力也有同样的效应。钢轨接头处轨面不平导致轮压的冲击作用，加剧了这种效应。由于涉及因素多而应力状态复杂，目前还没有防止这类疲劳问题的公认算法，而是采用一些构造措施来对应。措施包括：用抗扭性能好的钢轨和防松动的连接把它和吊车梁相连，来减少钢轨偏心和扭转的不利效应。采用焊接长轨，并把钢轨接头设在靠近梁端部的范围内，以减少冲击作用的影响。从吊车梁本身来说，首先是在受压翼缘和腹板之间采用疲劳性能好的对接与角接组合的焊缝（要求焊透，见图 2-46b），还可以采用加厚上部腹板或在两侧增设斜板的做法（图 2-46c）。

为了避免过早出现疲劳破损，需要每隔一定时间检查钢轨偏心情况及疲劳破损敏感部位有无裂纹出现。

【例题 2-6】一简支吊车梁，跨度为 12m，钢材为 Q345，承受两台起重量为 50/10t，级别为 A6 的桥式吊车，吊车跨度为 31.5m，吊车最大轮压标准值及轮距如图 2-47 所示，横行小车自重 $Q' = 15.4$t。吊车梁的截面尺寸已初步

图 2-47　一台吊车的最大轮压标准值

选出，如图 2-48 所示，为了固定吊车轨，在梁上翼缘板上有两螺栓孔，为了连接下翼缘水平支撑，在下翼缘板的右侧有一个螺栓孔，孔径均为 $d=24$mm（螺栓直径为 22mm）。试验算此梁截面是否满足要求。

【解】 1. 内力计算

按 GB 50017 标准规定计算吊车梁的强度、稳定及吊车梁在竖向的刚度时，应考虑两台并列吊车满载时的作用，但验算竖向刚度时，取用荷载标准值。计算制动梁的水平方向刚度和验算疲劳时，只考虑一台吊车的荷载标准值作用。

图 2-48 截面组成

（1）两台吊车荷载作用下的内力

（a）竖向轮压作用

首先依荷载标准值计算。根据结构力学和材料力学知识可知，在图 2-49 (a)，(b) 所示的轮压位置可分别算得梁的绝对最大弯矩 $M_{k,max}$ 和梁的支座处最大剪力 $V_{k,max}$。

$$M_{k,max} = 817.3 \times 6.6585 - 491 \times (3.933 + 0.6585 \times 2)$$
$$= 2864.2 \text{kN} \cdot \text{m}$$
$$V_{k,max} = 491(5.45 + 10.70 + 12)/12 = 1151.8 \text{kN}$$

（b）横向水平力作用

作用在一个吊车轮上的横向水平力标准值为

$$T_k = 0.1 P_{k,max} = 0.1 \times 491 = 49.1 \text{kN}$$

其作用位置与竖向轮压相同，因此，横向水平力作用下产生的最大弯矩 M_{ky} 与支座的水平反力 H_k 可直接按荷载比例关系求得：

$$M_{ky} = 2864.2 \times 49.1/491 = 286.4 \text{kN} \cdot \text{m}$$
$$H_k = 1151.8 \times 49.1/491 = 115.2 \text{kN}$$

（2）一台吊车荷载作用下的内力（图 2-50a，b）

（a）竖向轮压作用

图 2-49 内力计算（两台吊车）

图 2-50 内力计算（一台吊车）

$$M_{k,max} = 383.6 \times 4.6875 = 1798.1 \text{kN} \cdot \text{m}$$
$$V_{k,max} = 491 + 491 \times 6.75/12 = 767.2 \text{kN}$$

（b）横向水平力作用

其作用位置与竖向轮压相同，按此可得

$$M_{ky} = 1798.1 \times 49.1/491 = 179.8 \text{kN} \cdot \text{m}$$
$$H_k = 767.2 \times 49.1/491 = 76.7 \text{kN}$$

根据以上计算，汇总所需内力如表 2-13 所示，其中 1.1 为动力系数，自重以 5% 的活荷载标准值计入。

吊车梁计算内力汇总表　　　　　　　　　　　　表 2-13

吊车台数	荷载	$M_{k,max}$ (kN·m)	M_{max} (kN·m)	M_{ky} (kN·m)	M_y (kN·m)	$V_{k,max}$ (kN)	V_{max} (kN)
两台	吊车	2864.2	1.1×1.4×2864.2 =4410.9	286.4	1.4×286.4 =401.0	1151.8	1.1×1.4×1151.8 =1773.8
	自重	0.05×2864.2 =143.2	1.2×143.2 =171.8			0.05×1151.8 =57.6	1.2×57.6 =69.1
	Σ	3007.4	4582.7			1209.4	1842.9
一台	吊车	1798.1		179.8		767.2	

2. 截面几何性质计算

（1）吊车梁

毛截面惯性矩　$I_x = 1.4 \times 160^3/12 + 2 \times 50 \times 2.2 \times 81.1^2 = 1924852.9 \text{cm}^4$

净截面面积　$A_n = (50-2 \times 2.4) \times 2.2 + (50-1 \times 2.4) \times 2.2 + 1.4 \times 160$
　　　　　　　$= 99.4 + 104.7 + 224 = 428.2 \text{cm}^2$

净截面的形心位置　$y_1 = (104.7 \times 162.2 + 224 \times 81.1)/428.2 = 82.1 \text{cm}$

净截面惯性矩　$I_{nx} = 1.4 \times 160^3/12 + 224 \times 1^2 + 99.4 \times 82.1^2 + 104.7 \times 80.1^2$
　　　　　　　$= 1819843.7 \text{cm}^4$

净截面模量　$W_{nx1} = 1819843.7/82.2 = 21978.8 \text{cm}^3$

半个毛截面对 x 轴的面积矩　$S_x = 50 \times 2.2 \times 81.1 + 80 \times 1.4 \times 40$
　　　　　　　$= 8921 + 4480 = 13401 \text{cm}^3$

（2）制动梁

净截面面积　$A_n = 2.2 (50-2 \times 2.4) + 76 \times 0.8 + 40 = 99.4 + 60.8 + 40$
　　　　　　　$= 200.2 \text{cm}^2$

截面形心至吊车梁腹板中心之间的距离

$$x_0 = (60.8 \times 58 + 40 \times 97.9)/200.2 = 37.2 \text{cm}$$

净截面惯性矩　$I_{ny} = 2.2 \times 50^3/12 - 2 \times 2.4 \times 2.2 \times 12^2 + 99.4 \times 37.2^2 + 0.8 \times 76^3/12 +$
　　　　　　　$60.8 \times 20.8^2 + 218 + 40 \times 60.7^2 = 362116.9 \text{cm}^4$

对 y_1—y_1 轴的净截面模量（吊车梁上翼缘左侧外边缘）

$$W_{ny1} = 362116.9/62.2 = 5821.8 \text{cm}^3$$

3. 截面验算

（1）强度验算

上翼缘最大正应力

$$\sigma = \frac{M_x}{W_{nx1}} + \frac{M_y}{W_{ny1}} = \frac{4582.7 \times 10^6}{21978.8 \times 10^3} + \frac{401.0 \times 10^6}{5821.8 \times 10^3}$$

$$= 208.5 + 68.9 = 277.4 \text{N/mm}^2 < f (\text{第二组钢材}: f = 295 \text{N/mm}^2)$$

腹板最大剪应力

$$\tau = \frac{VS}{I_x t_w} = \frac{1842.9 \times 10^3 \times 13401 \times 10^3}{1924852.9 \times 10^4 \times 14} = 91.6 \text{N/mm}^2 < f_v = 170 \text{N/mm}^2$$

腹板局部压应力验算（吊车轨高取 170mm）

$$\sigma_c = \frac{\Psi F}{t_w l_z} = \frac{1.35 \times 1.1 \times 1.4 \times 491 \times 10^3}{14(50 + 2 \times 170 + 5 \times 22)} = 145.8 \text{N/mm}^2 < f = 300 \text{N/mm}^2$$

（2）整体稳定：因有制动梁，整体稳定可以保证，不需验算。

（3）刚度验算

吊车梁的竖向挠度验算

$$v = \frac{M_{kx} l^2}{10 E I_x} = \frac{1798.1 \times 10^6 \times 12000^2}{10 \times 206 \times 10^3 \times 1924852.9 \times 10^4}$$

$$= 6.53 \text{mm} < [v] = \frac{l}{1000} = \frac{12000}{1000} = 12 \text{mm}（满足要求）$$

（4）疲劳验算

下面仅以在下翼缘用高强度螺栓连接下弦水平支撑处的主体金属为例，说明疲劳验算的方法。恒载不影响计算应力幅。因此，仅按吊车荷载计算

$$\Delta\sigma = \frac{M_x}{I_{nx}} y = \frac{1798.1 \times 10^6}{1819843.7 \times 10^4} \times 812 = 80.2 \text{N/mm}^2$$

按疲劳计算的构件和连接分类（见上册第 8 章表 8.1a 项次 4），此处应为 Z2 类，由表 2-11（或上册表 8-2）查得容许应力幅为 $[\Delta\sigma] = 144 \text{N/mm}^2$，吊车梁欠载效应的等效系数由表 2-12 查得 $\alpha_f = 0.8$（软钩吊车），依式（2-33），得

$$\alpha_f \Delta\sigma = 0.8 \times 80.2 = 64.2 \text{N/mm}^2 < 144 \text{N/mm}^2（安全）$$

（5）局部稳定性验算

因在抗弯强度验算时取 $\gamma_x = \gamma_y = 1.0$，故梁受压翼缘自由外伸宽度与其厚度之比

$$\frac{250 - 7}{22} = 11.05 < 15\sqrt{\frac{235}{345}} = 12.4（满足 S4 级要求）$$

由于

$$66 = 80\sqrt{\frac{235}{345}} < \frac{1600}{14} = 114.3 < 170\sqrt{\frac{235}{345}} = 140$$

故须按计算配置横向加劲肋。设有横向加劲肋的腹板局部稳定计算公式见上册第 4 章 4.6.2 节，因钢轨用压板和防松螺栓紧扣于吊车梁上翼缘，可以认为该翼缘的扭转受到约束。计算弯曲应力临界值的通用高厚比为

$$\lambda_b = \frac{1600/14}{177}\sqrt{\frac{345}{235}} = 0.78$$

可得

$$\sigma_{cr} = f = 300 \text{N/mm}^2$$

取横向加劲肋间距 $a = 1500 \text{mm} = 0.9375 h_0$，剪应力和横向压应力的临界值分别计算如下：

$$\lambda_s = \frac{1600/14}{37\sqrt{4 + 5.34(1600/1500)^2}}\sqrt{\frac{345}{235}} = 1.18$$

$$\tau_{cr} = [1 - 0.59 \times (1.18 - 0.8)] \times 175 = 135.8 \text{N/mm}^2$$

$$\lambda_c = \frac{1600/14}{28\sqrt{10.9 + 13.4 \times (1.83 - 0.9375)^3}} \sqrt{\frac{345}{235}} = 1.09$$

$$\sigma_{c,cr} = [1 - 0.79 \times (1.09 - 0.9)] \times 300 = 255.0 \text{N/mm}^2$$

（a）验算跨中腹板区格

荷载的最不利位置出现在图 2-51 一个轮压作用于（跨中腹板）区格中线处的工况，此时区格中线截面的弯矩标准值 M_0 及其左右两端的弯矩标准值 M_L 和 M_R 不难求得如下：

$$M_0 = 667 \times 5.25 - 491 \times (0.75 + 0.55) = 2863.5 \text{kN} \cdot \text{m}$$

$$M_L = 667 \times 4.5 - 491 \times 0.55 = 2731.5 \text{kN} \cdot \text{m}$$

$$M_R = 667 \times 6 - 491 \times (1.3 + 0.75) - 491 \times 0.75 = 2627.2 \text{kN} \cdot \text{m}$$

图 2-51　跨中腹板区格不利弯矩（$P = 491 \text{kN}$）

M_0 与图 2-49 之最大弯矩相差甚微。M_L 和 M_R 之均值 2679.4kN・m 小于 M_0，故直接采用 M_0 计算，偏于安全。M_0 导致的腹板边缘弯曲应力设计值为：

$$\sigma = \frac{2863.5 \times (1.1 \times 1.4 + 0.05 \times 1.2) \times 10^6}{1924852.9 \times 10^4} \times 800 = 190.4 \text{N/mm}^2$$

由图 2-51 计算区格左右两端截面的剪力标准值 V_L 和 V_R 如下：

$$V_L = 667 - 491 = 176 \text{kN}, V_R = 491 \times 2 - 667 = 315 \text{kN}$$

该腹板区格两端截面相应的剪应力 τ_L 和 τ_R 的计算值为：

$$\tau_L = \frac{176 \times (1.1 \times 1.4 + 0.05 \times 1.2) \times 10^3}{14 \times 1600} = 12.6 \text{ N/mm}^2$$

$$\tau_R = \frac{315 \times (1.1 \times 1.4 + 0.05 \times 1.2) \times 10^3}{14 \times 1600} = 22.5 \text{ N/mm}^2$$

σ_c 用于腹板稳定计算时，取集中荷载增大系数 $\psi = 1.0$，故 $\sigma_c = 145.8/1.35 = 108 \text{N/mm}^2$，因此

$$\left(\frac{190.4}{300}\right)^2 + \left(\frac{12.6 + 22.5}{2 \times 135.8}\right)^2 + \frac{108}{255.0} = 0.84 < 1.0$$

（b）验算梁端腹板区格

图 2-52 是轮压作用于梁端腹板区格中线的最大弯矩的轮压布置图，区格中线截面的弯矩标准值 M_0 求得如下：

$$M_0 = 1059.7 \times 0.75 = 794.8 \text{kN} \cdot \text{m}$$

M_0 导致的腹板边缘弯曲应力设计值为：

$$\sigma = \frac{794.8 \times (1.1 \times 1.4 + 0.05 \times 1.2) \times 10^6}{1924852.9 \times 10^4} \times 800 = 52.9 \text{ N/mm}^2$$

图 2-52　梁端腹板区格不利弯矩（$P = 491\text{kN}$）

由图 2-52 计算区格左右两端截面的剪力标准值 V_L 和 V_R 如下：
$$V_\text{L} = 1059.7\text{kN}, V_\text{R} = 1059.7 - 491 = 568.7\text{kN}$$
该腹板区格两端剪应力 τ_L 和 τ_R 的计算值为：
$$\tau_\text{L} = \frac{1059.7 \times (1.1 \times 1.4 + 0.05 \times 1.2) \times 10^3}{14 \times 1600} = 75.5\ \text{N/mm}^2$$
$$\tau_\text{R} = \frac{568.7 \times (1.1 \times 1.4 + 0.05 \times 1.2) \times 10^3}{14 \times 1600} = 40.6\ \text{N/mm}^2$$
该腹板区格的局部稳定计算如下：
$$\left(\frac{52.9}{300}\right)^2 + \left(\frac{75.5 + 40.6}{2 \times 135.8}\right)^2 + \frac{108}{255.0} = 0.64 < 1.0$$
腹板局部稳定无问题。

思　考　题

2.1　重型厂房结构的特点及主要组成部件的作用是什么？

2.2　托梁/托架与屋架的连接方式有哪两种？各有什么优缺点？

2.3　框架阶形柱与楔形柱的设计依据及特点。

2.4　重型厂房柱间支撑的作用及一般布置要求。

2.5　分析钢屋架的外形与腹杆形式的选取主要依据和特点。

2.6　重型厂房钢屋架支撑体系的组成及一般布置要求和轻型房屋结构有何同异？

2.7　肩梁的作用及传力路径是什么？主要计算内容有哪些？

2.8　吊车梁的受力有何特点，其各部分需要哪些验算？

2.9　桁架节点连接实际上是刚性的，何以在分析杆件内力时按铰接计算？什么时候有必要考虑其刚性特点？

2.10　双角钢组成的 T 形截面，绕对称轴失稳时为何采用换算长细比？

2.11　有制动结构的吊车梁体系，其各部分构件有何特点及作用？

习　　题

2.1　肩梁计算

一单壁式肩梁构造如图 2-53 所示，钢材为 Q235B，焊条 E43 型。上柱为焊接工字形、下柱为格构式截面，其截面如图所示。上柱荷载为：$M = 650\text{kN·m}$，$N = 500\text{kN}$。吊车最大轮压标准值为 $D_\text{max} = 1600\text{kN}$。试验算此肩梁截面强度并设计连接焊缝。

图 2-53   习题 2.1

2.2   吊车梁计算

一简支吊车梁跨度为 12m，钢材为 Q345C，焊条 E50 型。采用制动梁结构，制动板选用 −860×8 的厚花纹钢板，制动梁外翼缘选用 2×L100×10 的角钢。初选吊车梁截面如图 2-54 所示。厂房内设有两台 750/200kN 重级工作制（A7 级）桥式吊车，吊车跨度 31.5m，吊车宽度及轮距如图所示，小车重量 $G=235$kN，吊车最大轮压标准值为 $F_{max}=324$kN。轨道型号 QU100（轨高 150mm）。试验算此吊车梁截面强度及疲劳强度是否满足要求？

图 2-54   习题 2.2

图 2-55   习题 2.3

2.3

一简支吊车梁，跨度为 6m，材料为 Q235B 钢，采用加强上翼缘截面（如图 2-55 所示），承受一台桥式 A5 级（中级工作制）吊车。吊车轨道高 120mm，每个竖向轮压标准值为 $F=450$kN。已知吊车梁最大内力设计值为：$M_x=300$kN·m；$M_y=100$kN·m；$V=160$kN。试验算此吊车梁是否满足设计要求？

第3章 大跨屋盖结构

3.1 结构形式

大跨屋盖钢结构按受力特点的不同可分为平面结构体系和空间结构体系两大类。属于平面结构体系的有：梁式结构（平面桁架、立体桁架）、平面刚架和拱式结构。属于空间结构体系的有：空间网格结构、大部分索结构、斜拉结构、张拉整体结构等。其中空间网格结构包括有平板网架，单、双层曲面网壳。立体桁架也可以属于空间网格结构。

平板网架是由杆件按一定规律组成的结构，大多数为高次超静定结构。网架多向传力，空间刚度大，整体性好，有良好的抗震性能，既适用于大跨度建筑，也适用于中小跨度的房屋，能覆盖各种形状的平面。

网壳是由杆件按一定规律组成的曲面结构，分单层及双层两类。网壳可设计成各种曲面，能充分满足建筑外形及功能方面的要求。网壳结构主要承受压力，稳定问题比较突出。跨度较大时，不能充分利用材料的强度。杆件和节点的几何偏差，曲面偏离等初始缺陷对网壳内力和整体稳定影响较大。

索结构为一系列高强度钢索按一定规律组成的张力结构。不同的支承结构形式和钢索布置可适用各种平面形状和建筑造型的要求。钢索承受拉力，能充分利用钢材强度，因而索结构自重轻，可以较经济地跨越很大跨度。悬索屋盖为柔性结构体系，设计时应注意采取有效措施保证屋盖结构在风、地震作用下有足够的刚度和稳定性。

3.2 网架结构

网架按弦杆层数不同可分为双层网架和三层网架。双层网架是由上弦、下弦和腹杆组成的空间结构（图3-1），是最常用的网架形式。三层网架是由上弦、中弦、下弦、上腹杆和下腹杆组成的空间结构（图3-2），其特点是增加网架高度，减小弦杆内力，减小网格尺寸和腹杆长度。当网架跨度较大时，三层网架用钢量比双层网架用钢量省。但节点和杆件数量增多，尤其是中层节点所连杆件较多使构造复杂，造价有所提高。

图 3-1　双层网架

图 3-2　三层网架

3.2.1 网架结构几何不变性分析

网架为一空间铰接杆系结构，杆件布置必须保证不出现结构几何可变性。网架结构几何不变的必要条件是：

$$W = 3J - m - r \leqslant 0 \qquad (3-1)$$

式中　J——网架的节点数；

　　　m——网架的杆件数；

　　　r——支座约束链杆数，$r \geqslant 6$。

当 $W > 0$ 网架为几何可变体系；

$W = 0$ 网架无多余杆件，如杆件布置合理，为静定结构；

$W < 0$ 网架有多余杆件，如杆件布置合理，为超静定结构。

网架结构几何不变的充分条件一般可通过对结构的总刚度矩阵进行检查来判断。满足下列条件之一者的网架为几何可变体系：

（1）引入边界条件后，总刚度矩阵 $[K]$ 中对角线上出现零元素，则与之对应的节点为几何可变；

（2）引入边界条件后，总刚矩阵行列式 $|K| = 0$，该矩阵奇异，结构为几何可变。

3.2.2 双层网架的常用形式

3.2.2.1 平面桁架系网架

此类网架上下弦杆完全对应并与腹杆位于同一竖向平面内。一般情况下竖杆受压，斜杆受拉。斜腹杆与弦杆夹角宜在 $40° \sim 60°$ 之间。

（1）两向正交正放网架

在矩形建筑平面中，网架的弦杆垂直于或平行于边界，故称正放。两个方向网格数宜布置成偶数，如为奇数，桁架中部节间应做成交叉腹杆。由于上下弦杆组成的网格为矩形，且平行于边界，腹杆又在竖向平面内，属几何可变体系。对周边支承网架（周边支承参看图 3-17）宜在支承平面（与支承相连弦杆组成的平面）设置水平斜撑杆。斜撑可以沿周边设置（图 3-3），也可以采用图 3-4 的方式设置。对点支承网架（点支承参看图 3-18）应在支承平面内沿主桁架（支承桁架）的两侧（或一侧）设置水平斜撑杆。两向正交正放网架的受力性能类似于两向交叉梁。对周边支承者，平面尺寸越接近正方形，两个方向桁架杆件内力越接近，空间作用越显著。随着建筑平面边长比的增大，短向传力作用明显增大。

（2）两向正交斜放网架

两向正交斜放网架为两个方向的平面桁架垂直相交。用于矩形建筑平面时，两向桁架与边界夹角为 $45°$。当有可靠边界时，体系是几何不变的（希望读者加以分析），无需另加支撑杆件。各榀桁架的跨度长短不等，靠近角部的桁架跨度小，对与它垂直的长桁架起支承作用，减小了长桁架跨中弯矩，长桁架两端要产生负弯矩和支座拉力。周边支承时，有长桁架通过角支点（图 3-5）和避开角支点（图 3-6）两种布置，前者对四角支座产生较大的拉力，后者角部拉力可由两个支座分担。

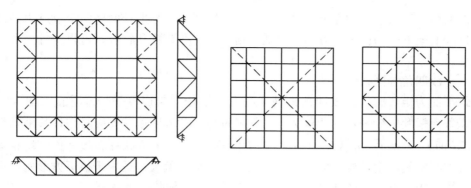

图 3-3　两向正交正放网架　　　　　图 3-4　周边支承网架水平
　水平斜撑及腹杆布置　　　　　　　　斜撑布置方式之一

图 3-5　有角支承的两向　　　　　图 3-6　无角支承的两向
　正交斜放网架　　　　　　　　　正交斜放网架

（3）三向网架

由三个方向平面桁架按 $60°$ 角相互交叉而成，上下弦平面内的网格均为几何不变的三角形。网架空间刚度大，受力性能好，内力分布也较均匀，但汇交于一个节点的杆件最多可达 13 根，节点构造较复杂，宜采用钢管杆件及焊接空心球节点。三向网架适用于大跨度（$L>60\mathrm{m}$）的多边形及圆形平面。用于中小跨度（$L\leqslant60\mathrm{m}$）时，不够经济。

图 3-7　三向网架　　　　　　　图 3-8　四角锥体系基本单元

3.2.2.2　四角锥体系网架

四角锥体系网架是由若干倒置的四角锥（图 3-8）按一定规律组成。网架上下弦平面均为方形网格,下弦节点均在上弦网格形心的投影线上,与上弦网格四个节点用斜腹杆相连。通过改变上下弦的位置、方向,并适当地抽去一些弦杆和腹杆,可得到各种形式的四角锥网架。

(1) 正放四角锥网架

建筑平面为矩形时,正放四角锥网架的上下弦杆均与边界平行或垂直(图 3-9)。上下弦节点各连接 8 根杆件,构造较统一。如果网格两个方向尺寸相等且腹杆与下弦平面夹角为 45°,即 $h = s/\sqrt{2}$(h 为网架高度,s 为网格尺寸),上下弦杆和腹杆长度均相等。正放四角锥网架空间刚度较好,但杆件数量较多,用钢量偏大。适用于接近方形的中小跨度网架,宜采用周边支承。图 3-9 和随后的网架图中,虚线代表下弦杆。

(2) 正放抽空四角锥网架

将正放四角锥网架适当抽掉一些腹杆和下弦杆(图 3-10),如每隔一个网格抽去斜腹杆和下弦杆,使下弦网格的宽度等于上弦网格的两倍,从而减小杆件数量,降低了用钢量,但刚度较正放四角锥网架弱一些。在抽空部位可设置采光或通风天窗。由于周边网格不宜抽杆,两个方向网格数宜取奇数。

图 3-9   正放四角锥网架

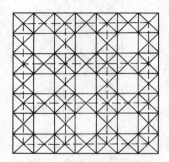

图 3-10   正放抽空四角锥网架

(3) 棋盘形四角锥网架

在正放四角锥网架基础上,保持周边四角锥不变,中间四角锥间隔抽空(图 3-11)。上弦杆为正交正放,下弦杆与边界呈 45°角,为正交斜放。这种网架上弦短杆受压,下弦长杆受拉,节点汇交杆件少。适用于小跨度周边支承情况。

(4) 斜放四角锥网架

将正放四角锥上弦杆相对于边界转动 45°放置,则得到斜放四角锥网架(图 3-12)。上弦网格呈正交斜放,下弦网格为正交正放。网架上弦杆短,下弦杆长,受力合理。下弦节点连接 8 根杆,上弦节点只连 6 根杆。适用于中小跨度周边支承,或周边支承与点支承相结合的矩形平面。

(5) 星形四角锥网架

星形四角锥网架的组成单元形似一星体(图 3-13b)。将四角锥底面的四根杆用位于对角线上的十字交叉杆代替,并在中心加设竖杆,即组成星形四角锥(图 3-13a)。十字交叉杆与边界呈 45°角,构成网架上弦,呈正交斜放。下弦杆呈正交正放。腹杆与上弦杆在同一竖向平面内。星形网架上弦杆比下弦杆短,受力合理。竖杆受压,内力等于节点荷载。当网架高度等于上弦杆长度时，上弦杆与竖杆等长，斜腹杆与下弦杆等长。星形网架一般用于中小跨度周边支承情况。

 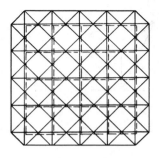

图 3-11　棋盘形四角锥网架　　　　图 3-12　斜放四角锥网架

 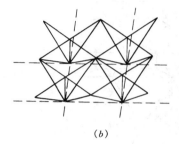

(a)　　　　　　　　　　　　　(b)

图 3-13　星形四角锥网架

3.2.2.3　三角锥体系网架

三角锥体系网架的基本单元是锥底为正三角形的倒置三角锥（图 3-14a）。锥底三条边为网架上弦杆，棱边为网架腹杆，连接锥顶的杆件为网架下弦杆。三角锥网架主要有三种形式。

（1）三角锥网架

三角锥网架上下弦平面均为正三角形网格，上下弦节点各连 9 根杆件（图 3-14b）。当网架高度为网格尺寸的 $\sqrt{2/3}$ 倍时，上下弦杆和腹杆等长。三角锥网架受力均匀，整体性和抗扭刚度好，适用于平面为多边形的大中跨度建筑。

（2）抽空三角锥网架

保持三角锥网架的上弦网格不变，按一定规律抽去部分腹杆和下弦杆，可得到抽空三角锥网架。如图 3-15 所示的抽杆方法是沿网架周边一圈的网格不抽杆，内部从第二圈开始沿三个方向每间隔一个网格抽掉部分杆，则下弦网格成为多边形的组合。抽杆后，网架空间刚度受到削弱，下弦杆数量减少，内力较大。抽空三角锥网架适用于平面为多边形的中小跨度建筑。

（3）蜂窝形三角锥网架

蜂窝形三角锥网架如图 3-16 所示。上弦网格为三角形和六边形，下弦网格为六边形。腹杆与下弦杆位于同一竖向平面内。节点、杆件数量都较少，适用于周边支承，中小跨

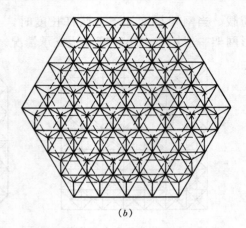

(a)   (b)

图 3-14   三角锥网架

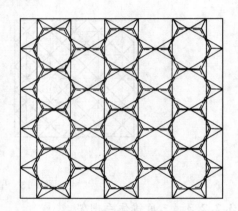

图 3-15   抽空三角锥网架   图 3-16   蜂窝三角锥网架

度屋盖。蜂窝形三角锥网架本身是几何可变的，借助于支座水平约束来保证其几何
不变。

3.2.3 网 架 选 型

网架的选型应结合建筑的平面形状、要求、荷载和跨度的大小、支承情况和造价等因
素综合分析确定。一般情况下的划分为：大跨度为 60m 以上；中跨度为 30～60m；小跨
度为 30m 以下。

平面形状为矩形的周边支承网架，当其边长比（长边/短边）小于或等于 1.5 时，宜
选用正放或斜放四角锥网架、棋盘形四角锥网架、正放抽空四角锥网架、两向正交斜放或
正放网架。对中小跨度，也可选用星形四角锥网架和蜂窝形三角锥网架。

平面形状为矩形的周边支承网架，当其边长比大于 1.5 时，宜选用两向正交正放网架、
正放四角锥网架或正放抽空四角锥网架。当边长比不大于 2 时，也可用斜放四角锥网架。

平面形状为矩形、多点支承的网架，可选用正放四角锥网架、正放抽空四角锥网架、
两向正交正放网架。对多点支承和周边支承相结合的多跨网架还可选用两向正交斜放网架
或斜放四角锥网架。

平面形状为圆形、正六边形及接近正六边形且为周边支承网架，可选用三向网架、三角锥网架或抽空三角锥网架。对中小跨度也可选用蜂窝形三角锥网架。

3.2.3.1 网架的支承

网架的支承方式有周边支承、点支承、周边支承与点支承相结合，两边和三边支承等。

（1）周边支承是在网架四周全部或部分边界节点设置支座（图 3-17a、b），支座可支承在柱顶或圈梁上，网架受力类似于四边支承板，是常用的支承方式。为了减小弯矩，也可将周边支座略为缩进，如图 3-17（c）所示，这种布置和点支承已很接近。

  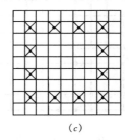

图 3-17　周边支承

（2）网架可采用上弦或下弦支承方式，当采用下弦支承时，应在支座边形成边桁架。

（3）点支承是指整个网架支承在多个支承柱上，点支承网架受力与钢筋混凝土无梁楼盖相似，为减小跨中正弯矩及挠度，设计时应尽量带有悬挑，多点支承网架的悬挑长度可取跨度的 1/4～1/3（图 3-18）。点支承网架与柱子相连宜设柱帽以减小冲剪作用。柱帽可设置于下弦平面之下（图 3-19a），也可设置于上弦平面之上（图 3-19b）。当柱子直接支承上弦节点时，也可在网架内设置伞形柱帽（图 3-19c），这种柱帽承载力较低，适用于中小跨度网架。

图 3-18　点支承

图 3-19　各种柱帽形式

（4）平面尺寸很大的建筑物，除在网架周边设置支承外，可在内部增设中间支承，以减小网架杆件内力及挠度（图 3-20）。

（5）在工业厂房的扩建端、飞机库、船体车间、剧院舞台口等不允许在网架的一边或两边设柱子时，需将网架设计成三边支承一边自由或两边支承两边自由的形式。对这种网架应采取设置边桁架，局部加大杆件截面或局部三层网架（图 3-21）等措施加强其开口边的刚度。

图 3-20　周边支承与点支承结合

图 3-21　开口边局部增设三层网架

3.2.3.2　网架高度及网格尺寸

网架的高度与屋面荷载、跨度、平面形状、支承条件及设备管道等因素有关。屋面荷载较大、跨度较大时，网架高度应选得大一些。平面形状为圆形、正方形或接近正方形时，网架高度可取得小一些。狭长平面时，单向传力明显，网架高度应大一些。点支承网架比周边支承网架的高度要大一些。当网架中有穿行管道时，网架高度要满足要求。

网架的跨高比可取 1/18～1/10，网架在短向跨度的网格数不宜小于 5，网架的网格尺寸与高度关系密切，确定网格尺寸时宜使相邻杆件间的夹角在 40°～55°之间为宜。如夹角过小，节点构造困难。网格尺寸要与屋面材料相适应，网架上直接铺设钢筋混凝土板时，网格尺寸不宜过大，一般不超过 3m，否则安装困难。当屋面采用有檩体系时，檩条长度一般不超过 6m。

对周边支承的各类网架高度及网格尺寸可按表 3-1 选用。

网架上弦网格数和跨高比　　　　　　　　　　　　　　表 3-1

网架形式	钢筋混凝土屋面体系		钢檩条屋面体系	
	网格数	跨高比	网格数	跨高比
两向正交正放网架，正放四角锥网架，正放抽空四角锥网架	$(2\sim4)+0.2L_2$	$10\sim14$	$(6\sim8)+0.07L_2$	$(13\sim17)-0.03L_2$
两向正交斜放网架，棋盘形四角锥网架，斜放四角锥网架，星形四角锥网架	$(6\sim8)+0.08L_2$			

注：1. L_2 为网架短向跨度，单位为"m"；

　　2. 当跨度在 18m 以下时，网格数可适当减少。

3.2.4　网架的挠度要求及屋面排水坡度

（1）网架结构的容许挠度不应超过下列数值：屋盖结构为 $L_2/250$，楼面结构为 $L_2/300$，L_2 为网架的短向跨度；悬挑结构为悬挑跨度的 $1/125$。对于有悬挂起重设备的屋盖结构，其最大挠度不宜大于结构跨度的 $1/400$。

（2）网架屋面排水坡度一般为 $3\%\sim5\%$，可用下列办法找坡：

①在上弦节点上加设不同高度的小立柱（图 3-22a），当小立柱较高时，须注意小立柱自身的稳定性；

②对整个网架起拱（图 3-22b）；

③采用变高度网架，增大网架跨中高度，使上弦杆形成坡度，下弦杆仍平行于地面，类似梯形桁架。

(a)　　　　　　　　　　　　　　(b)

图 3-22　网架屋面找坡
(a) 用小立柱；(b) 起拱

（3）有起拱要求的网架（为消除网架在使用阶段的挠度），其拱度可取不大于短向跨度的 $1/300$。当仅为改善外观要求时，最大挠度可取恒载与活载标准值作用下挠度减去起拱值。

3.3　网　壳　结　构

3.3.1　结　构　形　式

网壳按组成层数分为单层网壳（图 3-23）和双层网壳（图 3-24）。按曲面外形分类则有柱面网壳（图 3-23）、球面网壳（图 3-25）、双曲扁壳（图 3-26）、扭曲面网壳（图 3-27）、单块扭壳（图 3-28）、双曲抛物面网壳（图 3-29），以及切割或组合形成曲面网壳等结构形式（图 3-30、图 3-31）。

图 3-23　单层柱面网壳

图 3-24   双层柱面网壳

图 3-25   单层球面网壳

图 3-26   双曲扁网壳   图 3-27   扭曲面网壳

图 3-28   单块扭网壳   图 3-29   双曲抛物面网壳

图 3-30   球面切割网壳   图 3-31   平板组合球面网壳

网壳结构的支承必须保证在任意竖向和水平荷载作用下结构的几何不变性和各种网壳计算模型对支承条件的要求。网壳的支承构造及边缘构件是十分重要的。如果不满足所必需的边缘约束条件，可能会造成网壳杆件的内力变化。

（1）圆柱面网壳可通过端部横隔支承于两端，也可沿两纵边支承或四边支承。端部支承横隔应具有足够的平面内刚度。沿两纵边支承的支承点应保证抵抗侧向水平位移的约束条件。

（2）球面网壳的支承点应保证抵抗水平位移的约束条件。

（3）椭圆抛物面网壳（双曲扁网壳中的一种）及四块组合双曲抛物面网壳应通过边缘构件沿周边支承，其支承边缘构件应有足够的平面内刚度。

（4）双曲抛物面网壳应通过边缘构件将荷载传递给支座或下部结构，其边缘构件应具有足够的刚度，并作为网壳整体的组成部分共同计算。

根据国内外已有的工程经验，《空间网格结构技术规程》JGJ 7 对各类网壳的主要尺寸、跨度规定如下：

（1）两端支承的圆柱面网壳，其宽度 B 与跨度 L 之比宜小于 1.0（图 3-23），壳体的矢高可取宽度的 1/6～1/3，沿两纵向边支承及四边支承的圆柱面网壳可取 1/5～1/2。

双层圆柱面网壳的厚度可取宽度的 1/50～1/20。

单层圆柱面网壳支承在两端横隔时，其跨度 L 不宜大于 35m，当两纵向边缘支承时，其跨度（此时为宽度 B）不宜大于 30m。

（2）球面网壳的矢跨比不宜小于 1/7。

双层球面网壳的厚度可取跨度（平面直径）的 1/60～1/30。

单层球面网壳的跨度（平面直径）不宜大于 80m。

（3）椭圆抛物面网壳底边两跨度之比不宜大于 1.5，壳体每个方向的矢高可取短向跨度的 1/9～1/6。

双层椭圆抛物面网壳的厚度可取短向跨度的 1/50～1/20。

单层椭圆抛物面网壳的跨度不宜大于 50m。

（4）双曲抛物面网壳底面对角线之比不宜大于 2，单块双曲抛物面壳体的矢高可取跨度的 1/4～1/2（跨度为两个对角支承点之间的距离）。四块组合双曲抛物面壳体每个方向的失高可取相应跨度的 1/8～1/4。

双层双曲抛物面网壳的厚度可取短向跨度的 1/50～1/20。

单层双曲抛物面网壳的跨度不宜大于 60m。

（5）网壳结构的网格在构造上可采用以下尺寸，当跨度小于 50m 时，1.5～3.0m；当跨度为 50～100m 时，2.5～3.5m；当跨度大于 100m 时，3.0～4.5m，网壳相邻杆件间的夹角宜大于 30°。

各类双层网壳的厚度当跨度较小时，可取较大的比值，如跨度的 1/20，当跨度较大时则取较小的比值，如 1/50，厚度是指网壳上下弦杆形心之间的距离。双层网壳的矢高以其支承面确定，如网壳支承在下弦，则矢高从下弦曲面算起。

3.3.2 网壳的挠度要求

单层网壳结构容许挠度值：屋盖结构为短向跨度的 1/400；悬挑结构为悬挑跨度的

1/200。双层网壳结构容许挠度值：屋盖结构为短向跨度的 1/250；悬挑结构为悬挑跨度的 1/125；对于有悬挂起重设备的双层网壳结构，其最大挠度不宜大于结构跨度的 1/400。

3.4　空间网格结构的计算要点

网架、网壳的设计应满足行业标准《空间网格结构技术规程》JGJ 7 的要求。本节对应空间网格结构的要求对网架、网壳结构均适用，单独适用于网架或网壳结构的特殊要求已分开表述。

3.4.1　荷载及作用

对空间网格结构，应对使用阶段荷载作用下的内力和位移进行计算，并应根据具体情况对地震、温度变化、支座沉降等作用及施工安装荷载引起的内力和位移进行计算。对网壳结构尚应进行外荷载作用下必要的稳定性计算。

空间网格结构的永久荷载包括结构自重、屋面（或楼面）材料重力、吊顶材料重力、设备管道重力等。

网架自重荷载标准值可按下式估算：

$$g_{ok} = \sqrt{q_w} \cdot L_2 / 150 \qquad (3-2)$$

式中　q_w——除网架自重以外的屋面（或楼面）荷载标准值（kN/m^2）；

L_2——网架的短向跨度（m）。

空间网格结构的可变荷载包括屋面（或楼面）活载、雪载、风载、积灰荷载、吊车荷载（工业建筑有吊车时考虑，单层网壳结构不应设置悬挂吊车）。屋面活载和雪载不同时组合，取二者的大值。

网架刚度较大，自振周期较小，计算风载时可不考虑风振系数的影响。对于基本自振周期大于 0.25s 的网壳结构宜进行风振计算。单个球面网壳、圆柱面网壳和双曲抛物面网壳的风载体形系数可按《建筑结构荷载规范》GB 50009 取值。对于复杂形体的网壳结构应根据模型风洞试验确定其风载体型系数。对于轻屋面应考虑风吸力的影响。

温度变化是指结构安装合龙时的温度与结构常年气温变化下最大（小）温度之差，温度应力出现在空间网格结构温度变形受到约束的场合，并和下部结构密切相关。温度作用可作为可变荷载，分项系数 $\gamma_Q = 1.3$。设计中考虑的温度应力一般有两种情况：

（1）整个结构有温度变化；

（2）双层网格结构上、下层有温度差 Δt。

网架结构伸缩变形未受约束或约束不大的下列情况，可不考虑由于温度变化引起的内力：

（1）支座节点的构造允许网架侧移值不小于网架结构的温度变形值；

（2）周边支承的网架，当网架验算方向跨度小于 40m，且支承结构为独立柱或砖壁柱（这些柱有一定柔性）；

（3）柱顶在单位力作用下，位移大于或等于式（3-3）的计算值（柱的约束作用导致的温度应力不大）：

$$u = \frac{L}{2\xi E A_m} \left(\frac{\alpha E \Delta t}{0.038 f} - 1 \right)$$ (3-3)

式中 ξ——系数，支承平面内弦杆为正交正放时 $\xi = 1.0$，正交斜放时 $\xi = \sqrt{2}$，三向时 $\xi = 2.0$；

A_m——支承（上承或下承）平面内弦杆截面积的算术平均值；

α——网架杆件钢材的线胀系数；

f——钢材强度设计值；

E——网架杆件钢材的弹性模量；

Δt——温度差；

L——网架在验算方向的跨度。

如果需要考虑温度变化引起的空间网格结构内力，可采用有限单元法或近似计算方法。对于周边铰支的平板网架，可以把网架及其支承结构简化为图 3-32 所示的平面构架来分析，网架的温度应力是支承结构阻碍网架支承面内弦杆的温度胀缩而引起的，如果不受阻碍，柱顶在温度上升 Δt 时向外移动：

图 3-32　温度应力的简化计算

$$u_{ot} = \alpha \Delta t \frac{L}{2}$$

式中 α——钢材的线膨胀系数；

L——网架跨度。

柱的约束作用使此位移不能充分发展，并在支承面弦杆中产生应力 σ_t，致使实际位移为：

$$u_t = \left(\alpha \Delta t - \frac{\sigma_t}{E} \right) \frac{L}{2}$$

设柱的侧向刚度（使柱顶产生单位位移的水平力）为 k_c，则柱顶水平力的平衡条件是：

$$\sigma_t A_m = k_c u_t$$

式中，A_m 为弦杆的截面积，σ_t 为弦杆温度应力，由以上两式可得：

$$\sigma_t = \frac{u_{ot} k_c E}{E A_m + k_c \dfrac{L}{2}}$$ (3-4)

相应的柱顶水平力为：

$$H_t = \frac{u_{ot}}{\dfrac{1}{k_c} + \dfrac{L}{2 E A_m}}$$ (3-5)

式 (3-4) 可以直接用于设计计算。

如果将式 (3-4) 和式 (3-5) 的 A_m 乘以系数 ξ，则两式可以用于正交斜放网架（$\xi = \sqrt{2}$）和三向网架（$\xi = 2$）。

当式 (3-4) 所给出的 σ_t 不超过钢材强度设计值的 5% 除以综合荷载系数 1.31 时，可以不计算网架温度应力，把 $\sigma_t = 0.05f/1.31 = 0.038f$ 代入式 (3-4)，可得：

$$k_c \leqslant \frac{2\xi E A_m}{L}\left(\frac{0.038f}{\alpha \Delta t E - 0.038f}\right)$$

令 k_c 的倒数等于 u，即可得式 (3-3)。

和网架类似，双层网壳温度变形未受约束或约束不大时可不考虑温度变化的影响；反之，则应考虑温度应力的影响。

在抗震设防烈度为 7 度的地区，网架结构可不进行抗震计算；在抗震设防烈度为 8 度的地区，对周边支承的中小跨度网架应进行竖向抗震计算，对于其他网架结构均应进行竖向和水平抗震计算；在抗震设防烈度为 9 度的地区，对各种网架结构均应进行竖向和水平抗震计算。

在设防烈度为 7 度的地区，当网壳结构的矢跨比大于或等于 1/5 时应进行水平抗震计算；当矢跨比小于 1/5 时，应进行竖向和水平抗震计算。在设防烈度为 8 度、9 度地区，对各种网壳结构应进行竖向和水平抗震计算。

对非抗震设计的空间网格结构，荷载及荷载效应组合应按《建筑结构荷载规范》GB 50009 的规定进行计算。杆件截面及节点设计应采用荷载的基本组合，位移计算应采用荷载的标准组合。

对抗震设计的空间网格结构，荷载及荷载效应组合尚应符合《建筑抗震设计规范》GB 50011 的规定。

网壳施工安装阶段与使用阶段支承情况不一致时，应按不同支承条件来计算施工安装阶段和使用阶段在相应荷载作用下的内力和变形。

3.4.2　内力分析方法

空间网格结构的内力和位移可按弹性阶段进行计算。分析网格结构内力时，可按静力等效原则，将节点所辖区域内的荷载集中作用在该节点上。

对网架结构，可忽略节点刚度的影响，假定节点为铰接，杆件只承受轴力。当杆件上作用有节间荷载时，应同时考虑弯矩的影响。

一般情况下，分析双层网壳时可假定节点为铰接，采用空间二力杆单元，杆件只承受轴向力；分析单层网壳时应假定节点为刚接，否则单元共面节点的法向刚度为零，属几何可变，杆件除承受轴向力外，还承受弯矩、剪力。对刚接连接网壳宜采用空间梁柱单元。当杆件上作用有局部荷载时，必须另行考虑局部弯曲内力的影响。分析空间网格结构时，应考虑与下部支承结构的相互影响，将上下部结构整体分析。亦可将支承体系简化为空间网格结构的弹性支承，按弹性支承模型进行计算。

网架结构通常为超静定杆系结构，空间桁架位移法（空间杆系有限元法）是网架结构计算的精确方法，适用于各种类型、各种支承条件的网架。国内网架计算程序很多，具有数据形成、内力分析、杆件截面选择、优化、节点设计、施工图绘制等多项功能。利用现有的程序时，应慎重从事，选用经过技术鉴定认可，实践证明行之有效的程序。

网壳结构是一个准柔性的高次超静定结构，几何非线性较一般结构明显。目前网壳计算主要采用考虑几何非线性的有限单元法，考虑与不考虑几何非线性的有限单元法的区别在于前者（几何非线性）考虑网壳变形对内力的影响，网壳的平衡方程建立在变形以后的位形上，后者（线性）的平衡方程则始终建立在初始状态。

3.4.3　空间网格结构地震作用内力计算

对周边支承网架屋盖以及多点支承和周边支承相结合的网架屋盖，竖向抗震验算可以采用简化方法，在网架的各个节点上施加竖向荷载，其标准值可按下式确定：

$$F_{Evki} = \pm \psi_v \cdot G_i \tag{3-6}$$

式中　F_{Evki}——作用在网架第 i 节点上竖向地震作用标准值；

　　　G_i——网架第 i 节点的重力荷载代表值，其中永久荷载取 100%；雪荷载及屋面积灰荷载取 50%，屋面活荷载不计入；

　　　ψ_v——竖向地震作用系数，按表 3-2 取值。

对于悬挑长度较大的网架屋盖以及用于楼面的网架，当设防烈度为 8 度或 9 度时，其竖向地震作用标准值可分别取该结构重力荷载代表值的 10% 或 20%。设计基本地震加速度为 0.3g 时，可取该结构重力荷载代表值的 15%。

竖向地震作用系数　　　　　　　　　　　　　　　　表 3-2

设防烈度	场地类别		
	Ⅰ	Ⅱ	Ⅲ、Ⅳ
8	可不计算（0.10）	0.08（0.12）	0.10（0.15）
9	0.15	0.15	0.20

注：括号中数值用于设计基本地震加速度为 0.3g 地区。

对于一般的空间网格结构，竖向、水平地震作用下的效应可采用振型分解反应谱法或时程分析法计算。在单维地震作用下，对空间网格结构进行多遇地震作用下的效应计算时，可采用振型分解反应谱法；对于体型复杂或重要的大跨度结构，应采用时程分析法进行补充验算。抗震分析时，应考虑支承体系对空间网格结构受力的影响，宜将空间网格结构与支承体系共同考虑，按整体分析模型进行计算；采用简化协同分析模型时，可将下部支承结构折算等效刚度、等效质量作为上部空间结构分析时的条件，也可将上部空间结构折算等效刚度、等效质量作为下部支承结构分析时的条件。对周边落地的空间网格结构，阻尼比值可取 0.02，对设有混凝土结构支承体系的空间网格结构阻尼比值可取 0.03。

按振型分解反应谱法进行在多遇地震下单维地震作用效应分析时，网架结构杆件地震作用效应可按下式确定：

$$S_{EK} = \sqrt{\sum_{j=1}^{m} S_j^2} \tag{3-7}$$

式中　S_{EK}——杆件地震作用标准值的效应；

　　　S_j——第 j 振型地震作用标准值的效应。

采用振型分解反应谱法进行地震效应分析时，对网架结构宜至少取前 10~15 个振型进行效应组合。

网壳的抗震分析宜分两个阶段进行，第一阶段为多遇地震作用下的弹性分析，求得杆件内力，按荷载组合的规定进行杆件和节点设计；第二阶段为罕遇地震作用下的弹塑性分析，用于校核网壳的位移及破坏。按振型分解反应谱法进行在多遇地震下单维地震作用效应分析时，网壳结构杆件地震作用效应可按下式确定：

$$S_{EK} = \sqrt{\sum_{j=1}^{m} \sum_{k=1}^{m} \rho_{jk} S_j S_k} \tag{3-8}$$

$$\rho_{jk} = \frac{8\zeta_j \zeta_k (1 + \lambda_T) \lambda_T^{1.5}}{(1 - \lambda_T^2)^2 + 4\zeta_j \zeta_k (1 + \lambda_T)^2 \lambda_T} \tag{3-9}$$

式中　　S_{EK} ——杆件地震作用标准值的效应；

S_j、S_k ——分别为 j、k 振型地震作用标准值的效应；

ρ_{jk} ——j 振型与 k 振型的耦联系数；

ζ_j、ζ_k ——分别为 j、k 振型的阻尼比；

λ_T ——k 振型与 j 振型的自振周期比；

m ——计算中考虑的振型数。

网壳结构较柔，各个自振频率较接近。采用振型分解反应谱法进行地震效应分析时，对网壳结构宜至少取前 25~30 个振型进行效应组合。对于体型复杂或重要的大跨空间网格结构需要取更多振型进行效应组合。

对于体型复杂或较大跨度的空间网格结构，宜进行多维地震作用下的效应分析，可采用多维随机振动分析方法、多维反应谱法或时程分析方法，当按多维反应谱法进行空间网格结构三维地震效应分析时，结构各节点最大位移响应与各杆件最大内力响应，可参见《空间网格结构技术规程》JGJ 7。

3.4.4　网壳稳定性计算

网壳和平板网架不同，单根压杆稳定计算只能保证杆件不发生局部失稳，不能代替整体稳定计算。网壳结构的整体稳定性能和曲面形状直接相关。负高斯曲率的网壳（如双曲抛物面网壳）在荷载作用下不会整体失稳，原因是结构一个方向的杆件受拉，对受压的另一方向杆件有约束作用。正高斯曲率的网壳（如球面网壳）和零高斯曲率网壳（如柱面网壳）则情况相反，都有可能丧失整体稳定，而且这些网壳往往对缺陷十分敏感，稳定承载力比完善壳体下降很多。对单层球面、圆柱面和椭圆抛物面网壳及厚度小于跨度 1/50 的双层球面、圆柱面和椭圆抛物面网壳（双曲扁网壳）均应进行整体稳定性计算。《空间网格结构技术规程》JGJ 7 要求对单层网壳和厚度小于跨度 1/50 的双层网壳均应进行整体稳定性计算。

网壳结构的整体稳定性分析应考虑几何非线性的影响，分析可采用考虑几何非线性的有限元法（荷载—位移全过程分析），分析中可假定材料为线弹性，也可考虑材料的弹塑性。球面网壳的全过程分析可按满跨均布荷载进行，圆柱面网壳和椭圆抛物面网壳宜补充考虑半跨活荷载分布。由于网壳结构对几何缺陷的敏感性，进行全过程分析时应考虑初始曲面形状安装偏差的影响，可采用结构的最低阶屈曲模态作为初始缺陷分布，以得到可能的最不利值。缺陷的最大计算值可按网壳跨度的 1/300 取值。

对网壳结构进行全过程分析求得的第一个临界点处的荷载值可作为该网壳的稳定极限承载力。网壳稳定容许承载力（荷载取标准值）应等于网壳稳定极限承载力除以安全系数 k。考虑荷载等外部作用和结构抗力的不确定性，计算中未考虑材料弹塑性可能带来的不利影响及结构工作条件中的其他不利因素，当按弹塑性全过程分析时，安全系数可取为 2.0；当按弹性全过程分析，且为单层球面网壳、柱面网壳和椭圆抛物面网壳时，安全系数 k 可取为 4.2，对其他形状更为复杂的网壳目前尚未提出弹性全过程分析的安全系数，对这类网壳和一些大型及特大型网壳，宜进行弹塑性全过程分析。

3.5 网架杆件设计

空间网格结构杆件可采用钢管、热轧型钢和冷弯薄壁型钢。在截面积相同的条件下，管截面有回转半径大、截面特性无方向性、稳定承载力高等优点，钢管端部封闭后，内部不易锈蚀，是目前网格结构杆件常用的截面形式。管材可采用高频焊管或无缝钢管，有条件时也可采用薄壁管形截面。材质主要有 Q235 钢及 Q345 钢。

空间网格结构杆件的计算长度和容许长细比可按表 3-3、表 3-4 采用，表中 l 为节间几何长度。表 3-3 中网架与网壳焊接空心球节点腹杆的计算长度有明显差别，读者能否分析其原因？

空间网格杆件计算长度 表 3-3

结构体系	杆件形式	节点形式				
		螺栓球	焊接空心球	板节点	毂节点	相贯节点
网架	弦杆及支座腹杆	$1.0l$	$0.9l$	$1.0l$		
	腹杆	$1.0l$	$0.8l$	$0.8l$		
双层网壳	弦杆及支座腹杆	$1.0l$	$1.0l$	$1.0l$		
	腹杆	$1.0l$	$0.9l$	$0.9l$		
单层网壳	壳体曲面内		$0.9l$		$1.0l$	$0.9l$
	壳体曲面外		$1.6l$		$1.6l$	$1.6l$

空间网格杆件容许长细比 表 3-4

结构体系	杆件形式	受拉杆件	受压杆件	受压与压弯杆件	受拉与拉弯杆件
网架 双层网壳	一般杆件	300	180		
	支座附近杆件	250			
	直接承受动力荷载杆件	250			
单层网壳	一般杆件			150	250

网架杆件主要受轴力作用，截面强度及稳定计算应满足《钢结构设计标准》GB 50017—2017 的要求。和平面桁架相同，单根压杆的面内和面外稳定性得到保证后，网架就不会整体失稳。网壳中轴心受力杆件，压弯、拉弯杆件应按《钢结构设计标准》GB 50017—2017 验算其强度和稳定性。

空间网格结构中普通角钢截面杆件的最小截面尺寸不宜小于 50mm×3mm，钢管不宜小于 $\phi48×3$mm。对大中跨度空间网格结构，钢管不宜小于 $60×3.5$mm。无缝圆管和焊接圆管压杆在稳定计算中分别属于 a 类和 b 类截面。

空间网格结构杆件分布应保证刚度的连续性，受力方向相邻的弦杆截面积之比不宜超过 1.8 倍。对于低应力、小规格的受拉杆件长细比宜按受压杆件控制。多点支承的网架结构，其反弯点处的上、下弦杆宜按构造要求加大截面。

3.6 节 点 设 计

网架节点数量多，节点用钢量约占整个网架用钢量的 20％～25％，节点构造的好坏对结构性能、制造安装、耗钢量和工程造价都有相当大的影响。网架的节点形式很多，目前国内常用的节点形式主要有：焊接空心球节点、螺栓球节点、焊接钢板节点、焊接钢管节点（图 3-33）、杆件直接汇交节点（图 3-34）。

图 3-33　焊接钢管节点　　　　　　图 3-34　杆件直接汇交节点

网壳杆件采用圆钢管时，铰接可采用螺栓球节点、焊接空心球节点，刚接可采用焊接空心球节点。跨度不大于 50m 的单层球面网壳以及跨度不大于 25m 的单层圆柱面网壳可采用毂节点。杆件采用角钢组合截面时，可采用钢板节点。

空间网格结构的节点构造应满足下列要求：

（1）受力合理，传力明确；

（2）保证杆件汇交于一点，不产生附加弯矩；

（3）构造简单，制作安装方便，耗钢量小；

（4）避免难于检查、清刷、涂漆和容易积留湿气或灰尘的死角或凹槽，管形截面应在两端封闭。

图 3-35　焊接空心球节点

3.6.1　焊接空心球节点

焊接空心球节点构造简单，适用于连接钢管杆件（图 3-35）。球面与管件连接时，只需将钢管沿正截面切断，施工方便。

（1）焊接空心球是由两块钢板经热压成两个半球，然后相焊而成，如图 3-36 所示。当空心球外径大于 300mm，且杆件内力较大需要提高节点承载力时，可在球内加肋；当空心球外径大于或等于 500mm，应在球内加肋。肋板必须设在轴力最大杆件的轴线平面内，且其厚度不应小于球壁的厚度。空心球的钢材宜采用 Q235B 钢或 Q345B、Q345C 钢。

（2）空心球外径 D 可根据连接构造要求确定。为便于施焊，球面上相连接杆件之间的净距 a 不宜小于 10mm（图 3-37）。按此要求，空心球外径 D 可初步按下式估算：

图 3-36 焊接空心球节点

(a) 无肋空心球；(b) 有肋空心球

$$D = (d_1 + 2a + d_2)/\theta \quad (3\text{-}10)$$

式中 θ——汇交于球节点任意两钢管杆
件间的夹角（rad）；

d_1、d_2——组成 θ 角的钢管外径。

（3）当空间网格的空心球直径为
120~900mm 时，其受压和受拉承载力设
计值 N_R(N) 可按下式计算：

图 3-37 空心球节点杆件间缝隙

$$N_R = \eta_0 \left(0.29 + 0.54\frac{d}{D}\right)\pi t d f \quad (3\text{-}11)$$

式中 η_0——大直径空心球节点承载力调整系数，当空心球直径 $\leqslant$ 500mm 时，$\eta_0 = 1.0$；
当空心球直径 $>$ 500mm 时，$\eta_0 = 0.9$；

D——空心球外径（mm）；

t——空心球壁厚（mm）；

d——与空心球相连的主钢管杆件的外径（mm）；

f——钢材的抗拉强度设计值（N/mm²）。

（4）对单层网壳结构，空心球承受压弯或拉弯的承载力设计值 N_m 可按下式计算：

$$N_m = \eta_m N_R \quad (3\text{-}12)$$

式中 N_R——空心球受压和受拉承载力设计值（N）；

η_m——考虑空心球受压弯或拉弯作用的影响系数，应按《空间网格结构技术规程》JGJ 7 计算。

（5）空心球的壁厚应根据杆件内力由式（3-11）或式（3-12）计算确定。空心球的稳定问题可以通过构造措施加以解决，不再需要计算。这些措施是：网架和双层网壳空心球的外径与壁厚之比宜取 25～45；单层网壳空心球的外径与壁厚之比宜取 20～35；空心球外径与主钢管外径之比宜取 2.4～3.0；空心球壁厚与主钢管壁厚之比宜取 1.5～2.0。空心球壁厚不宜小于 4mm。

（6）钢管杆件与空心球连接处，管端应开坡口，并在钢管内加衬管（图 3-38），衬管壁厚不应小于 3mm，长度可为 30～50mm。在管端与空心球之间应留有一定缝隙予以焊透，以实现焊缝与钢管等强，焊缝质量应达到Ⅱ级要求，焊缝可按对接焊缝计算。否则只能按斜角角焊缝计算，斜角角焊缝按下式计算：

$$\frac{N}{h_e \cdot d \cdot \pi \cdot \beta_f} \leqslant f_f^w \tag{3-13}$$

式中 N——钢管轴向力设计值；

d——钢管外径；

β_f——正面角焊缝强度设计值增大系数，静力荷载 $\beta_f = 1.22$，直接承受动力荷载 $\beta_f = 1.0$；

h_e——角焊缝有效截面宽度，$h_e = h_f \cos\frac{\alpha}{2}$，$h_f$ 为焊脚尺寸，α 为管壁与球面夹角；

f_f^w——角焊缝强度设计值。

角焊缝部分的焊脚尺寸 h_f 应符合下列规定：当钢管壁厚 $t_c \leqslant 4mm$ 时，$1.5t_c \geqslant h_f > t_c$；当 $t_c > 4mm$ 时，$1.2t_c \geqslant h_f > t_c$。

（7）当空心球直径过大且连接杆件较多时，为减小空心球直径，允许部分腹杆与腹杆或腹杆与弦杆相汇交，但应符合下列构造要求：

① 所有汇交杆件的轴线必须通过球心；

② 汇交两杆中，截面大的主杆件必须全截面焊在球上（当两杆截面积相等时，取受拉杆为主杆件），另一杆则坡口焊在主杆上，但必须保证有 3/4 截面焊在球上，并应按图 3-39 设置加劲板补足削弱的面积；

图 3-38　加衬管连接　　　　　　图 3-39　加劲板构造

图 3-40 支托板构造

③ 受力大的杆件可按图 3-40 增设支托板。

3.6.2 螺栓球节点

3.6.2.1 节点构造及材料

螺栓球节点由钢球、螺栓、套筒、销钉（或螺钉）和锥头（或封板）等零件组成（图3-41），适用于连接网架、双层网壳等空间网格结构的圆钢管杆件。

图 3-41 螺栓球连接节点

螺栓球节点的连接构造是先将置有螺栓的锥头或封板焊在钢管杆件的两端，在螺栓的螺杆上套有长形六角套筒，以销钉或紧固螺钉将螺栓与套筒连在一起。安装时拧动套筒，通过销钉或紧固螺钉带动螺栓转动，将螺栓旋入球体，拧紧为止。销钉或紧固螺钉仅在安装时起作用。当杆件受压时，压力由零件之间接触面传递，螺栓不受力。杆件受拉时，拉力由螺栓传给钢球，此时套筒不受力。

钢管、锥头、封板和套筒宜采用 Q235 或 Q345 钢，锥头经铸造或锻造制成，套筒由机械加工成型。钢球的坯球由锻压成型，最后由机械加工成型。螺栓、销钉或螺钉经热处理后的硬度（HRC）要求达到 33～39。螺栓球节点各零件的推荐材料见表 3-5。

螺栓球节点推荐材料 　　　　　　　　　　　　　表 3-5

零件名称	推荐材料	材料标准	备 注
钢球	45 号钢	《优质碳素结构钢》GB/T 699	毛坯球锻造成型
高强度螺栓	20MnTiB、40Cr、35CrMo	《合金结构钢》GB/T 3077	M12～M24
	35VB、40Cr、35CrMo		M27～M36
	40Cr、35CrMo		M39～M64×4

续表

零件名称	推荐材料	材料标准	备　注
套筒	Q235B	《碳素结构钢》 GB/T 700	套筒内孔径为 13～34mm
	Q345	《低合金高强度结构钢》 GB/T 1591	套筒内孔径为 37～65mm
	45 号钢	《优质碳素结构钢》GB/T 699	
紧固螺钉	20MnTiB	《合金结构钢》GB/T 3077	螺钉直径宜尽量小
	40Cr		
锥头或封板	Q235B	《碳素结构钢》GB/T 700	钢号宜与杆件一致
	Q345	《低合金高强度结构钢》 GB/T 1591	

3.6.2.2　钢球尺寸

钢球受力状态十分复杂，对其强度分析目前尚无简化方法，可按节点构造确定钢球直径。钢球大小取决于相邻杆件的夹角、螺栓的直径和螺栓伸入球体的长度等因素。

由图 3-42 所示的几何关系 $OE^2 = OC^2 + CE^2$，$OE = \dfrac{D}{2}$，$CE = \dfrac{\lambda d_1^b}{2}$，$OC = \dfrac{d_1^b}{2}\cot\theta + \dfrac{d_s^b}{2}\dfrac{1}{\sin\theta} + \xi d_1^b$，可导出使球体内螺栓不相碰的最小钢球直径 D 为：

$$D \geqslant \sqrt{\left(\dfrac{d_s^b}{\sin\theta} + d_1^b\cot\theta + 2\xi d_1^b\right)^2 + \lambda^2 \left(d_1^b\right)^2} \tag{3-14}$$

由图 3-43 所示的几何关系 $OB^2 = AB^2 + OA^2$，$OB = \dfrac{D}{2}$，$AB = \dfrac{\lambda d_1^b}{2}$，$OA = \dfrac{\lambda d_1^b}{2}\cot\theta + \dfrac{\lambda d_s^b}{2}\dfrac{1}{\sin\theta}$，可导出满足套筒接触面要求的钢球直径 D 为：

图 3-42　钢球的参数

图 3-43　钢球的切削面

$$D \geqslant \sqrt{\left(\frac{\lambda d_s^b}{\sin \theta} + \lambda d_1^b \cot\theta\right)^2 + \lambda^2 (d_1^b)^2} \tag{3-15}$$

式中　D——钢球直径（mm）；

　　　θ——两个螺栓之间的最小夹角（rad）；

d_1^b、d_s^b——两相邻螺栓的较大直径和较
　　　　小直径（mm）；

　　　ξ——螺栓伸入钢球长度与螺栓直
　　　　径的比值，一般取 $\xi=1.1$；

　　　λ——套筒外接圆直径与螺栓直径
　　　　的比值，一般取 $\lambda=1.8$。

图 3-44　带封板管件的几何关系

钢球直径取式（3-14）及式（3-15）
中的较大值。

当相邻两杆夹角 $\theta < 30°$ 时，还要保证
相邻两根杆件（管端为封板）不相碰，由
图 3-44 中的几何关系 $OA = \sqrt{OB^2 + AB^2}$，

$OA = \frac{D}{2} + \sqrt{S^2 + \left(\frac{D_1 - \lambda d_1^b}{2}\right)^2}$；$AB = \frac{D_1}{2}$，$OB = \frac{D_2}{2\sin\theta} + \left(\frac{D_1}{2}\right)\cot\theta$，可导出钢球直径 D 还
需满足下式要求：

$$D \geqslant \sqrt{\left(\frac{D_2}{\sin\theta} + D_1\cot\theta\right)^2 + D_1^2} - \sqrt{4S^2 + (D_1 - \lambda d_1^b)^2} \tag{3-16}$$

式中　D_1、D_2——相邻两根杆件的外径，$D_1 > D_2$；

　　　θ——相邻两根杆件的夹角；

　　　d_1^b——相应于 D_1 杆件所配螺栓直径；

　　　λ——套筒外接圆直径与螺栓直径之比；

　　　S——套筒长度。

3.6.2.3　螺栓

高强度螺栓的性能等级应按规格选用，M12～M36 的高强度螺栓应按 10.9 级选用，
M39～M64 的高强度螺栓应按 9.8 级选用，螺栓的形式与尺寸应符合现行国家标准《钢
网架螺栓球节点用高强度螺栓》GB/T 16939 的要求。

《钢结构设计标准》GB 50017 和《钢结构高强度螺栓连接技术规程》JGJ 82 中的高强
度螺栓都只有 10.9 和 8.8 两级，这里何来 9.8 级？查表 3-5，螺栓球节点推荐的螺栓材
料，无论螺栓直径多大，都可以采用 40Cr 和 35CrMo 两种钢材来做，由此不难判断，
M39～M64 螺栓之所以按 9.8 级选用，原因在于材料强度的尺寸效应。同一钢号的热轧
型钢和钢板，强度随厚度增加而下降，大直径的高强度螺栓在计算时强度降级，同属一个
原因。

高强度螺栓受拉承载力设计值 N_t^b 应按下式计算：

$$N_t^b = A_{eff} f_t^b \tag{3-17}$$

式中　f_t^b——高强度螺栓经热处理后的抗拉强度设计值；对 10.9 级，取 430N/ mm²；对
　　　　9.8 级，取 385N/ mm²；

　　A_{eff}——高强度螺栓的有效截面积；当螺栓上钻有键槽或钻孔时，A_{eff} 值取螺纹处或键槽、钻孔处二者中的小值。常用高强度螺栓在螺纹处的有效截面积 A_{eff} 和承载力设计值 N_t^b 见表 3-6。

　　受压杆件的连接螺栓不受力，可按压杆内力设计值的绝对值求得螺栓直径后按表 3-6 的螺栓直径系列减小 1～3 个级差。

常用高强度螺栓在螺纹处的有效截面积 A_{eff} 和承载力设计值 N_t^b 　　　表 3-6

性能等级	规格 d	螺距 ρ（mm）	A_{eff}（mm²）	N_t^b（kN）
10.9 级	M12	1.75	84	36.1
	M14	2	115	49.5
	M16	2	157	67.5
	M20	2.5	245	105.3
	M22	2.5	303	130.5
	M24	3	353	151.5
	M27	3	459	197.5
	M30	3.5	561	241.2
	M33	3.5	694	298.4
	M36	4	817	351.3
9.8 级	M39	4	976	375.6
	M42	4.5	1120	431.5
	M45	4.5	1310	502.8
	M48	5	1470	567.1
	M52	5	1760	676.1
	M56×4	4	2144	825.4
	M60×4	4	2485	956.6
	M64×4	4	2851	1097.6

　　注：螺栓在螺纹处的有效截面积 $A_{eff} = \pi(d - 0.9382\rho)^2/4$。

　　螺栓杆长度 l_b 由构造确定（图 3-45），其值为：

$$l_b = \xi d + S + \delta \tag{3-18}$$

式中　ξ——螺栓伸入钢球的长度与螺栓直径之比，一般 $\xi=1.1$；

　　　d——螺栓直径；

　　　S——套筒长度；

　　　δ——锥头板或封板厚度。

图 3-45　高强度螺栓几何尺寸

3.6.2.4 套筒

套筒通常开有纵向滑槽（图 3-46a），滑槽宽度一般比销钉直径大 1.5～2mm。有时也可将滑槽做在螺栓上，在套筒上设螺栓孔（图 3-46b）。套筒端部到开槽端部（或钉孔端）距离应使该处有效截面抗剪力不低于销钉（或螺钉）抗剪力，且不小于 1.5 倍开槽的宽度。套筒端部要保持平整，内孔径可比螺栓直径大 1mm。

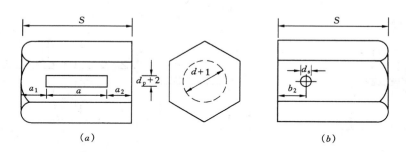

图 3-46　套筒几何尺寸

(a) 套筒上开滑槽；(b) 套筒上开螺钉孔

套筒长度可按下式计算：

（1）采用滑槽时

$$S = a + a_1 + a_2 \tag{3-19}$$

式中　a——滑槽长度，$a = \xi d - c + d_p + 4\text{mm}$；　　　　　　　　　　　(3-20)

ξd——螺栓伸入钢球的长度；

c——螺栓露出套筒的长度，可取为 4～5mm，但不应小于 2 个螺距（丝扣）；

a_1、a_2——套筒端部到滑槽端部距离；

d_p——销钉直径。

（2）采用螺钉时

$$S = a + b_1 + b_2 \tag{3-21}$$

式中　a——螺栓杆上滑槽长度，可按式（3-20）计算，但将 d_p 取为紧固螺钉直径 d_s；

b_1——套筒右端至螺栓杆上滑槽最近端距离，通常取 $b_1 = 4\text{mm}$；

b_2——套筒左端至螺钉孔边缘距离，通常取 $b_2 = 6\text{mm}$。

套筒应进行承压验算，公式为：

$$\sigma_c = \frac{N_c}{A_n} \leqslant f \tag{3-22}$$

式中　N_c——所连杆件轴力设计值；

f——套筒钢材抗压强度设计值；

A_n——套筒在开槽处或螺栓孔处的净截面面积。

销钉或螺钉直径可取螺栓直径的 0.16～0.18 倍，不宜小于 3mm，也不宜大于 8mm。螺钉直径可采用 6～8mm。

3.6.2.5 锥头和封板

当杆件管径较大时宜采用锥头连接。管径较小时可采用封板连接。连接焊缝以及锥头的任何截面应与连接钢管等强度，焊缝根部间隙 b 可根据连接钢管壁厚取 2～5mm（图 3-47）。锥头底板外径宜较套筒外接圆直径大 1～2mm，锥头底板内直径宜比螺栓头直径大 2mm，锥头倾角应小于 40°。锥头尺寸或封板厚度应按实际受力大小计算确定。

封板厚度可按近似方法计算，假定封板为一周边固定开孔圆板，如图 3-48 所示。螺栓轴力 N 通过螺帽接触均匀传给封板开孔边，沿环向单位宽度上板承受的力为：

$$Q = \frac{N}{2\pi S}$$

图 3-47　杆件端部连接焊缝

(a) 锥头与钢管连接；(b) 封板与钢管连接

图 3-48　封板

封板周边单位宽度径向弯矩近似为：

$$M_r = Q(R - S) \cdot \frac{S}{R}$$

当 M_r 达到塑性铰弯矩 $M_T = \frac{\delta^2}{4} f_y$ 时，封板达到极限承载力，考虑材料的抗力分项系数后，由 $M_r = M_T$ 可导出：

$$\delta \geqslant \sqrt{\frac{2N(R-S)}{\pi R f}} \tag{3-23}$$

式中　N——钢管杆件设计拉力；

　　　R——钢管的内半径；

　　　S——螺帽和封板接触的圆环面的平均半径；

　　　f——钢材强度设计值；

　　　δ——封板厚度。

锥头是一个轴对称旋转厚壳体（图 3-49），经有限元分析表明，锥头的承载力主要与锥顶板厚度、锥头斜率、连接管件直径、锥头构造的应力集中等因素有关。锥头底板及封板厚度不应小于表 3-7 中数值。

图 3-49　锥头构造

锥头底板及封板厚度　　　　　　　　　　　　　表 3-7

高强度螺栓规格	锥头底板/封板厚（mm）	高强度螺栓规格	锥头底板/封板厚（mm）
M12、M14	12	M36～M42	30
M16	14	M45～M52	35
M20～M24	16	M56×4～M60×4	40
M27～M33	20	M64×4	45

3.6.3 焊接钢板节点

焊接钢板节点可由十字节点板和盖板组成，适用于型钢杆件的连接。十字节点板宜由两块带企口的钢板对插焊成（图 3-50a），也可由三块板正交焊成（图 3-50b）。十字节点板与盖板所用钢材应与网架杆件钢材相同。

焊接钢板节点可用于两向网格结构和由四角锥体组成的网格结构。常用焊接构造形式如图 3-51、图 3-52 所示。

(a)   (b)

图 3-50　焊接钢板节点   图 3-51　两向网格节点构造

图 3-52　四角锥体组成的网格节点构造

网格弦杆应同时与盖板和十字节点板连接，使角钢两肢都能直接传力。焊接钢板节点各杆件形心线在节点处宜交于一点，否则应考虑偏心影响，杆件与节点连接焊缝的分布应使焊缝截面的形心与杆件形心相重合。十字节点板的竖向焊缝应具有足够的承载力，宜采用 V 形或 K 形坡口的对接焊缝。

节点板厚度可根据网格结构最大杆件内力由表 3-8 确定，并应比所连接杆件的壁厚大 2mm，且不得小于 6mm。

节点板厚度选用表   表 3-8

杆件内力（kN）	≤150	160~250	260~390	400~590	600~880	890~1275
节点板厚度（mm）	8	8~10	10~12	12~14	14~16	16~18

3.6.4　嵌入式毂节点

嵌入式毂节点可用于跨度不大于 60m 的单层球面网壳及跨度不大于 30m 的单层柱面网壳。节点（图 3-53）材料、构造、设计可参见《空间网格结构技术规程》JGJ 7。

图 3-53　嵌入式毂节点
1—嵌入件嵌入榫；2—毂体嵌入槽；3—杆件；4—杆端嵌入件；5—连接焊缝；6—毂体；7—压盖；8—中心螺栓；9—平垫圈及弹簧垫圈

3.6.5　其 他 形 式 节 点

对于约束线位移，放松角位移的转动节点，可采用销轴式节点。对于杆件汇交密集、受力复杂且可靠性要求高的关键部位节点可采用铸钢节点。销轴式节点、铸钢节点的材料、设计制作要求可参见《空间网格结构技术规程》JGJ 7。

3.6.6　支 座 节 点

3.6.6.1　节点形式

空间网格结构的支座节点应有足够的强度和刚度，在荷载作用下不先于杆件和其他节点而破坏，也不得产生不可忽略的变形。支座节点的构造应受力明确、传力简捷，并应符合计算假定，设计与构造应符合下列要求：

（1）支座竖向支承板中心线应与竖向反力作用线一致，并与支座节点连接的杆件汇交于节点中心；

（2）支座球节点底部至支座底板间的距离宜尽量减小，但应满足支座斜杆与下部支承结构不相碰的要求；

（3）支座竖向支承板应保证其自由边不发生侧向屈曲，其厚度不宜小于 10mm；对于拉力支座节点，支座竖向支承板的最小截面积及连接焊缝应满足强度要求；

（4）支座节点底板的净面积应满足支承结构材料的局部承压要求，其厚度应满足底板竖向反力作用下的抗弯要求，且不宜小于 12mm；

（5）支座底板的锚栓孔径应比锚栓直径大 10mm 以上，并应考虑适应支座节点水平位移的要求；

（6）支座节点锚栓按构造要求设置时，其直径可取 20～25mm，数量可取 2～4 个；受拉支座的锚栓应按计算确定，锚固长度不应小于 25 倍锚栓直径，并应设置双螺母；

（7）当支座底板与基座表面摩擦力小于支座底部的水平反力时，应设置抗剪键，不得利用锚栓传递剪力。

网架与网壳支座节点的构造相似，可以传递压力和拉力，不同的是网壳有时要用能够传递弯矩和剪力的支座。空间网格结构的支座节点应根据其主要受力特点，分别选用压力支座、拉力支座、可滑移与转动的弹性支座以及兼受轴力、弯矩与剪力的刚性支座。常用支座节点有下列几种构造形式：

（1）平板压力或拉力支座（图 3-54）。角位移受到很大的约束，只适用于较小跨度空间网格结构。是否允许线位移，取决于底板上开孔的形状和尺寸。

（2）单面弧形压力支座（图 3-55）。单方向角位移未受约束，适用于大中跨度空间网格结构。支座反力较大时可采用图 3-55（b）构造。

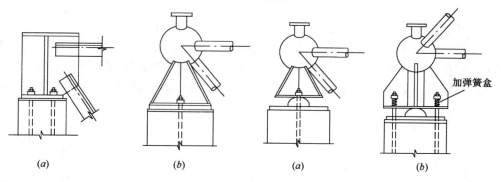

（a）　　　　　　（b）　　　　　　（a）　　　　　　（b）

图 3-54　平板压力或拉力支座　　　　图 3-55　单面弧形压力支座

（a）角钢杆件；（b）钢管杆件　　　　（a）二个螺栓连接；（b）四个螺栓连接

（3）单面弧形拉力支座（图 3-56）。可用于要求沿单方向转动的较大跨度空间网格结构。为更好地将拉力传递到支座上，在承受拉力的锚栓附近应设加劲肋以增强节点刚度。

（4）双面弧形压力支座（图 3-57）。在支座和底板间设有弧形块，上、下面都是柱面，支座既可转动又可平移。可用于温度应力变化较大，且下部支承结构刚度较大的大跨度空间网格结构。

图 3-56　单面弧形拉力支座　　　　图 3-57　双面弧形压力支座

（5）球铰压力支座（图3-58）。只能转动而不能平移，适用于有抗震要求、多点支承的大跨度空间网格结构。对于较大跨度的落地网壳可采用双向弧形铰支座（图3-59）。

（6）球铰拉力支座（图3-60）。可用于多点支承的大跨度空间网格结构。

图3-58　球铰压力支座　　　图3-59　双向弧形铰支座　　　图3-60　球铰拉力支座

（7）可滑动铰支座（图3-61）。用于中小跨度的空间网格结构。

（8）板式橡胶支座（图3-62）。适用于支座反力较大，有抗震要求，温度作用、水平位移较大与有转动要求的大中跨度空间网格结构。通过橡胶垫的压缩和剪切变形，支座既可转动又可平移。如果在一个方向加限位件，支座为单向可侧移式，否则为两向可侧移式。

图3-61　可滑动铰支座
1—支座底板开设椭圆形长孔；2—不锈
钢板或聚四氟乙烯垫板

图3-62　板式橡胶支座
1—橡胶垫板；2—限位件

（9）刚性支座（图3-63）。可用于既能传递轴向力，又能传递弯矩和剪力的中小跨度空间网格结构。支座节点竖向支承板厚度应大于焊接空心球壁厚度2mm，球体置入深度应大于2/3球径。

弧形支座板的材料宜用铸钢，单面弧形支座板也可用厚钢板加工而成。板式橡胶支座垫块可采用由多层橡胶与薄钢板相间粘合而成的橡胶垫板。

3.6.6.2　平板支座节点设计

空间网格结构平板支座的构造和平面桁架支座没有多少差别，支座板的平面尺寸、厚度，肋板的尺寸和焊缝都可参照桁架支座节点和柱脚的计算方法确定。

网格结构平板支座不同于简支平面桁架支座的唯一特点是有可能受拉，拉力支座的锚栓直径需要通过计算确定，一个拉力锚栓的有效截面面积应按下式计算，算得 A_e 后可由表 3-6 查出相应的螺栓直径。

$$A_e \geqslant \frac{1.25R_t}{nf_t^a} \tag{3-24}$$

式中　R_t——支座拉力；

　　　1.25——考虑多个锚栓受力不均匀的增大系数；

　　　n——锚栓个数；

　　　f_t^a——锚栓的抗拉强度设计值。

图 3-63　刚性支座

3.6.6.3　单面弧形压力支座设计

（1）弧形支座置于底板之上，其平面尺寸（图 3-64）为：

$$a_1 \cdot b_1 \geqslant \frac{R}{f} \tag{3-25}$$

式中　R——支座反力；

　　　f——钢材（或铸钢）抗压强度设计值；

　　a_1、b_1——弧形支座宽度、长度。

图 3-64　弧形支座尺寸

（2）弧形支座板厚度（图 3-64）。

弧形板受力类似一倒置的双悬挑板，上部支座在弧面顶点提供支承（图 3-55），荷载为底部支座反力 $R/(a_1 \cdot b_1)$ 弧形板中央截面最大弯矩为：

$$M = \frac{1}{2}\left(\frac{R}{a_1 \cdot b_1}\right) \cdot \left(\frac{a_1}{2}\right)^2 \cdot b_1 = Ra_1/8$$

由强度条件 $\sigma_{max} = \dfrac{M}{W} = \left(\dfrac{R \cdot a_1}{8}\right) \Big/ \left(\dfrac{b_1 t_1^2}{6}\right) \leqslant f$，得出

$$t_1 \geqslant \sqrt{\frac{3Ra_1}{4b_1 f}} \tag{3-26}$$

式中　f——钢材（或铸钢）抗弯强度设计值。

（3）弧形支座的半径由下式确定：

$$r \geqslant \frac{RE}{80b_1 f^2} \tag{3-27}$$

式中　r——弧面半径；

f——钢材（或铸钢）抗压设计强度；

E——钢材的弹性模量。

弧形支座的侧面高度 t_2 宜小于 15mm。

3.6.6.4　橡胶支座设计

（1）橡胶垫板由氯丁橡胶或天然橡胶制成，胶料和制成板的性能应符合表 3-9～表 3-11 的要求。

胶料的物理机械性能　　　　　表 3-9

胶料类型	硬度（邵氏）	扯断应力（MPa）	伸长率（%）	300%定伸强度（MPa）	扯断永久变形（%）	适用温度不低于
氯丁橡胶	60±5	≥18.63	≥450	≥7.84	≤25	−25℃
天然橡胶	60±5	≥18.63	≥500	≥8.82	≤20	−40℃

（2）橡胶垫板的计算。

橡胶垫板的底面积 A 可根据承压条件按下式计算：

$$A \geqslant R_{\max}/[\sigma] \tag{3-28}$$

式中　A——垫板承压面积，$A=a \cdot b$（如橡胶垫板开有螺孔，应减去开孔面积）；

a、b——分别为橡胶垫板短边与长边的边长；

$R_{\max}$——荷载标准值在支座引起的反力；

$[\sigma]$——橡胶垫板的允许抗压强度，按表 3-10 采用。

橡胶垫板的力学性能　　　　　表 3-10

允许抗压强度 $[\sigma]$（MPa）	极限破坏强度（MPa）	抗压弹性模量 E（MPa）	抗剪弹性模量 G（MPa）	摩擦系数 μ
7.84～9.80	＞58.82	由形状系数 β 按表 3-11 查得	0.98～1.47	（与钢）0.2（与混凝土）0.3

E-β 关系　　　　　表 3-11

β	4	5	6	7	8	9	10	11	12	13	14	15	16	17	18	19	20
E（MPa）	196	265	333	412	490	579	657	745	843	932	1040	1157	1285	1422	1559	1706	1863

注：支座形状系数 $\beta=\dfrac{ab}{2(a+b)d_i}$；$a$、$b$—橡胶垫短边及长边长度（m）；$d_i$—中间橡胶层厚度（m）。

橡胶垫板厚度应根据橡胶层厚度与中间各层钢板厚度确定（图 3-65）。橡胶层厚度可由上、下表层及各钢板间的橡胶片厚度之和确定。

图 3-65　橡胶垫板构造

$$d_0 = 2d_t + nd_i \tag{3-29}$$

式中　d_0——橡胶层厚度；

d_t、d_i——分别为上、下表层及中间各层橡胶片厚度；

n——中间橡胶片的层数。

根据橡胶剪切变形条件中 $d_0\tan\alpha \geqslant u$ 及构

造要求，并取 $\tan\alpha = 0.7$，橡胶层厚度应满足下式要求：

$$0.2a \geqslant d_0 \geqslant 1.43u \tag{3-30}$$

式中　u——由于温度变化等原因在网架支座处引起的水平位移；

1.43 为 $\tan\alpha$ 的倒数，$\tan\alpha$ 为橡胶层最大容许剪切角的正切。

上、下表层橡胶片厚度宜采用 2.5mm，中间橡胶片常用厚度宜取 5、8、11mm，钢板厚度（图 3-65 中的 d_s）宜取 2～3mm。

橡胶垫板的压缩变形不能过大。为防止支座转动引起橡胶垫板与支座底板部分脱开而形成局部承压，橡胶垫板的压缩变形也不能过小，按照上述要求，橡胶垫板的平均压缩变形应满足下列条件：

$$0.05d_0 \geqslant w_m \geqslant \frac{1}{2}\theta a \tag{3-31}$$

式中　θ——结构在支座处的最大转角（rad）。

平均压缩变形 w_m 可按下式计算：

$$w_m = \sigma_m d_0 / E \tag{3-32}$$

式中　σ_m——平均压应力，$\sigma_m = R_{max}/A$。

在水平力作用下橡胶垫板应按下式进行抗滑移验算：

$$\mu R_g \geqslant GAu/d_0 \tag{3-33}$$

式中　u、d_0——定义如公式（3-30）和式（3-29）；

　　　　μ——橡胶垫板与钢板或混凝土间的摩擦系数，按表 3-10 采用；

　　　　R_g——乘以荷载分项系数 0.9 的永久荷载标准值引起的支座反力；

　　　　G——橡胶垫板的抗剪弹性模量，按表 3-10 采用。

橡胶垫板的弹性竖向刚度 K_{z0}、两个方向水平刚度 K_{n0} 和 K_{s0} 可按下式计算：

$$K_{z0} = EA/d_0, \quad K_{n0} = K_{s0} = GA/d_0$$

（3）橡胶垫板的构造要求

对气温不低于 $-25℃$ 地区，可采用氯丁橡胶垫板。对气温不低于 $-30℃$ 地区，可采用耐寒氯丁橡胶垫板。对气温不低于 $-40℃$ 地区，可采用天然橡胶垫板。橡胶垫板的长边应与网格结构支座切线方向平行放置。橡胶垫板与支柱或基座的钢板或混凝土间可采用 502 胶等胶粘剂固定。

橡胶垫板上的螺孔直径应大于螺栓直径 10～20mm，并应与支座可能产生的水平位移相适应。橡胶垫板外宜设限位装置，防止发生超限位移。

设计时宜考虑长期使用后因橡胶老化而需更换的条件。在橡胶垫板四周可涂以防止老化的酚醛树脂，并粘结泡沫塑料。橡胶垫板在安装、使用过程中应避免与油脂等油类物质以及其他对橡胶有害的物质接触。

3.7　索　结　构

3.7.1　结　构　形　式

按照索的使用方式及受力特点，可将索结构分为单层悬索体系、预应力双层悬索体系、预应力鞍形索网、预应力横向加劲单层索系、预应力索拱及张弦结构、悬挂薄壳、张拉集成结构、索膜结构及悬挂与斜拉式混合等结构形式。

（1）单层悬索体系

单层悬索体系是由按一定规律布置的单根悬索组成，索两端锚挂在支承结构上。索系布置有平行式、辐射式、网格式三种。

平行布置的单层索系形成下凹的单曲率曲面（图 3-66），适用于矩形或多边形平面。依建筑要求，索两端可以等高，也可以不等高。悬索两端支座承受较大的水平力作用，合理地解决水平力传递是悬索结构设计中的重要问题。

单层辐射式布置可形成下凹的双曲率碟形屋面（图 3-67），适用于圆形或椭圆形平面。辐射式布置的单层索系中，要在圆形平面的中心设置中心内环，在外圆设置外环梁。索的两端分别锚在内环及外环梁上。在索拉力水平分力的作用下，内环受拉，外环受压。索拉力的竖向分力由环梁传给下部的支承柱。受拉内环采用钢制，受压外环一般采用钢筋混凝土结构。均布荷载作用下，圆形平面内辐射状布置的各索拉力相等。椭圆形平面内各索拉力不等，外环梁弯矩较大。

图 3-66 平行布置的单层悬索体系

图 3-67 辐射式布置的单层悬索体系

网格式布置的单层索系形成下凹的双曲率曲面（图 3-68），两个方向的索一般呈正交布置，可用于圆形、矩形等平面。用于圆形平面时，边缘构件的弯矩大于辐射式布置。

单层索系刚度低，形状稳定性较差，在非对称荷载作用下变形较大。悬索的垂度与跨度之比是影响单层索系工作的重要几何参数，单层索系的垂跨比宜取为 $1/20 \sim 1/10$。

图 3-68 网格式布置的单层悬索体系

跨度、荷载相同条件下，垂跨比小时悬索体系扁平，其形状稳定性和刚度均差，索中拉力也大。垂跨比大时，索系的稳定性、刚度得到改善，索中拉力减小。单层索系宜采用重型屋面。

（2）预应力双层悬索体系（索桁架）

双层悬索体系是由一系列下凹的承重索、上凸的稳定索及两者之间的连系杆（拉杆或压杆）组成。承重索可设在稳定索之上（图 3-69a）或之下（图 3-69b），也可相互交叉（图 3-69c）。承重索和稳定索在跨中可以直接相连（图 3-69d）或不相连（图 3-69a、b、c）。在对称均布荷载作用下，跨中相连与否，索系的工作性能无变化。但在不对称荷载作用下，跨中相连的索系具有较大的抵抗变形的能力。连系杆可竖向布置，也可斜向布置。斜向布置时，索系抵抗不对称变形的能力较大。系杆可采用圆钢、钢管、角钢等截面。

图 3-69　预应力双层悬索体系的一般形式

承重索、稳定索和系杆一般布置在同一竖向平面内，其外形类似于平面桁架，因此又称为索桁架。承重索和稳定索也可以错开布置，使上、下索不在同一竖向平面内。

通过张拉承重索或稳定索，或二者同时张拉，在上下索内建立足够的预拉力，使索系绷紧共同工作。和单层索系相比，预拉力双层索系有良好的刚度和形状稳定性，可以采用轻屋面。

双层索系也有平行布置、辐射式布置和网状布置三种形式（图 3-70）。双层索系的承重索和稳定索要分别锚固在支承结构上。辐射式布置的双层索系，根据索桁架形式的不同，必要时要设置二层外环梁或内环梁锚固承重索和稳定索。

图 3-70　双层索系的网状布置和辐射式布置

承重索的垂跨比和稳定索的矢跨比也是影响双层索系工作性能的重要几何参数，承重索的垂跨比宜取 1/20～1/15，稳定索的拱度可取跨度的 1/25～1/15。双层索系宜采用轻型屋面。

（3）预应力鞍形索网

鞍形索网是由曲率相反的两组钢索相互正交组成的负高斯曲率的曲面悬索结构，索网周边悬挂在边缘构件上（图 3-71）。下凹的承重索在下，上凸的稳定索在上，两组索在交

图 3-71　预应力鞍形索网

点处相连接。对于索网屋盖，承重索的垂跨比宜取 $1/20\sim1/10$，稳定索的拱度宜取跨度的 $1/30\sim1/15$。

　　对其中任意一组或两组索进行张拉，赋予一定的预拉力，使其具有很好的形状稳定性和刚度。鞍形索网与双层索系（索桁架）的区别在于：双层索系属于平面结构，鞍形索网为空间结构体系。索网曲面的几何形状与建筑物平面形状、支承结构形式、预应力大小及外荷载作用等因素有关。当建筑物平面为矩形、菱形、圆形及椭圆形等规则形状时，鞍形索网有可能做成较简单的双曲抛物面。对于其他情况，曲面都较复杂，甚至不能用函数进行表达，设计者要根据外形要求和索力分布较均匀的原则，由"成形分析"来确定索网的几何形状。

　　曲面扁平的索网一般需施加很大的预应力才能达到必要的结构刚度和稳定性，很不经济，所以对鞍形索网也应要求一定的矢跨比，使曲面有必要的曲率。索网宜采用轻型屋面。

　　鞍形索网边缘构件形式多样，如圆形或椭圆形平面的双曲抛物面索网多采用闭合的空间曲梁。曲梁的轴线一般取索网曲面与圆柱面或椭圆柱面的相截线。在两向索拉力的作用下，空间曲梁为压弯构件。如图 3-71（b）所示的菱形平面双曲抛物面索网，其边缘构件为直梁。在索拉力作用下，和曲梁相比，直梁会产生较大的弯矩。图 3-71（c）采用了柔性边缘构件一边界索，索网连于边界索上，边界索再将拉力传至地锚或其他结构。图 3-71（d）的边缘构件为两落地交叉拱，一个方向拱推力的水平分力由两拱脚间拉杆平衡。

图 3-72　预应力横向加劲单层索系

（4）预应力横向加劲单层索系

　　在平行布置的单层悬索上敷设与索方向垂直的实腹梁或桁架等劲性构件，通过下压这些横向构件的两端并加以固定，在索与横向构件组成的体系中建立起预应力，形成横向加劲单层索系屋盖结构（图 3-72），也称索梁（桁）体系。索的垂跨比宜取 $1/20\sim1/10$，横向加劲构件（梁或桁架）的高度宜取跨度的 $1/25\sim1/15$。横向加劲索系宜采用轻型屋面。

（5）预应力索拱及张弦结构

　　在鞍形索网中，以实腹式或格构式劲性构件代替上凸的稳定索，张拉承重索或下压拱的两端，使索与拱互相压紧，形成预应力索拱体系（图 3-73）。

　　与柔性悬索结构相比，索拱体系刚度、形状稳定性较好。由于刚性拱的存在，体系不需施加很大的预应力。与单一拱结构相比，拱与张紧的索相连，不易发生整体失稳。在预应力阶段，拱受索向上的作用而受拉。在荷载阶段，索拱共同工作，拱所受压力的一部分可与预应力阶段的拉力相抵消。

　　张弦梁结构由下弦索、上弦梁和竖腹杆构成（图 3-74）。通过拉索的预拉力使竖腹杆受压，上弦梁产生与外荷载作用相反的内力和变形。

图 3-73　预应力索拱体系　　　　　　　图 3-74　张弦梁结构及布置方式

　　张弦结构可单向、双向和辐射式布置。单向布置的刚性构件和索位于同一平面内，结构为平面受力，为防止上弦刚性构件的出平面失稳和倾覆，需要设置横向水平支撑。双向布置可以避免单向布置存在的出平面稳定和倾覆问题，结构的整体性和刚度均有所提高。辐射式布置适用于圆形平面，杆件汇交在跨中设置的压环（上弦）和拉环（下弦）上。张弦结构的工作性能与刚性构件的矢跨比 f_1/L、张拉弦的垂跨比 f_2/L 及梁与弦的刚度比有关，对简支张弦梁 f_1/L 和 f_2/L 可取 1/25 和 1/15。索拱的垂跨比宜取 1/14～1/10。张弦网壳矢高不宜小于跨度的 1/10。张弦结构宜采用轻型屋面。

　　（6）预应力悬挂薄壳

　　为改善柔索体系的工作性能，在单层索系、双层索系和鞍形索网中采用预制钢筋混凝土屋面时，可做成预应力混凝土悬挂薄壳。

　　单层索系悬挂薄壳的施工方法为：①在钢索上安放预制屋面板并在板上施加临时荷载使索伸长，板缝增大；②用细石混凝土灌缝，待混凝土达到预定强度后，卸掉临时荷载，在屋面板内产生预压应力，整个屋面形成预应力混凝土薄壳。

　　对平行布置的单层索系组成的单曲屋面，尚须在与索垂直的方向施加预应力，以免局部荷载作用下，薄壳产生顺索方向的裂缝。

　　对负高斯曲率的鞍形曲面悬挂薄壳施工方法如下：①先将索网绷紧形成初始几何形状，按设计要求施加第一次预应力；②在索网上铺设预制钢筋混凝土屋面板并加临时荷载，使沿稳定索方向的板缝Ⅰ增大（图 3-75），用细石混凝土填满这些板缝；③板缝混凝土达到设计强度后，卸掉临时荷载，在承重索方向混凝土板间便建立起预应力；④最后用

图 3-75　悬挂混凝土薄壳

细石混凝土灌满沿承重索方向的板缝Ⅱ，混凝土达到设计强度后，形成整体预应力悬挂薄壳。

壳体一旦形成后，屋盖将主要作为薄壳受力。荷载作用下，壳体在稳定索方向受压，在承重索方向受拉。只要承重索方向薄壳内的预压应力足够大，受拉方向就不致开裂。

对鞍形索网悬挂薄壳施加预应力也可不用加临时荷载方法，而直接通过张拉沿承重索方向板缝Ⅱ中敷设的预应力钢筋或钢索建立起沿承重索方向混凝土板间的预应力。

悬挂混凝土薄壳的厚度（包括板、肋的折算厚度）一般为 30～60mm。悬挂薄壳结构的优点是索和混凝土板共同工作，集承重与围护功能于一体，结构的刚度、形状稳定性较柔索结构大为提高。

（7）张拉集成（索穹顶）结构

张拉集成结构是由分散的压杆与连续的索网构成的自平衡体系，通过施加预应力使体系成形，它的刚度与体系内部的预应力大小有关。张拉集成结构可以设计成由尽可能多的受拉索构成，以便最大限度地利用材料性能。索穹顶的高度与跨度之比不宜小于 1/8，斜索与水平面的角度宜大于 15°。索穹顶的屋面宜采用膜材。图 3-76 为张拉集成结构的典型代表，美国亚特兰大奥运会主体育馆采用的索穹顶结构，平面为 240m×193m。

图 3-76　索穹顶结构

（8）索膜结构

膜结构具有自重轻、建造周期短、造型新颖等特点。索膜结构是由索与膜结合，利用拉索对膜面施加足够预拉力将膜材料绷紧形成具有一定形状和刚度的结构（图 3-77）。钢索被用来加强薄膜并作为薄膜的边缘构件。膜材兼具围护和承重两种功能。膜材由高强度纤维柔性织物和涂层复合而成，具有较高的抗拉强度和弹性模量，良好的耐久性能。涂层织物膜材厚度一般为 0.5～1.0mm，自重为 0.5～2.0kg/m²。

膜结构可分为四类：整体张拉式膜结构、索系支承式膜结构、骨架支承式膜结构、空气支承式膜结构。

整体张拉式膜结构是利用桅杆或拱等刚性构件提供支承点，将钢索和膜悬挂起来，通过张拉索对膜面施加预张力，膜材兼具承重与围护功能（图 3-77）。

索系支承式膜结构由空间索系作为承重结构，在索系上布置按设计要求张紧的膜材，膜材主要起围护作用，索系支承膜结构的典型代表是索穹顶结构。

骨架支承式膜结构以刚性构件为承重骨架，在骨架上布置按设计要求张紧的膜材，膜材主要起覆盖作用（图 3-78）。

空气支承式膜结构具有密闭的充气空间，并设置维持内压的充气装置，靠内部气压维

图 3-77 整体张拉式膜结构

持膜材张力，形成设计要求的曲面，如用于干煤棚结构。

（9）悬挂式与斜拉式混合结构

悬挂式混合结构采用一系列竖向吊杆将刚性的屋面构件连于其上方的悬索，刚性屋盖上的部分荷载由吊杆传给上方的悬索。被悬挂的刚性构件可以是梁、桁架、网架、网壳等。

斜拉式混合结构是由塔柱顶部悬挂的斜拉索与刚性屋盖构件相连（图 3-81），斜拉索为刚性屋盖提供弹性支承。斜拉结构宜采用轻型屋面。

图 3-78 骨架支承膜结构　　　　　　图 3-79 空气支承膜结构

悬挂与斜拉体系一般要施加一定的预应力，使索在使用期间保持张紧，保证索与刚性构件共同工作及防止在风吸力作用下柔索松弛。

图 3-80 悬挂式结构　　　　　　　　图 3-81 斜拉式结构

3.7.2 索结构计算要点

索结构设计应满足行业标准《索结构技术规程》JGJ 257 的要求。

3.7.2.1 索结构的一般设计原则

对索结构应分别进行初始预应力及荷载作用下的计算分析，计算中均应考虑几何非线性影响。索结构的荷载状态分析应在初始预应力状态的基础上考虑永久荷载与活荷载、雪荷载、风荷载、地震作用、温度作用的组合，并应根据具体情况考虑施工安装荷载。拉索截面及节点设计应采用荷载的基本组合，位移计算应采用荷载的标准组合。

永久荷载——除结构自重、屋面材料、悬吊材料、设备管道外还应考虑预应力，悬索结构中的预应力应作为永久荷载的一种，当预应力作用对结构不利时，荷载分项系数取1.2，当预应力作用对结构有利时，荷载分项系数取1.0。

可变荷载——屋面活载、雪载、风载、积灰荷载和吊车荷载。对柔性体系，风载往往是最敏感的荷载，需要准确地确定风载体型系数和风振系数。对膜结构还要考虑膜面变形和振动对风压力的影响。对轻屋面结构，尚应考虑屋盖受风吸力的工况。

索结构的风荷载可用下式表示：

$$w_k = \mu_r \mu_s \mu_z A w_0 + \mu_s A w_p \tag{3-34}$$

式中　　w_k——风荷载标准值（kN/m²）；

　　　　μ_r——重现期调整系数，对于风敏感性结构基本风压提高10%，相当重现期为100年，$\mu_r = 1.1$；

　　　　A——受荷面积；

　　　　w_0——基本风压，按《荷载规范》取值；

　　　　μ_s——风载体型系数，屋盖几何形状较复杂时风载体型系数宜通过风洞试验确定；

　　　　μ_z——风压高度系数，按《荷载规范》取值；

　　　　w_p——随时间变化的随机脉动风压。

式（3-34）中第一项为静力荷载，第二项为随机脉动荷载，它对索结构的作用用随机振动理论求解。

悬索屋盖曲面形状多变，雪荷载分布较复杂，屋盖覆盖面积很大时，屋面积雪会有聚堆现象。当大跨悬索屋盖几何形状较复杂时，屋面积雪分布系数应根据所在地区情况慎重确定，并考虑雪载不均匀分布的影响。屋面雪载和活载不同时组合，取二者的大值。

对建造在地震区的索结构应进行抗震验算。对设防烈度7度及以上地区的索结构应进行多遇地震作用效应分析。对于设防烈度7度或8度地区、体型较规则的中小跨度索结构，可采用振形分解反应谱法进行地震效应分析，索结构的动力性能与多高层结构有明显不同，其自振频率分布密集、各振型耦合作用明显，往往数十个振形都可能对地震响应有贡献，采用反应谱法进行索结构地震分析时，通常需选取较多振形参与组合，才能得到较为稳定的结果。

对跨度较大的索结构应考虑结构几何非线性，采用时程分析法进行单维地震反应分析，并宜进行多维地震反应时程分析。索结构在竖向地震作用下会产生较大的振动，抗震分析时，除考虑水平地震作用外，还应考虑竖向地震作用。

索结构地震效应分析时，宜采用包括支承结构在内的整体模型进行计算；也可将支承结构简化为索结构的弹性支座，按弹性支承模型进行计算。对计算模型中仅含索元的结构阻尼比宜取0.01，对由索元与其他构件单元组成的结构阻尼比可相应调整。

索系中的预应力可使索系结构取得必要刚度和形状稳定性。施加预应力的大小与结构形式、索系的垂跨比、恒载与活载的比值、变形要求等因素有关，应以悬索体系中的任一根钢索在可能的荷载工况下都不能发生松弛，且保持一定的张力储备为原则确定初始预应力的数值。在使用阶段，边缘构件大都以承受轴力为主，为避免不均匀施加预应力使边缘构件产生过大的弯矩和变形，应慎重确定预应力的施加步骤。考虑到屋面恒载和预应力对边缘构件的作用常能部分地相互抵消，预应力的施加可与屋面恒载的施加交替进行。通常将全部预应力分为若干级，经计算拟定交替施加各级预应力和恒载的顺序。施加每级预应力时，还要仔细计算拟定各根钢索的张拉顺序。

索系结构的施工荷载虽是临时荷载，但可能相当大，需仔细计算。设计时要预先考虑施工的步骤，特别是张拉预应力和铺设屋面的步骤。实际施工时要严格按规定的步骤进行，以免使支承结构严重超载。

索结构的内力和位移可按弹性进行计算，对索结构可采用离散理论（有限元法）或连续理论（解析法或实用简化计算法）进行内力、位移计算。采用简化计算法应满足工程精度要求。

对索系结构，荷载组合的叠加原理不再适用。在进行结构设计时，不能采用荷载效应组合而必须采用荷载组合，增加了结构分析计算工作量。

3.7.2.2 强度和位移控制

索和膜是柔性构件，只能受拉不能受压。索膜设计包括两方面内容：强度校核，确保索膜在张力下不破坏；刚度校核，索膜不受压，确保索不松弛，膜不褶皱。

我国对各类建筑结构已统一采用概率极限状态设计法，对结构构件采用分项系数表述的设计表达式验算，为考虑索系结构中各构件计算的统一，对钢索强度的计算采用与其他设计规范相一致的设计表达式。

1. 拉索的抗拉力设计值应按下式计算：

$$F = \frac{F_{tk}}{\gamma_R} \tag{3-35}$$

式中　F——拉索的抗拉力设计值（kN）；

　　　F_{tk}——拉索的极限抗拉力标准值（kN）；

　　　γ_R——拉索的抗力分项系数，取 2.0；当为钢拉杆时取 1.7。

拉索的承载力应按下式计算：

$$\gamma_0 N_d \leqslant F \tag{3-36}$$

式中　N_d——考虑荷载分项系数后，恒载、预张力、活载、地震和温度作用等各种荷载组合工况下拉索承受的最大轴向拉力设计值（kN）；

　　　γ_0——结构重要性系数，对于地震作用组合应为承载力抗震调整系数 γ_{RE}。

2. 索的刚度由索拉力形成，可控制索内拉力不低于某一限值，即：

$$\frac{N_{min}}{A} \geqslant [\sigma_{min}] \tag{3-37}$$

式中　N_{min}——索的最小拉力设计值；

　　　$[\sigma_{min}]$——保持索具有必要刚度时索内的最小应力限值，一般最小不宜小于 $30N/mm^2$。

3. 膜的强度校核按下式进行：

$$\sigma_{max} \leqslant f \tag{3-38}$$

$$f = \zeta \frac{f_k}{\gamma_R} \tag{3-39}$$

式中　σ_{max}——膜的最大主应力设计值；

f——对应最大主应力方向的膜材强度设计值，按式（3-39）确定；

f_k——膜材强度标准值；

γ_R——膜材抗力分项系数，荷载基本组合不考虑风荷载时，$\gamma_R = 5.0$；考虑风荷载时，$\gamma_R = 2.5$；

ζ——强度折减系数，一般部位膜材 $\zeta = 1.0$，连接点处和边缘部位的膜材 $\zeta = 0.75$。

4. 膜的刚度校核按下式进行：

$$\sigma_{min} \geqslant \sigma_p \tag{3-40}$$

式中　σ_{min}——膜的最小主应力设计值；

σ_p——保持膜面具有必要刚度的最小应力限值，按下列规定采用：荷载基本组合不考虑风荷载时，可取初始预张力值的 25%；荷载基本组合中考虑风荷载时 $\sigma_p = 0$，但膜面松弛引起的褶皱面积不得大于膜面面积的 10%。

5. 索系屋盖变形控制。

在荷载标准组合下的承重索跨中竖向位移不应超过变形容许值，即

$$\Delta_k \leqslant [\Delta] \tag{3-41}$$

式中　Δ_k——结构在荷载标准组合下的变形；

$[\Delta]$——变形容许值，对单层悬索体系为跨度的 1/200（自初始几何态算起），对单层索系，考虑到一般均通过对混凝土屋面板灌缝施加预应力，上述规定的初始几何形态是指由屋面构件作用之后算起。对双层悬索体系、索网、横向加劲索系为跨度的 1/250（自预应力态算起）。对斜拉结构、张弦结构或索穹顶屋盖为跨度的 1/250（自预应力状态算起）。设计时要注意蠕变及索锚端滑动，温度升高及边缘构件徐变将会使索系挠度明显增大。

6. 膜结构变形控制。

《膜结构技术规程》CECS158 规定：对于整体张拉式和索系支承式膜结构，荷载标准组合中不含风载时，最大整体位移不应大于跨度的 1/250 或悬挑长度的 1/125；荷载标准组合中含风载时，最大整体位移不宜大于跨度的 1/200 或悬挑长度的 1/100；对于桅杆顶点，荷载标准组合含风载时，其侧向位移不宜大于桅杆长度的 1/250；结构中各膜单元内膜面的相对法向位移不应大于单元名义尺寸的 1/15。

3.7.3　索结构的节点位移法（非线性有限元法）

节点位移法（非线性有限元法）是悬索体系受力分析的一种较精确方法，分析中将索看成是由一系列相互连接的索段组成，索段之间以节点相连，节点之间的索段为基本单元，以节点位移为求解基本未知量。计算中假定：索是理想柔性的，不能受压，也不能抗

弯；索的材料符合虎克定律；荷载作用在节点上，各索段均呈直线。

索系结构是几何非线性结构，索系的节点位移平衡方程不能按变形前的初始位置来建立，必须考虑索系形状随荷载变化而产生的改变，按变形后新的几何位形来建立平衡条件（非线性平衡方程）。不同的初始状态上施加相同的荷载增量时引起的效应不同，求解索系问题时，其初始状态必须明确给定。

索结构计算时应考虑其与支承结构的相互影响，宜用包含支承结构的整体有限元模型进行分析。

3.7.4　悬索体系预应力状态的确定

悬索体系的初始预应力状态也需根据平衡条件计算确定。这一过程称为"初始形态分析"，初始形态分析是要确定在给定支承边界条件下满足要求的曲面形状和预张力状态这一组合。索结构的初始形态分析也可采用节点位移法（非线性有限元法），计算时将索系初始绷紧成型但尚未施加预应力的状态作为始态，将施加预应力以后的状态作为"终态"，通过求解节点的非线性平衡方程得到"终态"，此时各索段的内力就是按设计给定的预张力，是已知的。

初始形态分析的结果不仅为结构受荷分析提供了一个起始态，而且直接决定了结构的各项力学性能，初始形态分析在索结构分析中是十分重要的。

3.7.5　钢索的材料、锚固及连接构造

3.7.5.1　钢索材料

索结构用钢索一般为高强钢丝组成的平行钢丝束、钢绞线、钢丝绳等，也可采用圆钢、型钢、带钢等。

高强钢丝是由热处理的优质碳素结构钢盘条经多次连续冷拔而成，是组成平行钢丝束、钢绞线、钢丝绳的基本材料。索结构常用钢丝直径为 5 和 7mm。高强钢丝的硫、磷含量应限制在 0.025% 以下，铜含量不得超过 0.20%。目前国内生产的结构用高强钢丝品种主要有：普通松弛级钢丝（Ⅰ级）和低松弛级钢丝（Ⅱ级）等。高强钢丝力学性能指标见表 3-12。

高强度钢丝力学性能 《桥梁缆索用热镀锌钢丝》GB/T 17101—2008　　　　　表 3-12

公称直径（mm）	抗拉强度（MPa）	屈服强度（MPa）		伸长率（%）$L_0=250$mm	弯曲次数		松弛率		
		Ⅰ级松弛	Ⅱ级松弛		次数（180°）	弯曲半径（mm）	初应力/公称抗拉强度	1000h 应力损失	
								Ⅰ级松弛	Ⅱ级松弛
5.0	≥1570	≥1250	≥1330	≥4.0	≥4	15	70%	≤8%	≤2.5%
	≥1670	≥1330	≥1410						
7.0	≥1570		≥1330	≥4.0	≥5	20			
	≥1670		≥1410						

注：钢丝按公称面积确定其荷载值，公称面积应包括锌层厚度在内。

平行钢丝束通常由 7、19、37 或 61 根直径为 5 或 7mm 的高强钢丝组成，其截面如图 3-82（a）所示。平行钢丝束中的各根钢丝相互平行、受力均匀，弹性模量与单根钢丝相接近。目前国内还生产一种将若干根高强钢丝采用同心绞合方式一次扭绞成型的半平行钢丝束。半平行钢丝束采用直径 5mm 或 7mm 的高强度、低松弛、耐腐蚀钢丝，钢丝束外用高强缠包带缠包，并有热挤高密度聚乙烯（HDPE）护套，在高温、高腐蚀条件下护套为双层。

高强度低松弛钢绞线力学性能《高强度低松弛预

应力热镀锌钢绞线》YB/T 152—1999　　　　　　　　　　　　表 3-13

公称直径 (mm)	公称面积 (mm²)	强度级别 (MPa)	最大负荷 (kN)	屈服负荷 (kN)	伸长率 (%)	松弛	
						初荷载/公称负荷	1000h 应力损失
12.5	93	1770 1860	164 173	146 154			
12.9	100	1770 1860	177 186	158 166	≥3.5	70%	≤2.5%
15.2	139	1770 1860	246 259	220 230			
15.7	150	1770 1860	265 279	236 248			

(a)　　　　　　　　　　　　　　　　　1×7　　　　1×19
　　　　　　　　　　　　　　　　　　　　　　　(b)

图 3-82　平行钢丝束和钢绞线断面

钢绞线一般由多根高强钢丝绞合而成。国内使用较多的是 7 丝钢绞线，由 7 根高强钢丝绞合而成，一根在中心，其余 6 根在外层向同一方向缠绕，标记为 1×7。也有用 19 根钢丝绞合而成的钢绞线，由三层钢丝组成，标记为 1×19，如图 3-82（b）所示。进一步增加钢丝的层数，可制成 1×37、1×61 等截面。由于各钢丝受力不均匀，钢绞线的抗拉强度、弹性模量都低于单根钢丝。钢绞线的质量、性能应符合现行国家标准《预应力混凝土用钢绞线》GB/T 5224、《高强度低松弛预应力热镀锌钢绞线》YB/T 152、《镀锌钢绞线》YB/T 5004 的规定。

钢丝绳是由多股钢绞线围绕一绳芯捻成。结构用钢丝绳应采用无油镀锌钢芯钢丝绳，以一股钢绞线为核心，外层的钢绞线沿同一方向缠绕。由七股 1×7 的钢绞线捻成的钢丝绳标记符号为 7×7。常用的另一种型号为 7×19，即外层 6 股钢绞线，每股有 19 根钢丝。钢丝绳的强度和弹性模量又略低于钢绞线，其优点是比较柔软，适用于需要弯曲且曲率较大的构件。应用于建筑结构的钢索，通常并不需要弯成较大的曲率，所以较少选用钢丝绳。采用钢绞线或平行钢丝束，结构变形可比用钢丝绳小。需要较大截面时，可以采用钢绞线束。

3.7.5.2　钢索制作

为使组成钢索的各根钢丝或各股钢绞线受力均匀，制索下料时应保持尺寸准确。钢丝束、钢丝绳索体应根据设计要求对索体进行测长、标记和下料。应根据应力状态下的索长，进行应力状态标记下料，或经弹性模量换算进行无应力状态标记下料。钢丝束、钢绞线进行无应力状态下料时，可将调直后的钢丝或钢绞线在一定张拉应力下下料，以消除非弹性因素对长度的影响，拉应力可取 $200 \sim 300 \text{N/mm}^2$。同一工程中所有的索下料时，张力应保持一致。钢丝束、钢绞线下料时应考虑环境温度对索长的影响，采取相应的补偿措施。钢丝或钢绞线及热处理钢筋的切断应采用切割机或摩擦圆锯片，切忌用电弧切割或气割。焊接会显著降低高强钢丝的强度，高强钢丝不能焊接。

钢索编束时，不论钢丝束或钢绞线束宜采用栅孔板梳理，使每根钢丝或各股钢绞线保持相互平行，防止相互交搭、缠结。成束后，每隔1m左右用铁丝缠绕扎紧。

为消除索的非弹性变形，保证索在使用阶段的弹性工作，对非低松弛索体（钢丝绳、不锈钢钢绞线等）下料前应进行预张拉，预张拉力值宜取钢索抗拉强度标准值的55%，持荷时间不应少于1h，预张拉次数不应少于2次。

截面损伤、锈蚀会对钢索的强度产生较大的影响。应做好索的防护，做法如下：（1）涂黄油后裹布（重复2~3道）；（2）钢丝镀锌；（3）裹树脂防护套；（4）表面喷涂。钢索防护前应认真做好除污、除锈。

3.7.5.3　锚具

钢索要通过锚具传力给支承结构，可靠的锚具和锚固构造是索结构安全工作的关键。锚具及其组装件的极限承载力不应低于索体的最小破断力。已有锚具主要有四种形式：浇铸式、挤压式、夹片式、锥塞式。

浇铸式锚具有冷铸和热铸两种类型，冷铸式锚具由内壁呈锥台形的锚杯、螺母、锚板等部件组成。锚杯长度取索径的5~6倍，杯腔大口直径约为索径的2~3倍。钢索穿入锚杯腔内后将端头钢丝分散，除去油污后灌注冷铸料。冷铸料一般用加有钢丸的环氧树脂。环氧树脂固化后，冷铸料、钢丝、锚板形成一个楔形体（图3-83）。钢索受拉时，每根钢索末尾的镦头带动锚板及冷铸料楔入锚杯腔内，形成锚固。为了和其他构件连接，锚杯或是带有叉形板或枢轴（图3-84），或是带有外螺纹并套以螺母（图3-83）。冷铸锚锚固可靠，抗疲劳性能好，便于索力调整，锚具通常采用强度较高的锻件。热铸锚与冷铸锚的区别在于它是采用低熔点的合金进行浇铸，锚具可采用锻件和铸件。

图 3-83　带有外螺纹和螺母的冷铸锚

图 3-84　带有叉形板的冷铸锚

挤压式锚具一端和冷铸式类似，另一端为有圆柱形空穴的套筒。钢索进入空穴后在液压机上对套筒施压，使之紧握钢索，成为一体（图 3-85）。套筒的材料不能过硬，以便于实现挤压变形。挤压式锚具主要用于小直径钢绞线索体，承载力较低。

图 3-85　挤压式锚具
(a) 挤压端杆锚具；(b) 挤压式连接环

夹片式锚具分为夹锚（JM）、群锚（QM）和斜锚（XM）三种类型。夹锚由锚环和若干夹片组成，适用于锚固钢绞线索体。图 3-86 所示是 JM15-6 锚具，15 代表钢绞线直径，6 块带半孔的夹片形成一个夹住 6 根钢绞线的锥形塞，受拉时越拉越紧。锚环和夹片由 45 号钢制作，并经热处理达到所需要的硬度。承受低应力或动荷载的夹片锚具应有防松装置。

图 3-86　JM 夹片式锚具

群锚和夹锚的区别是锚环上有多个较小的圆锥形孔，而不是一个大圆锥形孔（图 3-87）。每个小圆锥孔单独锚固一根钢绞线，锚固方式和 JM 类似。XM 锚具和 QM 基本相同，只是锥孔轴线不平行于锚环轴线，而是倾斜的。

锥塞式锚具的锚环也开有圆锥孔，索端的钢丝分散贴于孔壁，然后打入锥形锚塞加以固定（图 3-88a）。这种型式最多可以锚固 18 根 $\phi5$ 钢丝。钢丝根数多时可以分成几股，各股单独用锥塞锚固，或者如图 3-88 (b) 所示，将钢丝分布在两个同心圆上，用一个实心锥和一个环形锥来锚固。

上述四种类型的锚具根据张拉方式不同分为两种体系，即拉丝体系和拉锚体系。拉丝体系包括夹片式和锥塞式锚具，在张拉钢丝或钢绞线的同时对夹片或锥塞施加压力，需要

图 3-87　QM、XM 夹片式锚具

（a）QM；（b）XM；（c）锚板

图 3-88　锥塞式锚具

（a）锥销锚；（b）环销锚

选用和锚具型号相匹配的双作用千斤顶。如和 JM 型配套的是 YC 型穿心式千斤顶。浇铸式和挤压式锚具属于拉锚体系，安装时对整束钢索进行张拉，采用插入钢垫板或旋紧螺母的方式加以锚定。拉丝体系的锚具需要在支承构件上预留的穿索孔道一般较小，对支承构件的截面削弱不大，但要依靠楔紧和摩擦力来锚固钢丝或钢绞线，故不宜多次重复张拉，不便于调整索力。拉锚体系与之相反，穿索时需连同锚具一起穿入，要求在支承构件上预留的孔道较大，但调整索力很方便。组成索束的钢丝或钢绞线在张拉和受荷阶段受力也比较均匀。

3.7.5.4　锚固节点构造

索结构节点承载力设计值不应小于拉索内力设计值的 1.25～1.5 倍。图 3-89 给出钢

图 3-89　钢索在柱顶上的锚固

（a）钢索与钢柱端的锚固；（b）钢索与混凝土柱端的锚固

索在柱顶上的锚固节点，其中图 3-89（a）为钢柱，图 3-89（b）为钢筋混凝土柱。前者构造比较简单，只在冷铸式锚具下设球面座垫以适应索变形的需要。后者的冷铸式锚具则带有螺杆，用螺母锚固，也有球面垫板，孔道内径大于螺栓直径。从这两个图可见，锚具的构造可以根据需要灵活处理，并不拘泥于图 3-89 所示的两种做法。图 3-90 和图 3-91 分别为钢索在钢筋混凝土边梁和钢中心环上的锚固，二者的构造相似。

图 3-90　钢索与钢筋混凝土边梁的锚固

图 3-91　钢索与钢中心环的连接构造
（a）钢销连接；（b）螺栓端杆连接

3.7.5.5　钢索的中间节点

钢索的中间节点包括：双向拉索的连接、拉索与边索的连接、径向索与环索的连接、双层索的上下索和联系杆之间的连接，索和加劲构件的连接及和屋面系统的连接等。这些连接大多依靠紧夹于索的连接件来实现。索体在夹具中不应滑移，夹具与索体之间的摩擦力应大于夹具两侧的索力之差，并应采取措施保证索体防护层不被挤压损坏。

图 3-92 的正交索相互连接采用 U 形夹或钢夹板，拧紧螺母后，即可使两个方向的索连牢。在同一平面内不同方向多根拉索之间可采用连接板连接（图3-93），构造上应使拉索

图 3-92 正交索连接

轴线汇交于一点。图 3-94 所示为径向索与环向索连接。横向加劲索系的拉索与横向加劲构件的连接在构造上应满足加劲构件下弦与索之间可产生转角但不产生相对线位移的要求（图 3-95）。

图 3-93 同一平面多根拉索
节点板连接
1—节点板；2—拉索

图 3-94 径向索与环向索连接
1—铸钢夹具；2—索夹板；3—环索；
4—边索；5—径向索

图 3-96（a）、（b）分别利用钢夹板或 U 形夹将钢索连于一个 T 形连接件，并通过此连接件的腹板和上下索之间的连系杆相连接。图 3-96（a）中的钢板夹还可改为图 3-96（b）的形式，其夹具刚度大，夹紧压力也比较大。索网与边索可采用图 3-97（a）的连接方式。图 3-98 和图 3-99 分别给出钢索和 C 形檩条的连接及和压型钢板屋面的连接，二者也都用了 U 形螺栓。

图 3-95　横向加劲索系的拉索与桁架下弦连接

1—圆钢管；2—桁架下弦；3—U 形夹具；4—圆钢；5—拉索

图 3-96　双层悬索屋盖中索与连系杆的连接

(a) 索与连系杆的连接构造一；(b) 索与连系杆的连接构造二

图 3-97　索网与边索的连接

图 3-98　钢索和钢檩条的连接

斜拉结构的拉索应设置调节器,拉索与立柱可用耳板连接。张弦梁的索杆节点构造应满足索与撑杆之间可产生转角的要求。

膜材与边索的连接可采用图 3-100 所示构造。膜材与脊索的连接可采用图 3-101 所示构造。膜材与谷索的连接可采用图 3-102 所示构造。骨架支承式膜结构膜材间的接缝可设在支承骨架上,用夹具固定(图 3-103)。

图 3-99　钢索和压型钢板的连接

图 3-101　膜材与脊索连接

图 3-102　膜材与谷索连接

图 3-103　膜材与支承骨架连接

思　考　题

3.1　平板网架结构的性能及应用有何特点?

3.2　平板网架结构几何不变的条件是什么?

3.3　双层网架常用形式有哪些? 各类网格形式有何特点。

3.4　平板网架结构的支承方式有哪些? 其对网架内力有何影响?

3.5　网架屋面排水如何由构造实现?

3.6　网架结构与网壳结构有何异同点和优缺点?

3.7　影响网架高度和网格尺寸的主要因素有哪些?

3.8　确定球节点的直径的原则是什么（焊接空心球、螺栓球)?

3.9　螺栓球节点各组成零件的作用是什么?

3.10　网格结构支座节点主要有哪些类型? 分析各自特点及适用范围。

习　　题

3.1　某网架结构, 采用不加肋焊接空心球节点, 材料为 Q345 钢, 空心球外径为 220mm, 壁厚为 5mm, 球体上受力最大的钢管杆件外径 60mm, 受拉力设计荷载值为 110kN。

(1) 试计算焊接球是否安全?

（2）设计此杆件连接焊缝。

3.2　某焊接空心球网架结构，采用 Q235 钢，下表列出了部分网架杆件的参数，试验算这些杆件是否满足设计要求。

杆件种类	编号	截面规格	截面面积 A（cm^2）	回转半径 i（cm）	几何长度 （cm）	轴力 （kN）
下弦杆	1	$\phi51\times2$	3.08	1.73	300	79
腹杆	2	$\phi60\times2.5$	4.52	2.04	226.7	−60.7
上弦杆	3	$\phi76\times2.5$	5.77	2.60	212	−93.1

第4章 多层及高层房屋结构

多层和高层房屋建筑之间并没有严格的界线，不同的文献分别以 7 层、10 层或高度 24m 来划分。若从房屋建筑的荷载特点及其力学行为，尤其是对地震作用的反应来看，大致可以 12 层（高度约 40m）为界。现在的趋势是将 10 层及 10 层以上或房屋高度大于 28m 的住宅建筑以及房屋高度大于 24m 的其他民用建筑归类为高层民用建筑。尽管文献记载表明，早在三国时期就有黄鹤楼这样的不止一层的建（构）筑物，但是多层及高层钢结构建筑，尤其是超高层建筑的大量建造却是兴起于近现代。由于种种原因，新中国成立以来直至 20 世纪 80 年代以前，我国没有兴建高层钢结构房屋，多层钢结构也只见于厂房的一部分。改革开放以来，才在北京、上海、深圳等地兴起高层房屋的建造。由于钢结构住宅建筑具有重量轻、抗震性能好、施工周期短、工业化程度高、环保效果好等优点，符合国民经济可持续发展的要求，近来，一、二层钢结构别墅和多层钢结构住宅的开发和建造已经引起各方关注，甚至主张作为新的经济增长点而提到议事日程上来。

4.1 多、高层房屋结构的组成

4.1.1 多高层房屋结构的类别

多、高层房屋结构，尤其是多、高层房屋钢结构，侧向荷载效应的影响处于突出地位，这是多、高层房屋结构设计的焦点所在。其中关键因素是抗侧移刚度，包括静力刚度和动力刚度。依据抵抗侧向荷载作用的功效分类，多层房屋的常见结构类型可分为三类：纯框架体系、柱-支撑体系和框-支撑体系。在纯框架体系（图 4-1a）中，所有的梁柱连接都做成刚性节点，构造复杂，用钢量也较多。在柱-支撑体系（图 4-1b）中，所有的梁均铰接于柱侧（顶层梁亦可铰接于柱顶），且在部分跨间设置柱间支撑以构成几何不变体系，构造简单，安装方便。如果结构在横向采用纯框架体系，诸纵向梁以铰接于柱侧的方式将各横向框架连接，同时在部分横向框架间设置支撑，则这种混合结构体系称为框-支撑体系（图 4-1c）。用墙板或剪力墙代替支撑时，即为框-剪体系（图 4-1d）。高层房屋除可采用上述结构体系外，还可采用双重体系（即在梁与柱刚性连接的框架中加设斜撑）和框-筒体系，图 4-1（e）和图 4-1（f）就是高层房屋常用的两种框-筒体系，分别称为筒中筒体系和束筒体系。纯框架体系是最早用于高层建筑的结构类型，其柱距宜控制在 6～9m 范围内，次梁间距一般以 3～4m 为宜。纯框架结构的主要优点是平面布置较灵活，刚度分布均匀，延性较大，自振周期较长，对地震作用不敏感。但由于侧向刚度小，一般在不超过 20～30 层时比较经济。高 121m（29 层）的美国休斯敦印第安纳广场大厦就是典型的框架结构，其平面尺寸为 43.7m×43.7m 的正方形，柱距约 7.6m。

纯框架的侧移刚度不如支撑架和剪力墙结构，可以由最简单的单层单跨结构来领会。按照图 4-2 所给尺寸，柱脚刚接的框架、全部铰接的支撑架和钢板剪力墙的侧移刚度分别

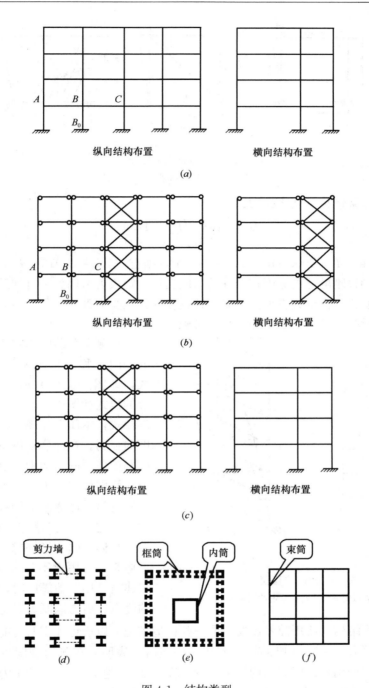

图 4-1 结构类型

(a) 纯框架体系；(b) 柱-撑体系；(c) 框-撑体系；(d) 框剪或
框筒体系；(e) 筒中筒体系；(f) 束筒体系

是（不计轴力效应）：

$$S_f = \frac{84EI_c}{5l^3} = \frac{16.8EI_c}{l^3}, S_b = \frac{\sqrt{2}EA_b}{4l} = \frac{0.354EA_b}{l} \text{ 和 } S_p = Gt$$

图 4-2　侧移刚度比较

(a) 纯框架；(b) 支撑架；(c) 剪力墙

框架和支撑架侧移刚度之比为：

$$\frac{S_f}{S_b} = \frac{168\sqrt{2}I_c}{5A_b l^2} = \frac{47.5I_c}{A_b l^2}$$

设 $l=600\text{cm}$，$I_c=20000\text{cm}^4$，$A_b=200\text{cm}^2$，则有 $S_f/S_b=0.013$，表明二者刚度相差悬殊。纯框架侧移刚度低的原因在于柱的弯曲变形。钢板剪力墙如果有加劲肋而不整体屈曲，则侧移刚度比支撑框架更大。如果是纯钢板并且在受力到一定程度后屈曲，则屈曲后有拉力带继续承受水平力，刚度仍然较为可观。

图 4-3　侧向位移模式

(a) 剪切变形模式；(b) 弯曲变形模式

在侧向荷载的作用下，多高层结构的侧向位移可呈现两种典型的位移模式，即图 4-3 (a) 所示的带有剪切变形的模式和图 4-3 (b) 所示的纯弯曲变形模式，本质上体现了结构水平侧移刚度的强弱。在纯框架体系之类的水平抗剪刚度薄弱的结构中，层间水平剪切变形在侧向位移中不可忽视，因此水平位移表现为整体弯曲加局部弯曲的变形模式。反之，柱-支撑体系的水平位移主要由整体弯曲变形构成。框剪结构为双重体系，可用于不超过 40～60 层的高层建筑。用于地震区时，具有双重设防的优点。剪力墙既可以是钢筋混凝土结构，亦可是钢板结构。使用前者需要采取一些构造措施，以避免地震时可能发生的应力集中破坏。后者可取 8～9mm 厚的钢板制成，一些研究表明，在侧向刚度相同时，这种钢板剪力墙的框剪结构比纯框架结构用钢量少。高 153m（地上 43 层）的上海锦江饭店分馆就采用了带支撑和钢板剪力墙的框剪结构，其平面尺寸为 32m×32m 的正方形，柱距为 8m。

如图 4-1 (e) 所示，不设支撑构件而将最外层框架柱加密（通常柱距不宜超过 3m），并用深梁将其相互刚性连接，使外层框架在侧向荷载的作用下，具有悬臂箱形梁的力学行为，这种由框架形成的筒体结构是另一个类型的框筒结构。在这种结构中，还可设置内筒，但后者及其他竖向构件主要承受竖向荷载，同时设置刚性楼面结构作为框筒的横隔，以增强筒的整体性。为了避免严重的剪力滞后造成内力分布不均匀，致使角柱的轴力过大（图4-4a），通常可采取两个措施，其一是控制框筒平面的长宽比不宜过大（研究还表明，框筒平面迎风面的宽度超过45m时筒体效果将显著降低），其二是加大框筒梁和柱的线刚度之比。框筒结构比较大的侧移刚度使其可适用的建筑高度超过90层。高411m（110层）的原美国纽约世贸中心大厦就是带有裙房的框筒结构，其平面尺寸为240根柱子组成的正方形，柱距1.02m；内筒由中央电梯井的47根柱子组成。阵风作用下实测到的屋顶最大横向位移仅为0.46m（不足计算值1.02m的50%），约为其高度的1/950，证明框筒结构具有良好的抗侧力性能。图4-1（e）所示有内筒的框筒结构，常称为筒中筒结构。而图4-1（f）所示的筒体结构称为束筒结构，顾名思义，这类结构是由各筒体之间共用筒壁的一束筒状结构组成，它是为了减缓框筒结构的剪力滞后效应而提出来的（图4-4b角柱轴力提高的幅度低于图4-4a）。束筒结构方案不仅可较灵活地组成平面形式，而且可将各筒体在不同的高度中止，以获得丰富的立面造型。筒体不仅可用上述密柱深梁的钢结构形成，原则上亦可采用钢筋混凝土筒体，不过，后者常作为内筒出现。除风荷载外，另一个重要的侧向荷载就是地震荷载，现行《建筑抗震设计规范》和《高层民用建筑钢结构技术规程》就是依地震设防烈度，对各类结构形式所适用的高度作出了规定，见表4-1。表中的房屋高度不包括局部突出屋顶部分，框架柱包括钢管混凝土柱。

图 4-4　剪力滞后对框筒轴力的影响
(a) 单筒；(b) 双筒

高层民用建筑钢结构类型及其适用的最大高度 (m)　　　　　表 4-1

结构类型	6度，7度 (0.10g)	7度 (0.15g)	8度 (0.20g)	8度 (0.30g)	9度 (0.40g)	非抗震设计
框架	110	90	90	70	50	110
框架-中心支撑	220	200	180	150	120	240
框架-偏心支撑 框架-屈曲约束支撑 框架-延性墙板	240	220	200	180	160	260
筒体 （框筒、筒中筒、桁架筒、束筒） 巨型框架	300	280	260	240	180	360

图 4-5   芯筒体系

需要指出，以上论述的是多高层房屋结构的最基本形式，由此可衍生出多种多样的形式。例如，在内筒（通常是钢筋混凝土结构）具有足够的抗侧力刚度时，可把图 4-1 (e) 中的外层框筒去掉，而将整个建筑物悬挂在内筒上，这种悬挂结构称芯筒体系（如图 4-5 所示，亦称悬挂结构）。这种结构不仅打破了密柱深梁对建筑设计的桎梏，而且可充分发挥钢结构抗拉强度高的优势和钢筋混凝土结构抗压性能好的长处，实现优势互补。这种结构通常以一些称为帽桁架和腰桁架的水平桁架来吊挂楼层梁的外缘。在柱-撑体系或框-撑体系中，当仅在一个开间设置支撑而侧向刚度不足时，帽桁架可以起加强的作用（图 4-6）。此时，边列柱也参与抵抗风荷载，从而使支撑架的弯矩和位移减小。和帽桁架相连的边柱应能承受拉力。高度很大的结构还可设置腰桁架。

图 4-6   帽桁架和腰桁架作用

另外一种代替密柱深梁的方法，是用加支撑的外围框架代替图 4-1 (e) 中的框筒结构，从而形成所谓支撑框筒结构或桁架筒体结构（如图 4-7 所示）。由于这种支撑系统覆盖了整个建筑物表面，有些文献称为巨型支撑体系，是较框筒结构更为优越的抗侧力体系。高 310m（70 层）的香港中国银行大楼即采用这种结构体系，不过其四根角柱是 H 型钢与混凝土的组合结构，据称该大楼与位于风荷载仅为香港一半的纽约的某面积和高度均相同的建筑物相比，结构耗钢量减少约 40%。

对于层高不大而需求较大无柱空间的多层房屋，交错桁架体系是另一种有效的结构形式。它由沿建筑物竖向交错布置的垂直桁架和预应力空心混凝土楼板构成（图 4-8），平面布置中无需设柱的面积可达 18m×21m，适用于公寓、旅馆、医院等建筑。考虑到直接承载楼板，桁架的水平弦杆通常为工字形或 H 形截面，腹杆则为方钢

图 4-7   支撑
框筒结构

管。一般将交错桁架横向布置，建筑物纵向则通过楼板、圈梁和必要的支撑构成几何不变体。交错设置的桁架不仅有效地为结构提供了水平刚度，而且能量吸收能力和延性变形能力好，有利于结构抗震。适当地进行结构布置可消除基础的抗拔要求。主要构件的大规模工厂化加工可显著地缩短现场施工周期（据称可达每五天一层的建造速度）。结构用钢材主要集中于桁架，将其以隔热要求隐蔽于墙中，易达到防火要求。为了满足建筑功能的要求，桁架的中央节间有时不设斜杆，形成局部空腹桁架。

图 4-8 交错桁架体系

非抗震设防的多层（≤12 层）钢结构房屋通常不设双重抗侧力体系，而是单纯采用框架结构或斜撑（或剪力墙）体系。采用框架体系时不一定把所有的梁都和柱刚性连接，只要侧向刚度够大，可以只取一部分柱参与抗侧力工作（图 4-9a）。采用斜撑体系时，也只是在少数柱之间加设斜撑（图 4-9b），此时梁和柱的连接都可做成铰支即柔性连接。只用少数柱参与抗侧力体系和多跨门式刚架中柱做成摇摆柱一样，体现材料集中使用原则并使构造简化。梁柱刚性连接构造复杂，制作和工地安装工作量大，应该尽量少用。上述抗侧力体系也可混合使用，如纵向用框架，横向用斜撑体系。布置抗侧力体系应注意对称性，尽量避免结构在水平荷载作用下出现扭转。

图 4-9 多层房屋的抗侧力结构

抗震设防的多高层钢结构可以采用偏心支撑体系。纯框架具有很好的延性和耗能能力，但侧向刚度较弱。轴线交汇的支撑体系侧向刚度很好。然而，如果支撑设计得在强烈地震作用下不至屈曲，则造成地震力过大，不够经济合理，而允许支撑屈曲，则屈曲后性能退化，影响它的耗能能力。采用偏心支撑框架结构，支撑一端做成偏心交汇（图 4-36），在梁端部或中部形成耗能梁段，则结构既在弹性阶段呈现较好的刚度，又在非弹性阶段具有很好的延性和耗能能力。设置偏心支撑的开间内，构件之间的相互连接均为刚接。《建筑抗震设计规范》规定，抗震等级（参见表 4-5）为三、四级且高度不大于 50m 的钢结构宜采用中心支撑，多高层建筑的顶层一般采用中心支撑；有条件时也可采用偏心支撑。除此之外，亦可采用表 4-1 中的钢板剪力墙或屈曲约束支撑作为抗侧力构件，其设计和计算细节参见《高层民用建筑钢结构技术规程》。

除了安排好抗侧力体系外，工程界近年来关心高层结构如何防止意外事故造成逐步坍塌（或不够恰当地称为连续倒塌）。当个别梁或柱遭到破坏而失效时，不应该引起周边构件逐个失效，以至整个结构坍塌。一些历史事件表明，许多高层和多层钢结构有能力承受意外的冲击荷载。二次世界大战期间英国被炸弹命中的多层框架建筑，爆炸使柱和梁受到的直接损伤比较轻，即使个别梁和柱损坏，整个框架结构仍然屹立如常。1993 年美国纽约世贸中心连接两座塔楼的低矮部分遭受炸药爆炸袭击后，一根柱子因四边三层楼板炸穿而自由长度达到 21m，相应的长细比为 190，按所承受力荷载计算的安全系数也小于 1.0，但仍完好无损。这些结构的优异表现应该归功于钢材的良好塑性及韧性和结构的多次超静定性质。在这种条件下，一根构件损坏后，原来承受的荷载可以通过内力重分布转移到其他构件上。因此，选用多次超静定结构并且具有多条传力路径是防止逐步倒塌的一项有力措施。举个简单的例子，图 4-1 （b） 的柱-撑体系中，如果底层柱 BB_0 破坏，梁 AB 和 BC 成为几何可变体，无法承受上面的柱传来的重力荷载，左侧两跨就会倒塌。相反，图 4-1（a） 的框架体系，在 BB_0 柱破坏后，梁 ABC 是一根整梁，可以承受正常条件下的重力荷载不致坍塌。防止逐步坍塌措施还有增强结构的整体性，把梁和柱做成刚性连接，以及找出体系的关键性构件，加大其截面等。所有这些措施都将提高工程造价，鉴于破坏性的事故发生的概率很低，这些措施应该只用于特别重要的结构。

4.1.2　结构布置提要

为了减少风压作用，多高层房屋应首选由光滑曲线构成的凸平面形式，以减小风载体型系数，例如圆形或椭圆形平面能比矩形平面显著降低风压的整体作用。同时要尽可能地采用中心对称或双轴对称的平面形式，以减小或避免在风荷载作用下的扭转振动，这种振动即便很轻微（如风振加速度为 $0.01g$ 时），也会使居者感到烦躁。避免以狭长形作平面形式，如上所述，这种形状在风荷载作用下会产生严重的剪切滞后现象。当框筒结构采用矩形平面形式时，应控制其平面长宽比小于 1.5，不能满足时，宜采用束筒结构。需抗震设防时，尤其要强调建筑形体的规则性，在平面布置中，应力求抗侧力结构体系规则、对称且具有良好的整体性。《高层民用建筑钢结构技术规程》列出的平面不规则主要类型见表4-2。

平面不规则的主要类型　　　　　　　　　　　　　　　　　表 4-2

不规则类型	定义和参考指标
扭转不规则	在规定的水平力及偶然偏心作用下，楼层两端弹性水平位移（或层间位移）的最大值与其平均值之比大于 1.2
偏心布置	任一层的偏心率（参见 JGJ 99 附录 A）大于 0.15 或相邻层质心相差大于相应边长的 15%
凹凸不规则	结构平面凹进的尺寸大于相应投影方向总尺寸的 30%
楼板局部不连续	楼板的尺寸和平面刚度急剧变化，例如，有效楼板宽度小于该层楼板典型宽度的 50%，或开洞面积大于该楼层面积的 30%，或有较大的楼层错层

就结构竖向布置而言，除宜使结构各层的抗侧力刚度中心与水平合力中心接近重合外，各层的刚度中心应接近在同一竖直线上。要强调建筑开间、进深的尽量统一。多高层房屋的横向刚度、风振加速度还和其高宽比有关。一般认为高宽比超过 8 时，结构效能不佳。《建筑结构抗震规范》GB 50011 规定：对于钢结构的高层建筑，其高宽比不宜大于表 4-3的限值。

高宽比的限值 表 4-3

设防烈度	6、7	8	9
最大高宽比	6.5	6.0	5.5

注：1. 计算高宽比的高度从室外地面算起；

2. 当塔形建筑底部有大底盘时，计算高宽比的高度从大底盘顶部算起。

现行《高层民用建筑钢结构技术规程》列出的竖向不规则主要类型见表4-4。建筑结构方案存在表 4-2 或表 4-4 中任一项时均应视为不规则建筑；当结构方案存在表中多项或某项不规则，且超过表中的参考指标较多时，则应视作特别不规则建筑。对于不规则建筑，通常应当采用更精细的力学模型（例如空间结构计算模型，弹塑性力学分析等）以考虑这些因素。而对于特别不规则建筑，则应当作专门的研究。对于框筒结构，在结构布置时还应注意：其高宽比不宜小于 4，以更好地发挥框筒的立体作用；内筒的边长不宜小于相应外框筒边长的 1/3；框筒柱距一般为 1.5～3.0m，且不宜大于层高；内外筒之间的进深一般控制在 10～16m 之间；内筒亦为框筒时，其柱距宜与外框筒柱距相同，且在每层楼盖处都设置钢梁将相应内外柱相连接；角柱要有足够的截面积，一般可控制其截面积为非角柱的 1.5～2.0 倍；外框筒为矩形平面时，宜将其作成切角矩形，以削减角柱应力；为提高内外筒的整体性能以及缓解剪力滞后，可设置帽桁架和腰桁架（图4-5），腰桁架一般布置于设备层。帽桁架和腰桁架一般是由相互正交的两组桁架构成，等距满布于建筑物的横（纵）向，并贯通建筑物的纵（横）向。

竖向不规则的主要类型 表 4-4

不规则类型	定义和参考指标
侧向刚度不规则	该层的侧向刚度小于相邻上一层的 70%，或小于其上相邻三个楼层侧向刚度平均值的 80%；除顶层或出屋面小建筑外，局部收进的水平向尺寸大于相邻下一层的 25%
竖向抗侧力构件不连续	竖向抗侧力构件（柱、支撑、剪力墙）的内力由水平转换构件（梁、桁架等）向下传递
楼层承载力突变	抗侧力结构的层间受剪承载力小于相邻上一层楼的 80%

大量建筑震害，尤其是 1985 年墨西哥大地震的震害表明，防震缝设置不当而导致高层建筑在地震时相互碰撞的破坏后果是严重的，高层建筑在发生地震时具有很大的侧向位移，因此一般不宜设置防震缝。由于某种原因（如严重不规则布置、质量分布悬殊抑或无条件作精细的力学分析等），在适当部位设置防震缝时，宜形成多个较规则的抗侧力单元。防震缝应留有足够的宽度，其上部结构应完全分开，宽度不应小于钢筋混凝土框架结构缝宽的 1.5 倍。就高层钢结构建筑而言，一般也无须设置温度缝，因为这类建筑的平面尺寸通常不会超过 90m 的温度缝设置区段规定。高层建筑有时设置裙房，裙房的宽度与主楼的宽度相差不多时（参见图4-10,可以 $b/B \leqslant 0.15$ 控制之），主楼与裙房之间可不设变形缝；地基条件有利时，裙房面积较大亦可不设变形缝；但是均宜在施工中设后浇带，且作非均匀沉降分析。

图 4-10 设有裙楼的结构

为了更恰当地处理大量的标准设防类（曾称丙类）建筑的抗震设防问题，区分不同的建筑物高度及抗震设防烈度，《建筑抗震设计规范》GB 50011 将钢结构房屋中属于丙类抗震设防类别的建筑物划分为四个抗震等级，详见表4-5。

钢结构房屋抗震等级　　　　　　　　　　　表 4-5

房屋高度	抗震设防烈度			
	6	7	8	9
≤50m		四	三	二
>50m	四	三	二	一

高层建筑基础埋置较深（采用天然地基时不宜小于房屋总高度的 1/15；采用桩基时则不宜小于房屋总高度的 1/20），敷设地下室不仅起到补偿基础的作用，而且有利于增大结构抗侧倾的能力，因此高度超过 50m 的高层钢结构宜设地下室。地下室通常取钢筋混凝土剪力墙或框剪结构形式。在地下室与上层钢结构之间可设置钢骨（型钢）混凝土的过渡层，以平缓过渡抗推刚度。过渡层一般为 2～3 层，可部分位于地下。采用框架-支撑体系时，竖向连续布置的支撑桁架，在地下部分应该用钢筋混凝土剪力墙并一直延伸到基础。采用框筒体系时，外框筒亦宜在地下部分用钢筋混凝土剪力墙，并一直延伸到基础；内框筒在地下部分最好也改为钢骨（型钢）混凝土框筒或钢筋混凝土筒，并一直延伸到基础。

柱网布置和建筑物的平面图形、功能要求和结构体系都有密切关系。多、高层房屋的柱网布置有三种常见类型：方形柱网、矩形柱网和周边密集柱网。在两个互相垂直的主轴方向采用相同的柱距构造而成的柱网称为方形柱网，图 4-11（a）所示 4.1.1 节述及的美国休斯敦印第安纳广场大厦即为典型的方形柱网布置，它的主体部分为 7625mm×7625mm 的方形柱网。更常见的是依据建筑设计的功能要求，在两个互相垂直的主轴方向采用不同的柱距构造柱网，进而设置主次梁体系，图 4-11（b）所示的日本东京的东邦人寿保险总社大厦（地下 3 层，地上 32 层，高 131m）即为典型的矩形柱网布置。前已述及，采用框筒体系时，常要在外侧柱列中采用小柱距，如此布置即为周边密集柱网，图 4-11（c）所示为荷兰鹿特丹的 Roai 大厦（88 层，高 300m）的结构布置，芯筒为钢筋混凝土结构，外筒则由间距 2.6m 的框架柱构成的框筒结构，是为典型的周边密集柱网布置。

图 4-11　柱网布置

4.2　楼盖的布置方案和设计

4.2.1　楼盖布置原则和方案

在多、高层建筑中，楼盖结构除了直接承受竖向荷载的作用并将其传递给竖向构件外，还要充当多种角色，其中横隔作用十分重要。楼盖结构的工程量在多、高层建筑中占颇大比重。因此楼盖的布置方案和设计不仅影响到整个结构的性能，还可能影响到施工进程，最终影响到建筑的经济效益。

楼盖结构的方案选择除了要遵循满足建筑设计要求、较小自重以及便于施工等一般性的原则外，还要有足够的整体刚度。多、高层建筑的楼盖结构包括楼板和梁系，楼板和梁系的连接不仅仅起固定作用，还要可靠地传递水平剪力。用于多、高层建筑的楼板类型有：现浇钢筋混凝土楼板，装配整体式钢筋混凝土楼板以及压型钢板组合楼板等。一些研究指出，由预制板和现浇层混凝土构成的混凝土叠合板作为楼板具有显著的经济效应。目前较常用者为压型钢板组合楼板，这种楼板是直接在铺设于钢梁上翼缘的压型钢板上浇注钢筋混凝土板构成的。6、7度设防且房屋高度不超过 50m 的高层民用建筑钢结构，可采用装配整体式钢筋混凝土楼板，亦可采用装配式楼板或其他轻型楼盖。但其均应与钢梁可靠连接，且宜在板上浇注刚性面层，以确保楼盖的整体性。预制楼板通过其底面四角的预埋件与钢梁焊接，焊脚高度不应小于 6mm，焊缝长度不应小于 80mm，板缝的灌缝构造宜一律按抗震设防要求进行。必要时可在板缝间的梁上设抗剪连接件（如栓钉等）。刚性面层是整浇形式，厚度不小于 50mm，混凝土强度不低于 C20，层内钢筋网格不小于 $\phi6@$200。刚性面层面积较大时，应采用设后浇带等措施来减小温度应力的影响。卫生间及开洞较多处可采用现浇钢筋混凝土楼板。

梁系由主梁和次梁组成。结构体系包含框架时，一般以框架梁为主梁，次梁以主梁为支承，间距小于主梁。主梁通常等跨等间距设置，图 4-12 是一些典型的结构平面布置，其中图 4-12（a）是横向框架加纵向剪力墙布置方案，用于矩形平面；图 4-12（b）系纵横双向纯框架结构布置方案，可用于正方形平面的多层房屋结构。常见的次梁布置有：等跨等间距次梁，等跨不等间距次梁（中间设走廊或不等跨框架情形）。梁系布置还要考虑如下一些因素：①钢梁的间距要与上覆楼板类型相协调，尽量取在楼板的经济跨度内。对于压型钢板组合楼板，其适用跨度范围为 1.5～4.0m，而经济跨度范围为 2～3m。②钢梁将竖向抗侧力构件连成整体，形成空间体系。为充分发挥整体空间作用，主梁应与竖向抗

（a）　　　　　　　　　　　　　（b）

图 4-12　框架和次梁布置方案

（a）横向框架布置方案；（b）双向框架布置方案

图 4-13　斜向主梁

侧力构件直接相连。③就竖向构件而言，其纵横两个方向均应有梁与之相连，以保证两个方向的长细比不致相差悬殊。④抗倾覆要求竖向构件，尤其是外层竖向构件应具有较大的竖向压力，来抵消倾覆力矩产生的拉力。梁系布置应能使尽量多的楼面重力荷载份额传递到这些构件。例如在框筒体系中，角柱往往产生高额轴向拉力，可通过斜向布置主梁（见图 4-13）达到向角柱传递较大的竖向荷载的目的。

为减小楼盖结构的高度，主次梁通常不采取叠接方式，一般做法是：保持主次梁上翼缘齐平而用高强度螺栓将次梁连接于主梁的腹板。直径较小的敷设管线可预埋于楼板内，直径较大时可在梁腹板上开孔穿越，但孔洞应尽量远离剪力较大区段。对于圆孔，其孔洞尺寸和位置宜按照图 4-14 所示的构造要求设计，矩形孔的构造要求参见《高层民用建筑钢结构技术规程》JGJ 99—2015。

图 4-14　腹板开圆孔的构造要求

主梁和次梁的连接方案曾在本书上册 7.10 节论述，楼盖梁一般宜采用简支连接，即仅将次梁的腹板与主梁的加劲肋或连接角钢用高强度螺栓连接（图 4-15a），其传递荷载为次梁的梁端剪力，并考虑连接的偏心引起的附加弯矩，可不考虑主梁扭转。必要时也可采用刚性连接形成连续次梁（图 4-15b）。

本书上册 3.2.1 节提到的蜂窝梁，由于自重轻、抗弯刚度大和孔洞便于敷设管道和电缆等优点，在跨度较大、剪力较小时不失为楼盖梁的一种适宜形式。图 4-16 是用 H 型钢制作蜂窝梁的示意图。将 H 型钢沿腹板上的剖分线（图 4-16a）切割为 AB 和 DC 上下两段，之后把下部的 DC 段作水平翻转，再将所得 CD 段和上部的 AB 段沿图 4-16（b）焊缝焊接，同时在两段之间补焊图 4-16（b）阴影部分表示的一块腹板，最终将原截面高度为 h_1 的 H 型钢制作为高度为 h_2 的蜂窝梁。显然，比值 $h_2/h_1 > 1$，其值在 1.3～1.6 之间。一般而言，h_2/h_1 越大，蜂窝梁的抗剪性能越低。蜂窝梁截面惯性矩和截面模量的提高大致与比值 h_2/h_1 呈如下关系：

$$I_2/I_1 \approx (h_2/h_1)^2 \qquad W_2/W_1 \approx h_2/h_1$$

式中 I_1 和 I_2 分别是 H 型钢和蜂窝梁关于强轴的截面惯性矩；W_1 和 W_2 分别是 H 型钢和蜂窝梁关于强轴的截面模量。腹板开孔对梁的应力场干扰甚大，导致复杂的应力集中现象。蜂窝梁的设计可采用如下实用计算方法：

图 4-15　主次梁连接

（a）简支连接；（b）刚性连接

（a）抗弯强度校核

$$\frac{1.1M_{\max}}{\gamma_x W_\alpha} \leqslant f \quad （未削弱截面）\tag{4-1}$$

$$\frac{M_\beta}{h_T A_T} + \frac{V_\beta a}{4\gamma_{x2} W_{T\min}} \leqslant f \quad （削弱最大截面）\tag{4-2}$$

式中　$M_{\max}$——梁的最大弯矩；

$\quad\quad W_\alpha$——梁未削弱截面（图 4-16 的截面 α-α）的截面模量；

$\quad M_\beta$，V_β——梁削弱最大截面（例如图 4-16 的截面 β-β）处弯矩和剪力的不利组合；

$\quad\quad h_T$——梁削弱最大截面处上下两 T 形截面形心之间的距离（参见图4-16b）；

$\quad\quad A_T$——梁削弱最大截面处单个 T 形截面的面积；

图 4-16　蜂窝梁

（a）完成剖分线的 H 型钢；（b）制作完成的蜂窝梁

W_{Tmin}——梁削弱最大截面处单个 T 形截面的最小截面模量；

a——蜂窝孔口的水平几何尺寸（参见图 4-16b）；

γ_x，γ_{x2}——塑性发展系数，分别取 1.05 和 1.2。

（b）抗剪强度校核

支座截面：

$$\frac{VS}{It_w} \leqslant f_v \text{（或 } f_v^w）$$ (4-3)

距支座最近的两孔洞间的水平焊缝：

$$\frac{V_1 l_1}{h_T t_w a} \leqslant f_v^w$$ (4-4)

式中　V——梁支座截面的剪力；

　　　I——梁支座截面关于中和轴的惯性矩；

　　　S——梁支座截面中和轴上（或下）部分截面关于中和轴的面积矩；

　　　t_w——梁腹板厚度；

　　　V_1——距支座最近的两孔洞中间截面的剪力；

　　　l_1——距支座最近的两孔洞中心间的距离（参见图 4-16b）。

（c）整体稳定校核

$$\frac{1.1M_{max}}{\varphi_b W_\alpha} \leqslant f$$ (4-5)

式中　φ_b——依据截面 $\alpha\alpha$ 计算的梁整体稳定系数。

（d）挠度校核

腹板开孔将对梁的刚度造成削弱。削弱程度大时，除应考虑弯曲刚度削弱对挠度的影响外，还必须考虑剪切刚度削弱的影响。削弱程度不大（$h_2/h_1 \leqslant 1.5$）时，可按下列简化公式计算：

$$\eta \frac{M_{kmax} l^2}{10EI} \leqslant [v]$$ (4-6)

式中　M_{kmax}——梁跨中最大弯矩标准值；

　　　I——依据截面 $\alpha\alpha$ 计算的惯性矩；

　　　l——梁跨度；

　　　η——考虑截面削弱的挠度放大系数，按表 4-6 选取；

　　　$[v]$——挠度允许值，见上册表 6-4。

挠度放大系数					表 4-6
高跨比（h_2/l）	1/40	1/32	1/27	1/23	1/20	1/18
η	1.1	1.15	1.2	1.25	1.35	1.4

4.2.2　压型钢板组合楼盖的设计

压型钢板组合楼盖不仅结构性能较好，施工方便，而且经济效益好，从 20 世纪 70 年代开始，在高层钢结构中得到广泛应用。组合楼板一般以板肋平行于主梁的方式布置于次梁上，如果不设次梁，则以板肋垂直于主梁的方式布置于主梁上（图 4-17）。搁置楼板的钢梁上翼缘通长设置抗剪连接件，以保证楼板和钢梁之间可靠地传递水平剪力，常见的抗剪连接件是栓钉（图 4-17）。抗剪连接件的承载力不仅与其本身的材质及型号有关，且和混凝土的等级品种等有关。单个栓钉连接件（参见图 4-24）的受剪承载力设计值为

图 4-17 压型钢板组合楼盖

(a) 板肋垂直于主梁；(b) 板肋平行于主梁

$$N_v^c = 0.43A_{st}\sqrt{E_c f_c} \leqslant 0.7A_{st}f_u \tag{4-7}$$

式中　A_{st}——栓钉钉杆截面面积；

　　　E_c——混凝土弹性模量；

　　　f_c——混凝土轴心抗压强度设计值；

　　　f_u——栓钉极限抗拉强度设计值，参见《电弧螺栓焊用柱头焊钉》GB/T 10433。

位于梁负弯矩区的栓钉，周围混凝土对其约束的程度不如受压区，按式（4-7）算得的栓钉受剪承载力设计值应予折减，折减系数取 0.9。

公式（4-7）是针对直接焊在梁翼缘上的栓钉得出的，当混凝土板和梁翼缘之间有压型钢板时，N_v^c 还需要折减。当压型钢板肋与钢梁平行时（图 4-18a），应乘以折减系数

$$\eta = 0.6b(h_s - h_p)/h_p^2 \leqslant 1.0$$

图 4-18 承载力设计值应折减的栓钉布置

(a) 肋平行于支承梁；(b) 肋垂直于支承梁；(c)、(d) 楼板剖面

当压型钢板肋与钢梁垂直时（图 4-18b），应乘以折减系数

$$\eta = \frac{0.85}{\sqrt{n_0}} \times \frac{b(h_s - h_p)}{h_p^2} \leqslant 1.0$$

式中　b——混凝土凸肋（压型钢板波槽）的平均宽度（图 4-18c），但当肋的上部宽度小于下部宽度时（图 4-18d），改取上部宽度；

　　　h_p——压型钢板高度（图 4-18c, d）；

　　　h_s——栓钉焊接后的高度（图 4-18b），但不应大于 $h_p + 75$mm；

　　　n_0——组合梁截面上一个肋板中配置的栓钉总数，当大于 3 时仍应取 3。

压型钢板与混凝土之间水平剪力的传递通常有四种形式，其一是依靠压型钢板的纵向波槽（图 4-19a），其二是依靠压型钢板上的压痕、小洞或冲成的不闭合的孔眼（图 4-19b），另外就是依靠压型钢板上焊接的横向钢筋（图 4-19c）以及设置于端部的锚固件（图4-19d）。其中端部锚固件要求在任何情形下都应当设置。压型钢板组合楼盖的设计包括组合楼板和组合梁的设计。

4.2.2.1 组合楼板的设计

压型钢板有开口型、缩口型和闭口型之分（参见图 4-20）。通常依据是否考虑压型钢板对组合楼板承载力的贡献，而将其分为组合板和非组合板。后者的计算原则上可参见第一章 1.4 节，不再赘述。组合楼板的设计不仅要考虑使用荷载，亦要考虑施工阶段荷载作用。

图 4-19 压型钢板与混凝土的连接

图 4-20 组合楼板凹槽类型
(a) 开口型；(b) 缩口型；(c) 闭口型

（1）施工阶段验算

应对作为浇注混凝土底模的压型钢板进行强度和变形验算，所承受的永久荷载包括压型钢板、钢筋和混凝土的自重，可变荷载包括施工荷载和附加荷载。可变荷载取值原则上应以工地实际荷载为依据，但施工荷载不应小于 $1.0kN/m^2$。当有过量冲击、混凝土堆放、管线和泵的荷载时，应增加附加荷载。施工阶段验算时，注意湿混凝土作为可变荷载，其分项系数为 1.4。验算采用弹性方法，结构重要性系数取 $\gamma_0 = 0.9$。力学模型为：在施工阶段荷载作用下绕图 4-21 中 $x-x$ 轴弯曲的单向板，压型钢板的截面力学特性计算参见第 1 章。除了承载力应符合 GB 50018 规范的要求外，通常控制挠度不应大于板支承跨度的 1/180。如果验算不满足要求，可加临时支护以减小板跨加以验算。

图 4-21 $x-x$ 轴

（2）使用阶段

对于非组合板，压型钢板仅作为模板使用，不考虑其承载作用，可按常规钢筋混凝土楼板设计。这时应在压型钢板波槽内设置钢筋，并进行相应计算。目前在高层钢结构中，大多是将压型钢板作为非组合板使用的，在这种情形，因无须为其作防火保护层，实践证明造价较经济。对于组合板应在永久荷载和使用阶段的可变荷载作用下验算其承载力和变形。变形验算的力学模型取为单向弯曲简支板。承载力验算的力学模型依压型钢板上混凝土的厚薄而分别取双向弯曲板或单向弯曲板：板厚不超过 100mm 时，正弯矩计算的力学模型为承受全部荷载的单向弯曲简支板，负弯矩计算的力学模型为承受全部荷载的单向弯曲固支板。板厚超过 100mm 时，依据有效边长比 λ_e，分两种情形处理，当 $0.5 \leqslant \lambda_e \leqslant 2.0$ 时，力学模型为正交异性双向弯曲板。当 $\lambda_e < 0.5$ 时，按强边（顺肋板）方向单向板进行计算；当 $\lambda_e > 2.0$ 时，按弱边（垂直于肋边）方向单向板进行计算。有效边长比计算公式为 $\lambda_e = \mu l_x / l_y$，其中 l_x 和 l_y 分别是组合板强边和弱边方向的跨度，组合板的异向性系数 $\mu = (I_x / I_y)^{1/4}$ 称为组合板的异向系数，I_x 和 I_y 分别是组合板顺肋方向和垂直肋方向的截面惯性矩，计算 I_y 时只考虑压型钢板顶面以上的混凝土计算厚度 h_c（参见图 4-22）。一般而言，强

图 4-22 组合板正截面计算简图

度验算包括：正截面受弯承载力、受冲剪承载力和斜截面受剪承载力。

在正弯矩 M 作用下，组合板截面应当满足一般钢筋混凝土受弯构件的正截面受弯承载力：

$$M \leqslant f_c bx(h_0 - x/2) \tag{4-8a}$$

$$f_c bx = A_a f_a + A_s f_y \tag{4-8b}$$

式中符号的意义示于图 4-22。上式的特点是：受拉部件包括钢筋和压型钢板，而非单纯钢筋。

混凝土受压区高度除了要满足通常混凝土结构的要求外，显然还应满足 $x \leqslant h_c$。组合板在负弯矩作用下的计算、斜截面受剪及局部荷载作用下的计算参见 JGJ 138 规范。

4.2.2.2 组合梁的设计

将钢筋混凝土板与钢梁进行可靠连接，使二者作为整体来承载，即形成组合梁。这是多、高层钢结构工程中经常运用的手法。组合梁可设置板托，如图 4-23 所示。板托可增

(a)

(b)

图 4-23 翼缘板的有效宽度

(a) 不设板托的组合梁；(b) 设板托的组合梁

1—混凝土翼板；2—板托；3—钢梁

加板在支座处的剪切承载力和刚度，但会增加构造的复杂性且施工不便，因此应当综合这些因素确定设置与否。一般宜优先采用不带板托的组合梁。组合梁中的钢梁采用单轴对称的工形截面，其上翼缘和混凝土板共同工作，宽度小于下翼缘。

混凝土板参与组合梁的工作，其宽度显然不能简单地以梁中间线为界。本质在于：板的宽厚比较大的情况下，由于剪切滞后效应，应力沿板宽度分布不均匀。为了简化计算，把应力视为均匀分布，需要采用板的有效宽度 b_e，其表达为：

$$b_e = b_0 + b_1 + b_2 \tag{4-9}$$

式中 b_0——钢梁上翼缘宽度（图 4-23a）；设置板托时为板托顶部的宽度（图 4-23b），当 α $<45°$时取 $\alpha=45°$计算；当混凝土板与钢梁不直接接触（如之间有压型钢板分割）时，取栓钉的间距，仅有一排栓钉时取 0；

b_1、b_2——梁两侧的翼缘板计算宽度；对于塑性中和轴位于混凝土板内的情形，可取梁等效跨径 l_e 的 1/6，且不应大于相邻钢梁上翼缘（或板托）间净距 S_0 的 1/2（图 4-23）；当然，对于边梁 b_1 还不应超过混凝土翼板实际外伸长度 S_1（图 4-23）；

l_e——等效跨径；对于简支组合梁取其跨度 l；对于连续组合梁，中间跨正弯矩区取 0.6l，边跨正弯矩区取 0.8l；支座负弯矩区取为相邻两跨跨度之和的 20%。

图 4-24 抗剪连接件
（a）圆柱头焊钉连接件；（b）槽钢连接件

为了保证钢筋混凝土板与钢梁形成整体，亦必须在二者之间设置可靠的连接件，这些连接件的力学功能是承受沿梁轴向的纵向剪切力，故称为抗剪连接件。组合梁的抗剪连接件宜采用圆柱头焊钉（图 4-24a），亦可采用槽钢（图 4-24b）或有可靠依据的其他类型连接件。连接件的尺寸和间距按 GB 50017 标准的规定确定。

（1）完全抗剪连接组合梁的正截面受弯承载力验算

当连接件有充分能力传递混凝土板和钢梁之间的剪力时，称为完全抗剪连接组合梁。对于这种组合梁，可按截面形成塑性铰作为承载力极限状态来建立其抗弯承载力计算公式，针对混凝土的材性特点，可以认为：①位于塑性中和轴一侧的受拉混凝土因为开裂而不参加工作，板托部分亦不予考虑，混凝土受压区假定为均匀受压，并达到轴心抗压强度设计值；②根据塑性中和轴的位置，钢梁可能全部受拉或部分受压部分受拉，但都设定为均匀受力，并达到钢材的抗拉或抗压强度设计值；③忽略钢筋混凝土翼板受压区中钢筋的作用。满足上述条件最核心的问题是保证截面要具备足够的塑性发展能力，尤其要避免因钢梁板件的局部失稳而导致过早丧失承载力。因此，构成组合梁的钢梁截面板件宽厚比的限值比较严格，GB 50017 标准要求，钢梁截面板件宽厚比原则上应当符合钢结构受弯构件塑性设计的要求：①形成塑性铰并发生塑性转动的截面，其截面板件宽厚比等级应采用 S1 级；②最后形成塑性铰的截面，其截面板件宽厚比等级不应低于 S2 级截面要求；③不形成塑性铰的截面，其截面板件宽厚比等级不应低于 S3 级截面要求。

对于完全抗剪连接组合梁，根据上述极限状态，参见图 4-25，不难导出验算公式如下：

图 4-25　正弯矩时组合梁横截面抗弯承载力计算图

(a) 塑性中和轴在混凝土翼板内；(b) 塑性中和轴在钢梁内

a. 正弯矩 M 作用段

$$M \leqslant \begin{cases} b_e x f_c y & (Af \leqslant b_e f_c h_{c1}, \text{塑性中和轴在混凝土翼板内}) \\ b_e h_{c1} f_c y_1 + A_c f y_2 & (Af > b_e f_c h_{c1}, \text{塑性中和轴在钢梁截面内}) \end{cases} \tag{4-10a}$$

式中　x——混凝土翼板受压区高度（图 4-25a），$x = Af/(b_e f_c)$；

　　　y——钢梁截面应力合力至混凝土受压区应力合力之间的距离（图 4-25a）；

　　　y_1——钢梁受拉区截面形心至混凝土翼板受压区截面形心的距离（图 4-25b）；

　　　A_c——钢梁受压区截面面积（图 4-25b），$A_c = 0.5(A - b_e h_{c1} f_c/f)$；

　　　y_2——钢梁受拉区截面形心至钢梁受压区截面形心的距离（图 4-25b）。

b. 负弯矩 M 作用段

一般情形下总有 $A_{st} < A$ 成立，故可设组合梁塑性中和轴总位于钢梁截面内，应力分布见图 4-26。引用钢梁截面的塑性弯矩 M_s，由图不难建立校核公式：

$$M \leqslant M_s + A_{st} f_{st}(y_3 + y_4/2) \tag{4-10b}$$

式中　M_s——钢梁截面的塑性弯矩，取 $M_s = (S_1 + S_2)f$；

　S_1、S_2——钢梁塑性中和轴（平分钢梁截面积的轴线）两侧截面对该轴的面积矩；

　　　y_3——纵向钢筋截面形心与组合梁塑性中和轴之间的距离（图 4-26），可先确定钢梁受压截面面积 $A_c = 0.5(A + A_{st} f_{st}/f)$，进而确定之；

　　　y_4——组合梁塑性中和轴与钢梁塑性中和轴之间的距离（图 4-26）。当组合梁塑性中和轴在钢梁腹板内时，取 $y_4 = A_{st} f_{st}/(2t_w f)$，当该中和轴在钢梁翼缘内时，可取 y_4 等于钢梁塑性中和轴至腹板上边缘的距离。

当连接件不足以传递全部纵向剪力时，称为部分抗剪连接组合梁，其验算方法见 GB 50017 标准。

图 4-26 负弯矩作用时组合梁截面及应力图形
1—组合截面塑性中和轴；2—钢梁截面塑性中和轴

（2）组合梁的受剪承载力验算

认为全部剪力由钢梁腹板承受：

$$V \leqslant h_w t_w f_v \tag{4-11}$$

式中 h_w、t_w——分别为钢梁腹板的高度和厚度；

　　　　f_v——钢梁钢材的抗剪强度设计值。

组合梁的设计计算还包括混凝土板和板托的纵向抗剪计算，挠度及负弯矩区裂缝宽度计算，详见 GB 50017 标准。关于组合梁和组合板的构造要求，亦见 GB 50017 标准，这里从略。

4.3 柱和支撑的设计

4.3.1 框架柱设计概要

中、高层建筑中常用的柱截面形式有箱形、焊接工字形、H 型钢、圆管、方管和矩形管等。美国 Lehigh 大学曾对 134 幢高层钢结构的柱截面形式作过调查，其结果见表 4-7。可以看出 H 型钢柱应用最广，这是因为 H 型钢具有截面经济合理、规格尺寸多、加工量少以及便于连接等优点。焊接工字形截面的最大优点在于可灵活地调整截面特性，而焊接箱形截面的优点是关于两个主轴的刚度可以做得相等，缺点是加工量大。如果采用钢管混凝土的组合柱，将大幅度提高管状柱的承载力，并提高防火性能。轧制型钢虽然比较经济，但采用厚度更大的焊接工字形截面，可显著改善结构效能。由此节约下来的钢材价值要大于焊接截面的额外制造费用。表 4-7 是 1968 年的统计，当前情况已有一定变化，如钢管混凝土柱和钢骨混凝土柱已占有一定份额。

柱截面使用形式统计表　　表 4-7

截面形式	使用的建筑物数量（幢）	占总数的比例（%）
H 型钢	59	44
焊接工字形	34	25
焊接方管	27	20
其他形式	14	11
总计	134	100

框架柱一般都是压（拉）弯构件，拟定柱截面尺寸要参考同类已建工程，如果在初步设计中，已粗略得到柱的轴力设计值 N，则可以承受 $1.2N$ 的轴压构件来初拟柱截面尺寸。一般采用变截面柱的形式，大致可按每 3～4 层作一次截面变化。尽量

使用较薄的钢板,其厚度不宜超过 100mm。钢框架梁柱板件宽厚比不应大于表 4-8 的规定。表中参数 $\rho = N/(Af)$ 为梁轴压比(其中 A 和 f 分别指梁的截面积和钢材设计指标)。表中所列数值适用于 $f_y = 235N/mm^2$ 的 Q235 钢,对于其他牌号的钢材,表中所列数值应乘以 ε_k。但圆管截面柱乘以 ε_k^2。表中的冷成型方管适用于 Q235GJ 或 Q345GJ 钢。根据现行《建筑抗震设计规范》的规定,框架柱的长细比,在抗震等级为一级时不应大于 $60\varepsilon_k$,二级时不应大于 $80\varepsilon_k$,三级时不应大于 $100\varepsilon_k$,四级时不应大于 $120\varepsilon_k$。JGJ 99—2015 规程相应的要求更严些。为了满足强柱弱梁的设计要求,使塑性铰出现在梁端而不是在柱端,抗震设防的柱在任一节点处,柱截面的塑性抵抗矩和梁截面的塑性抵抗矩宜满足下列要求:

等截面梁与柱连接时:

$$\sum W_{pc}(f_{yc} - N/A_c) \geqslant \eta \sum W_{pb}f_{yb} \tag{4-12a}$$

端部翼缘变截面的梁与柱连接时:

$$\sum W_{pc}(f_{yc} - N/A_c) \geqslant \sum(\eta W_{pb1}f_{yb} + M_v) \tag{4-12b}$$

式中　W_{pc}、W_{pb}——分别为计算平面内交汇于节点的柱和梁的截面塑性模量;

　　　　W_{pb1}——梁塑性铰所在截面的梁塑性截面模量;

　f_{yc}、f_{yb}——分别为柱和梁钢材的屈服强度;

　　　　　N——按设计地震作用组合得出的柱轴力设计值;

　　　　　A_c——框架柱的截面面积;

　　　　　η——强柱系数,抗震等级为一、二、三和四级时分别取 1.15、1.1、1.05 和 1.0;

　　　　　M_v——梁塑性铰剪力对梁端产生的附加弯矩,$M_v = V_{pb}x$;

　　　　　V_{pb}——梁塑性铰剪力;

　　　　　x——塑性铰至柱面的距离,塑性铰可取梁端部变截面翼缘的最小处。骨式连接(参见图 4-29)取 $(0.5 \sim 0.75)b_f + (0.30 \sim 0.45)h_b$。此处,$b_f$ 和 h_b 分别为梁翼缘宽度和梁截面高度;梁端扩大型或盖板式取梁净跨的 1/10 和梁高二者中的较大值。如有试验依据时,也可按试验取值。

GB 50011—2010 规范规定,在下列情形则无须进行式(4-12)的校核:①柱所在楼层的受剪承载力比相邻上一层的受剪承载力高出 25%;②柱轴压比不超过 0.4;③柱轴力符合 $N_2 \leqslant \varphi A_c f$ 时(N_2 为 2 倍地震作用下的组合轴力设计值);④与支撑斜杆相连的节点。对于框筒结构柱则应符合下式(4-13)的要求:

$$N_c/(A_c f) \leqslant \beta \tag{4-13}$$

式中　N_c——框筒结构柱在地震作用组合下的最大轴向压力设计值;

　　　　A_c——框筒结构柱截面面积;

　　　　f——框筒结构柱钢材强度设计值;

　　　　β——系数,抗震等级为一、二、三级时取 0.75,四级时取 0.80。

梁柱连接处,柱腹板上应设置与梁上下翼缘相对应的水平加劲肋或隔板。在强地震作用下,为了使梁柱连接节点域腹板不致失稳,以利吸收地震能量,工字形截面柱和箱形截面柱腹板在节点域范围的稳定性,应符合下列要求(参见上册 7.11.3 节):

$$t_{wc} \geqslant (h_{0b} + h_{0c})/90 \tag{4-14}$$

式中，t_{wc}，h_{0b}，h_{0c} 分别为柱在节点域的腹板厚度，梁腹板高度和柱腹板高度。

在荷载效应的基本组合作用下，纯框架柱的计算长度应按上册附表 18-2 有侧移情形确定。对于满足 GB 50017 标准规定的强支撑（或剪力墙）框架，柱的计算长度应按上册附表 18-1 无侧移情形确定。其计算长度系数 μ 亦可分别按下列近似公式确定。

有侧移情形：

$$\mu = \sqrt{\frac{1.6 + 4(K_1 + K_2) + 7.5K_1K_2}{K_1 + K_2 + 7.5K_1K_2}} \tag{4-15}$$

无侧移情形：

$$\mu = \sqrt{\frac{(1 + 0.41K_1)(1 + 0.41K_2)}{(1 + 0.82K_1)(1 + 0.82K_2)}} \tag{4-16}$$

式中　K_1、K_2——分别为交于柱上下端的横梁线刚度之和与柱线刚度之和的比值。与上册附表 18-1 和附表 18-2 一样，式（4-15）和式（4-16）计算的结果需依据梁远端约束情形和横梁的轴力进行修正。

上述有侧移失稳柱的计算长度系数，是结合一阶内力分析的常规方法。GB 50017 标准还推荐二阶分析和设计的新方法，将在 4.4.2.4 节论述。强支撑的判别式也见该节。

对于图 4-9（a）所示的框架体系，当计算横向框架 AB 和 CD 时，其他柱子均应作为依附于这两榀刚架的摇摆柱对待。此时，刚架柱的计算长度需要乘以放大系数（参看式 1-31）。计算纵向框架 EF 和 GH 时也同样处理。

钢框架梁柱板件宽厚比　　　　　　　　　　　　表 4-8

板件名称		抗震等级				非抗震设计
		一	二	三	四	
柱	工字形截面翼缘外伸部分	10	11	12	13	13
	工字形截面腹板	43	45	48	52	52
	箱形截面壁板	33	36	38	40	40
	冷成型方管壁板	32	35	37	40	40
	圆管(径厚比)	50	55	60	70	70
梁	工字形截面和箱形截面翼缘外伸部分	9	9	10	11	11
	箱形截面翼缘在两腹板之间部分	30	30	32	36	36
	工字形截面和箱形截面腹板	$(72\sim120)\rho \leqslant 60$	$(72\sim100)\rho \leqslant 65$	$(80\sim110)\rho \leqslant 70$	$(85\sim120)\rho \leqslant 75$	$(85\sim120)\rho$

4.3.2　柱 与 梁 的 连 接

梁与柱的刚性连接是多、高层钢结构的常见形式，一般有三种做法：完全焊接，完全栓接和栓焊混合。本书上册的图 7-106 给出了四种连接构造方案，这里再补充三种方案。图 4-27（a）是翼缘焊接，腹板栓接的构造，附有腹板切角的细部。图 4-27（b）是柱在弱轴方向和梁连接的构造，其特点之一是梁翼缘端部放宽，以便和柱的翼缘及腹板都能焊接相连；特点之二是工地连接全用螺栓，柱出厂时带有短梁段。图 4-27（c）是方管柱和两个方向的梁连接，方管尺寸较小，难于在内部设隔板，因而采用外连式加劲板。在完全焊接情形，梁翼缘与柱翼缘间应采用全熔透坡口焊缝，并按规定设置衬板，对于抗震等级

图 4-27 梁与柱的刚性连接

(a) 翼缘焊接，腹板栓接；(b) 梁与柱弱轴连接；(c) 梁与方管柱连接

为二级和一级的建筑，应检验焊缝金属的 V 形切口冲击韧性，其夏比冲击韧性在−20℃时不低于 27J；当框架梁端垂直于工字形柱腹板时，柱在梁翼缘对应位置设置横向加劲肋，且加劲肋厚度不应小于梁翼缘厚度；梁与柱的现场连接中，梁翼缘与柱横向加劲肋用全熔透焊缝连接，并应避免连接处板件宽度的突变。在完全栓接和栓焊混合情形，所有抗剪螺栓都采用高强度螺栓摩擦型连接；当梁翼缘提供的塑性截面模量小于梁全截面塑性截面模量的 70% 时，梁腹板与柱的连接螺栓不得少于两列；即使计算只需一列，也应布置两列（图 4-27a），且此时螺栓总数不得小于计算值的 1.5 倍。

梁柱的全焊连接及图 4-27a 梁翼缘对焊、腹板栓接于柱的构造方案，曾经被认为性能良好可靠，但 1994 年美国 Northridge 地震后发现不少建筑物的这类连接出现裂缝。裂缝大多起源于梁下翼缘和柱的连接焊缝边缘处，并向柱内延伸（图 4-28）。针对这种震害，组织了专门力量进行广泛研究，并从多方面提出了改进意见。为了防止焊缝金属韧性过低，对它的最低冲击功作出了规定。鉴于焊接用衬板和柱翼缘间的缝隙相当于初始裂纹，最好在焊后将衬板除去并补焊翼缘坡口焊的焊根。如果焊后不除去衬板，则下翼缘焊缝的衬板应有足够的角焊缝消除间隙。同时，

图 4-28 梁柱连接
的地震裂缝

腹板端部扇形切角的尺寸不宜过小，以免影响剖口焊缝因不易施焊而降低质量，具体尺寸参见图 4-27（a）。节点设计方面，还可以采用下列改进方法：

（a）把梁翼缘局部削弱，形成骨形连接（图 4-29a），使塑性铰从梁端外移。

（b）在梁端部加腋，使塑性铰外移（图 4-29b），这种方式主要用于现有结构的加固。

图 4-29　改进的节点构造

(a) 骨形连接；(b) 加腋连接

(c) 把梁的短段在工厂和柱焊接（图 4-27b），以保证焊接质量，短段和梁的主段在工地拼接，可以全部用高强度螺栓连接，或焊、栓并用。

多层框架中可由部分梁和柱刚性连接组成抗侧力结构，而另一部分梁铰接于柱，这些柱只承受竖向荷载。设有足够支撑的非地震区多层框架原则上可全部采用柔性连接，图 4-30 是一些典型的柔性连接，包括用连接角钢、端板和支托三种方式。连接角钢和图 4-30（c）的端板都只把梁的腹板和柱相连，连接角钢也可用焊于柱上的板代替。连接角钢和端板或是放在梁高度中央（图 4-30a），或是偏上放置（图 4-30b、c）。偏上的好处是梁端转动时上翼缘处变形小，对梁上面的铺板影响小。当梁用承托连于柱腹板时，宜用厚板作为承托构件（图4-30d），以免柱腹板承受较大弯矩。在需要用小牛腿时，则应如（图 4-30e）所示做成工字形截面，并把它的两块翼缘都焊于柱翼缘，使偏心力矩 $M=Re$ 以力偶

图 4-30　梁与柱的柔性连接

的形式传给柱翼缘，而不是柱腹板。

多层框架靠梁柱组成的刚架体系，在层数不多或水平力不大的情况下，梁与柱可以做成半刚性连接。显然，半刚性连接必须有抵抗弯矩的能力，但无须像刚性连接那么大。图4-31是一些典型的半刚性连接，图4-31（a）、（b）中表示采用端板-高强螺栓连接方式，端板在大多数情况下伸出梁高度范围之外（或是上边伸出，下边不伸出）。梁端弯矩化作力偶，其拉力经上翼缘传出。受拉的螺栓布置在关于受拉翼缘对称的位置，共四个。压力可以通过端板或柱翼缘承压传力，压力区螺栓可少量设置，和拉力区的螺栓一起传递剪力。图4-31（c）则是用连于翼缘的上、下角钢和高强螺栓来连接，由上下角钢一起传递弯矩，腹板上的角钢则传递剪力。图4-31（a）的虚线表示必要时可设柱加劲肋。

图4-31　梁和柱的半刚性连接

4.3.3　水平支撑布置

如前所述，支撑在高层建筑中扮演的角色很重要。高层钢结构中的支撑可分为两大类，一类是水平支撑，另一类是竖向支撑。竖向支撑主要有竖向中心支撑和竖向偏心支撑两种型式。

所谓水平支撑，是指设置于同一水平面内的支撑的总称，因此它包括通常意义下的横向水平支撑和纵向水平支撑。在高层建筑中，水平支撑分为两种，其一是为了建造和安装的安全而设置的临时水平支撑，这种水平支撑在施工完毕后拆除；另一类是永久水平支撑，通常在水平构件（如楼盖或屋盖构件）不能构成水平刚度大的隔板时设置。图4-32表示，在楼盖水平刚度不足时的一种水平支撑布置方案，围绕楼梯间设置了纵向和横向垂直支撑，同时设置了纵向和横向水平支撑，它们都是平面桁架。纵向水平支撑是由楼面边梁为一弦杆的水平桁架，横向水平支撑则是以两次梁为弦杆的水平桁架。水平桁架的杆件可用角钢，两个节点详图表明水平桁架腹杆在节点的连接。其中详图1表示在梁柱节点处的连接，详图2表示在非梁柱节点处的连接。它们的共同特点是节点板表面高出梁上翼缘，在采用压型钢板为楼（屋）面的底板时，会有构造处理上的不便。

4.3.4　竖向支撑设计

高层钢结构中的竖向支撑通常呈贯通整个建筑物高度的平面桁架形式（图4-1b），它是通过在两根柱构件间设置一系列斜腹杆构成的。当这些斜腹杆都连接于梁柱节点时称为竖向中心支撑（简称中心支撑，图4-33），否则称为竖向偏心支撑（简称偏心支撑，图4-36）。竖向支撑既可以在建筑物纵向的一部分柱间布置，也可以在横向或纵横两向布置

图 4-32 水平支撑布置

图 4-33 中心支撑类型
(a) 十字交叉斜杆；(b) 单斜杆；(c) 人字形斜杆；
(d) K 形斜杆；(e) 跨层跨柱设置

（图 4-9b）；其在平面上的位置也是灵活的，既可沿外墙布置，也可沿内墙布置。

4.3.4.1 中心支撑

中心支撑宜采用十字交叉斜杆（图 4-33a），单斜杆（图 4-33b），人字形斜杆（或 V 形斜杆，图 4-33c）或 K 形斜杆（图 4-33d）体系。K 形斜杆体系在地震荷载作用下，斜杆的屈曲或屈服引起的较大侧向变形，可能引发柱提前丧失承载能力而倒塌，因此抗震设防的结构不得采用 K 形斜杆体系。所有形式的支撑体系都可以跨层跨柱设置（图 4-33e）。

当采用只能受拉的单斜杆体系时，应同时设置不同倾斜方向的两组单斜杆（图 4-34），且每层中不同方向单斜杆的截面面积在水平方向的投影面积之差不得大于 10%。

研究表明，在反复拉压作用下，长细比大于 $40\varepsilon_k$ 的支撑承载力将显著降低。为此，对于抗震设防的结构，支撑的长细比应作更严格的要求。非抗

图 4-34 单斜杆成对设置

震设防结构中的中心支撑，当按只能受拉的杆件设计时，其长细比不应大于 $300\varepsilon_k$；当按既能受拉又能受压的杆件设计时，其长细比不应大于 $150\varepsilon_k$。抗震设防结构中的支撑杆件长细比，在按压杆设计时不应大于 $120\varepsilon_k$；抗震等级为一、二和三级的中心支撑不得采用拉杆设计；抗震等级为四级的中心支撑采用拉杆设计时，其长细比不应大于 180。这是现行《建筑抗震设计规范》GB 50011 的规定。一些新的资料表明，防止支撑板件屈曲比防止杆件屈曲更为重要。因此，目前趋向于放宽长细比限值，同时收紧板件宽厚比限值。

按 6 度抗震设防和非抗震设防时，支撑斜杆板件宽厚比可按现行国家标准《钢结构设计标准》GB 50017—2017 的规定采用。抗震设防结构中的支撑板件的宽厚比不宜大于表 4-9 的限值。

支撑斜杆宜采用双轴对称截面。当采用单轴对称截面时（例如双角钢组合 T 形截面），应采取防止绕对称轴屈曲的构造措施。结构抗震设防烈度不小于 7 度时，不宜用双角钢组合 T 形截面。按 7 度及以上抗震设防的结构，当支撑为填板连接的双肢组合构件时，肢件在填板间的长细比不应大于构件最大长细比的$1/2$，且不应大于 40。与支撑一起组成支撑系统的横梁、柱及其连接，应具有承受支撑斜杆传来内力的能力。与人字支撑、V 形支撑相交的横梁，在柱间的支撑连接处应保持连续。在计算人字形支撑体系中的横梁截面时，尚应满足在不考虑支撑的支点作用情况下按简支梁跨中承受竖向集中荷载时的承载力。按 8 度及以上抗震设防的结构，可以采用带有消能装置的中心支撑体系。

中心支撑板件宽厚比限值　　　　　　　　　表 4-9

板件名称	抗 震 等 级			
	一	二	三	四
翼缘外伸部分	8	9	10	13
工字形截面腹板	25	26	27	33
箱形截面壁板	18	20	25	30
圆管外径与壁厚比	38	40	40	42

注：表中所列数值适用于 Q235 钢，采用其他牌号钢材（除圆管外）应乘以 ε_k，圆管则乘以 ε_k^2，f_y 以 N/mm² 为单位。

高层钢结构在水平荷载作用下变形较大，须考虑 $P\text{-}\Delta$ 等二阶效应。在初步设计阶段计算支撑杆件所受内力时，可按下列要求计算二阶效应导致的附加效应：

（1）在重力和水平力（风荷载或多遇地震荷载作用）下，支撑除作为竖向桁架的斜杆承受水平荷载引起的剪力外，还承受水平位移和重力荷载产生的附加弯曲效应。楼层附加剪力可按下式计算：

$$V_i = 1.2\,\frac{\Delta u_i}{h_i}\sum G_i \tag{4-17}$$

式中　h_i——计算楼层的高度；

$\sum G_i$——计算楼层以上的全部重力；

Δu_i——计算楼层的层间位移。

人字形和 V 形支撑尚应考虑支撑跨梁传来的楼面垂直荷载。

（2）对于十字交叉支撑、人字形支撑和 V 形支撑的斜杆，尚应计入柱在重力下的弹性压缩变形在斜杆中引起的附加压应力。附加压应力可按下式计算：

对十字交叉支撑的斜杆

$$\Delta\sigma_{br} = \frac{\sigma_c}{\left(\dfrac{l_{br}}{h}\right)^2 + \dfrac{hA_{br}}{l_{br}A_c} + 2\dfrac{b^3 A_{br}}{l_{br}h^2 A_b}} \tag{4-18}$$

对于人字形和 V 形支撑的斜杆

$$\Delta\sigma_{br} = \frac{\sigma_c}{\left(\dfrac{l_{br}}{h}\right)^2 + \dfrac{b^3 A_{br}}{24 l_{br} I_b}} \tag{4-19}$$

式中　　　σ_c——斜杆端部连接固定后，该楼层以上各层增加的恒荷载和活荷载产生的柱压应力；

　　　　　l_{br}——支撑斜杆长度；

　b，I_b，h——分别为支撑跨梁的长度，绕水平主轴的惯性矩和楼层高度；

A_{br}，A_c，A_b——分别为计算楼层的支撑斜杆，支撑跨的柱和梁的截面面积。

在重复荷载作用下，人字形支撑和 V 形支撑的斜杆在受压屈曲后，使横梁产生较大变形，并使体系的抗剪能力发生较大退化。考虑到这些因素，在多遇地震效应组合作用下，人字形支撑和 V 形支撑的斜杆内力应乘以增大系数 1.5。

支撑斜杆要在多遇地震作用效应组合下，按受压杆验算：

$$N/\varphi A_{br} \leqslant \eta f/\gamma_{RE} \tag{4-20}$$

式中　η——受循环荷载时的设计强度降低系数，$\eta = 1/(1+0.35\lambda_n)$；

　　　γ_{RE}——支撑承载力抗震调整系数，按 GB 50011 取 0.8；

　　　λ_n——支撑斜杆的正则化长细比，$\lambda_n = \lambda(f_y/E)^{1/2}/\pi$。

对于带有消能装置的中心支撑体系，支撑斜杆的承载力应为消能装置滑动或屈服时承载力的 1.5 倍。

图 4-35 是框架中心支撑节点的一些常见构造形式，其中带有双节点板的通常称为重

图 4-35　中心支撑节点构造

型支撑，反之称为轻型支撑。地震区的工字形截面中心支撑宜采用轧制宽翼缘 H 型钢（图 4-35f），如果采用焊接工字形截面，则其腹板和翼缘的连接焊缝应设计成焊透的对接焊缝，以免在地震荷载的反复作用下焊缝出现裂缝。与支撑相连接的柱通常加工成带悬臂梁段的形式，以避免梁柱节点处的工地焊缝（图 4-35f）。

4.3.4.2　偏心支撑

图 4-36 是一些偏心支撑框架的形式。在偏心支撑框架中，除了支撑斜杆不交于梁柱节点的几何特征外，还有一个重要的力学特征，那就是精心设计的消能梁段（图 4-36）。这些位于支撑斜杆与梁柱节点（或支撑斜杆）之间的消能梁段，一般比支撑斜杆的承载力低，同时具有在重复荷载作用下良好的塑性变形能力。在正常的荷载状态下，偏心支撑框架处于弹性状态并具有足够的水平刚度；在遭遇强烈地震作用时，消能梁段首先屈服吸收能量，有效地控制了作用于支撑斜杆上的荷载份额，使其不丧失承载力，从而保证整个结构不会坍塌。

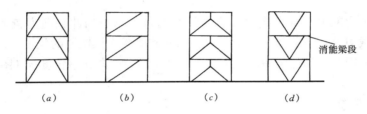

图 4-36　偏心支撑框架
(a) 门架式；(b) 单斜杆式；(c) 人字形；(d) V 字形

偏心支撑斜杆的长细比不应大于 $120\varepsilon_k$，板件宽厚比不应超过 GB 50017 规定的轴心受压构件在弹性设计时的宽厚比限值。偏心支撑斜杆，在一端与消能梁段连接（不在柱节点处），另一端可连接在梁与柱相交处，或与另一支撑一起与梁连接，并在支撑与柱之间或在支撑与支撑之间形成消能梁段（图 4-36）。消能梁段的局部稳定性要求严于一般框架梁，以利于塑性发展。具体要求是：

(a) 翼缘板自由外伸宽度 b_1 与其厚度 t_f 之比，应符合下式

$$b_1/t_f \leqslant 8\varepsilon_k$$

(b) 腹板计算高度 h_0 与其厚度 t_w 之比，应符合下式

$$h_0/t_w \leqslant \begin{cases} 90(1-1.65\rho)\varepsilon_k & (\rho \leqslant 0.14) \\ 33(2.3-\rho)\varepsilon_k & (\rho > 0.14) \end{cases}$$

式中　N_{lb}——消能梁段的轴力设计值；

A_{lb}——消能梁段的截面面积。

由于高层钢结构顶层的地震力较小，满足强度要求时一般不会屈曲，因此顶层可不设消能梁段。

消能梁段无轴力作用的塑性受剪承载力 V_p 和塑性受弯承载力 M_p，以及梁段承受轴向力时的全塑性受弯承载力 M_{pc}，应分别按下式计算：

$$V_p = 0.58 f_y h_0 t_w \tag{4-21}$$

$$M_p = W_{np} f_y \tag{4-22}$$

$$M_{pc} = W_{np}(f_y - \sigma_N) \tag{4-23}$$

其中，W_{np} 是消能梁段净截面的塑性截面模量，σ_N 是轴力产生的梁段翼缘平均正应力。当 $\sigma_N < 0.15 f_y$ 时，取 $\sigma_N = 0$。

消能梁段的长度，是偏心支撑框架的关键性问题。净长 $a \leqslant 1.6 M_p/V_p$ 的消能梁段为短梁段，其非弹性变形主要为剪切变形，属剪切屈服型；净长 $a > 1.6 M_p/V_p$ 的为长梁段，其非弹性变形主要为弯曲变形，属弯曲屈服型。试验研究表明，剪切屈服型消能梁段对偏心支撑框架抵抗大震特别有利。一方面，能使其弹性刚度与中心支撑框架接近；另一方面，其耗能能力和滞回性能优于弯曲屈服型。消能梁段净长最好不超过 $1.3 M_p/V_p$，不过梁段也不宜过短，否则塑性变形过大，有可能导致过早的塑性破坏。对于目前典型的连接节点，弯曲屈服型消能梁段在非弹性变形还没有充分发展时，即在翼缘连接处出现裂缝。因此，目前消能梁段宜设计成 $a \leqslant 1.6 M_p/V_p$ 的剪切屈服型，当其与柱连接时，不应设计成弯曲屈服型。

支撑斜杆轴力的水平分量成为消能梁段的轴向力 N，当此轴向力较大时，除降低此梁段的受剪承载力外，也降低受弯承载力，因而需要减小该梁段的长度，以保证它具有良好的滞回性能。因此，消能梁段的轴向力 $N > 0.16 Af$ 时，其净长度 a（图 4-37）应符合下列规定：

$$\text{当 } \zeta(A_w/A) < 0.3 \text{ 时}, a \leqslant 1.6 M_p/V_l$$

$$\text{当 } \zeta(A_w/A) \geqslant 0.3 \text{ 时}, a \leqslant [1.15 - 0.5\zeta(A_w/A)]1.6 M_p/V_l$$

式中　A、A_w——分别为消能梁段的截面面积和腹板截面面积；

　　　　V_l——参见式（4-24）；

　　　　ζ——消能梁段轴向力设计值与剪力设计值之比：$\zeta = N/V$。

消能梁段的截面宜与同一跨内框架梁相同。消能梁段腹板承担的剪力不宜超过其承载力的 90%，以使其在多遇地震下保持弹性。剪切屈服型消能梁段腹板完全用来抗剪，轴力和弯矩只能由翼缘承担。计及前述诸多因素和梁的轴压比 ρ 之后，JGJ 99—2015 规程对消能梁段的强度校核要求如下：

① 剪切承载力校核

当 $\rho \leqslant 0.15$ 时

$$V \leqslant \phi V_l/\gamma_{RE}, V_l = \min\left(V_p, \frac{2M_p}{a}\right) \tag{4-24}$$

当 $\rho > 0.15$ 时

$$V \leqslant \phi V_{lc}/\gamma_{RE}, V_{lc} = \min\left[V_p\sqrt{1-\rho^2}, \frac{2.4M_p}{a}(1-\rho)\right] \tag{4-25}$$

② 弯曲承载力校核

$$\left.\begin{array}{ll} \dfrac{M}{W} + \dfrac{N}{A} & (\rho \leqslant 0.15) \\[3mm] \left(\dfrac{M}{h} + \dfrac{N}{2}\right)\dfrac{1}{b_f t_f} & (\rho > 0.15) \end{array}\right\} \leqslant f \tag{4-26}$$

式中　V、N、M——消能梁段的剪力，轴力和弯矩值设计值；

ϕ——系数，可取 0.9；

A、W——消能梁段的截面积和截面模量；

f——消能梁段钢材的抗压强度设计值，地震作用参与组合时，以 $\gamma_{RE}=0.75$ 除之；

h——消能梁段截面高度；

b_f、t_f——消能梁段翼缘的宽度和厚度。

如前所述，偏心支撑的设计意图是：当地震作用足够大时，消能梁段屈服，而支撑不屈曲。能否实现这一意图，取决于支撑的承载力。设置适当的加劲肋后，消能梁段的极限受剪承载力可超过 $0.9f_yh_0t_w$，为设计受剪承载力 $0.58f_yh_0t_w$ 的 1.55 倍。因此，支撑的轴压设计抗力，至少应为耗能梁段达屈服强度时支撑轴力的 1.6 倍，才能保证耗能梁段进入非弹性变形而支撑不屈曲。建议具体设计时，支撑截面适当取大一些。偏心支撑斜杆的承载力计算公式为：

$$\frac{N_{br}}{\varphi A_{br}} \leqslant f/\gamma_{RE} \tag{4-27}$$

式中　A_{br}——支撑截面面积；

φ——由支撑长细比确定的轴心受压构件稳定系数；

γ_{RE}——支撑承载力抗震调整系数，按 GB 50011 取 0.8；

N_{br}——支撑轴力设计值，应取与其相连接的消能梁段达到受剪承载力时该支撑轴力与增大系数之乘积，抗震等级为一级时增大系数不应小于 1.4，二级时不应小于 1.3，三级时不应小于 1.2。

耗能梁段所用钢材的屈服强度不应大于 345MPa，以便有良好的延性和消能能力。除此之外，还必须采取一系列构造措施，以使耗能梁段在反复荷载下具有良好的滞回性能，从而发挥作用。这些措施包括：

（1）由于腹板上贴焊的补强板不能进入弹塑性变形，腹板上开洞也会影响其弹塑性变形能力。因此耗能梁段的腹板不得贴焊补强板，也不得开洞。

（2）为了传递梁段的剪力并防止连梁腹板屈曲，消能梁段与支撑连接处，应在其腹板两侧配置加劲肋，加劲肋的高度应为梁腹板高度，一侧的加劲肋宽度不应小于 $(b_f/2-t_w)$，厚度不应小于 $0.75t_w$ 和 10mm 的较大值。这里 b_f 和 t_w 分别是梁段的翼缘宽度和腹板厚度。

（3）消能梁段腹板的中间加劲肋，需按梁段的长度区别对待，较短时为剪切屈服型，加劲肋间距不大于 $(30t_w-h/s)$；较长时为弯曲屈服型，中间加劲肋（参见图 4-37）间距可适当放宽，具体规定见 GB 50011 规范。

中间加劲肋应与消能梁段的腹板等高，当消能梁段截面高度不大于 640mm 时，可配置单侧加劲肋，消能梁段截面高度大于 640mm 时，应在两侧配置加劲肋。一侧加劲肋的宽度不应小于 $(b_f/2-t_w)$，厚度不应小于 t_w 和 10mm。

偏心支撑的斜杆中心线与梁中心线的交点，一般在消能梁段的端部，也允许在消能梁段内（图 4-37），此时将产生与消能梁段端部弯矩方向相反的附加弯矩，从而减少消能梁段和支撑杆的弯矩，对抗震有利；但交点不应在消能梁段以外，否则将增大支撑和消能梁段的弯矩，于抗震不利。

（4）消能梁段与柱的连接应符合下列要求：

图 4-37 偏心支撑构造

消能梁段翼缘与柱翼缘之间应采用坡口全熔透对接焊缝连接，消能梁段腹板与柱翼缘之间应采用角焊缝连接；角焊缝的承载力不得小于消能梁段腹板的轴向承载力、受剪承载力和受弯承载力。

消能梁段与柱腹板连接时，其翼缘与连接板间应采用坡口全熔透焊缝，消能梁段腹板与柱间应采用角焊缝；角焊缝的承载力不得小于消能梁段腹板的轴向承载力、受剪承载力和受弯承载力。

消能梁段两端上下翼缘应设置侧向支撑，以保持其稳定。支撑的轴力设计值不得小于消能梁段翼缘轴向承载力设计值（翼缘宽度、厚度和钢材受压承载力设计值三者的乘积）的 6%，即 $0.06b_f t_f f$。偏心支撑框架梁的非耗能梁段上下翼缘，亦应设置侧向支撑，支撑的轴力设计值不得小于梁翼缘轴向承载力的 2%，即 $0.02b_f t_f f$。

4.3.5 钢 板 剪 力 墙

钢板剪力墙可以是纯钢板或带肋的钢板，前者只能用于非抗震设防、四级民用高层或风荷载不大的建筑。加劲肋通常在横竖两个方向设置，板区格的高宽比 b/a（图 4-38）保持在 $2/3 \sim 1.5$ 范围内。区格的尺寸宜限制在下列范围内：

$$(a+b)/t \leqslant 220\varepsilon_k \tag{4-28}$$

如果采用闭口加劲肋（如扣在墙板上的槽钢），则上式右端可放大到 $250\varepsilon_k$。

钢板剪力墙的加劲肋一般采用型钢来做（图 4-39），使之具有较大的刚度，在极限荷载作用下不致屈曲。具体的刚度要求是：

对横向加劲肋 $EI_{sx} \geqslant 33Db$ (4-29a)

对竖向加劲肋 $EI_{sy} \geqslant 50Da$ (4-29b)

图 4-38 带加劲肋的钢板墙

图 4-39 钢板墙的加劲肋

式中 $D=Et^3/[12(1-\nu^2)]$，Da 和 Db 分别为板格绕（水平）x 轴和（竖向）y 轴的弯曲刚度，t 为墙板厚度，ν 为泊松比。当四边加劲肋的弯曲刚度达到板格刚度的 33 倍时，板屈曲时板加劲肋保持挺直。板格作为为四边简支板处理。

钢板墙的任务是提供抗侧力刚度，因而不宜使之承受重力荷载。不过，由于墙板和柱及梁都有连接，竖向加劲肋总是会承受一点重力荷载。因此它的弯曲刚度由板刚度的 33 倍提高到 50 倍。与此同时竖向加劲肋的位置最好与梁腹板的加劲肋位置错开，如图 4-38 所示。

当加劲肋设置满足式（4-29a、b）要求时，墙板的稳定计算只需针对各个区格进行。图 4-40（a）给出整个板幅的受力情况，图 4-40（b）则是应力较大的右侧区格的应力图。由重力荷载产生的压应力 σ_N 和水平荷载产生的弯曲应力 σ_M 相叠加，

图 4-40　区格应力分布

区格承受线性变化的压应力，左侧为 σ_1，右侧为 σ_2。在计算区格板的稳定时，把线性变化的压应力图分解为均匀压应力 $\sigma_c=(\sigma_1+\sigma_2)/2$ 和弯曲压应力 $\sigma_b=(\sigma_2-\sigma_1)/2$。稳定计算的公式是：

$$\left(\frac{\tau}{\tau_{cr}}\right)^2+\left(\frac{\sigma_b}{\sigma_{b,cr}}\right)^2+\frac{\sigma_c}{\sigma_{c,cr}}\leqslant 1 \tag{4-30}$$

上式的各单项弹塑性临界应力为：

$$\tau_{cr}=\frac{f_v}{\sqrt[3]{0.738+\lambda_s^6}}\leqslant f_v$$

$$\lambda_s=\left\{\begin{array}{ll}\dfrac{b/t}{37\varepsilon_k\sqrt{6.5+5\xi^2}} & (\xi\leqslant 1.0)\\[3mm]\dfrac{b/t}{37\varepsilon_k\sqrt{5+6.5\xi^2}} & (\xi>1.0)\end{array}\right\} \tag{4-31a}$$

$$\sigma_{c,cr}=\frac{f}{(1+\lambda_c^{2.4})^{5/6}}\leqslant f,\quad \lambda_c=\frac{b/t}{31\varepsilon_k(1+\xi^2)} \tag{4-31b}$$

$$\sigma_{b,cr}=\frac{f}{\sqrt[3]{0.378+\lambda_b^6}}\leqslant f,\quad \lambda_b=\frac{b/t}{28\varepsilon_k\sqrt{2.2+14\xi^2+11\xi^4}} \tag{4-31c}$$

其中参数 $\xi=b/a$。此外，还应满足 $\sigma_N\leqslant 0.3\sigma_{c,cr}$，其中 σ_N 为重力荷载产生的压应力。

当加劲肋刚度不满足式（4-29）的要求时，需要计算整块板幅的稳定。此时把板肋组合体近似地化为各向异形板来对待。具体方法这里从略，读者可以参看《高层民用建筑钢结构技术规程》。

不设加劲肋的钢板剪力墙在水平荷载作用下容易屈曲，设计时可以考虑利用屈曲后强度。

4.4　多、高层房屋结构的分析和设计计算

4.4.1　荷载与作用

4.4.1.1　竖向荷载

高层建筑钢结构楼面和屋顶活荷载以及雪荷载的标准值及其准永久值系数，应按现行国家标准《建筑结构荷载规范》规定采用。

层数较少的多层建筑应考虑活荷载的不利分布。与永久荷载相比，高层建筑中活荷载值是不大的，可不考虑活荷载的不利分布，在计算构件效应时，楼面及屋面竖向荷载可仅考虑各跨满载的情况，从而简化计算。多高层建筑的建造过程中，通常使用附墙塔或爬塔之类的施工设备，应根据具体情况验算这些设备的施工荷载对结构的影响。多高层建筑配置擦窗机等清洁设备时，亦应按其实际情况确定其对结构的影响。

4.4.1.2　风荷载

现行国家标准《建筑结构荷载规范》GB 50009—2012 的风荷载对一般建筑结构的重现期为 50 年，对风荷载比较敏感的高层建筑，承载力设计计算时应按基本风压的 1.1 倍采用。主体结构的风载体型系数 μ_s 可按下列规定计算：

$$\mu_s = \begin{cases} 0.8 & \text{（平面为圆形的建筑）} \\ 0.8 + 1.2/\sqrt{n} & \text{（平面为正多边形及三角形的建筑）} \end{cases}$$

式中 n 为多边形的边数。对于高宽比不大于 4 的平面为矩形、方形或十字形的建筑可取 $\mu_s = 1.3$。更多平面形状的风载体型系数 μ_s 参见现行《高层民用建筑钢结构技术规程》JGJ 99。

计算檐口、雨篷、遮阳板、阳台等水平构件的局部上浮风荷载时，其风荷载体型系数 μ_s 不宜大于 -2.0。

当邻近有高层建筑产生互相干扰时，对风荷载的影响是不容忽视的。邻近建筑的影响是一个复杂问题，这方面的试验资料还较少，最好的办法是用建筑群模拟，通过边界层风洞试验确定。一般说来，房屋高度大于 200m 或有下列情形之一的高层民用建筑宜进行风洞试验或通过数值技术判断确定其风荷载。

（1）平面形状不规则，立面形状复杂；

（2）立面开洞或连体建筑；

（3）周围地形和环境较复杂。

在计算主要承重构件时，风荷载标准值由下式给出：

$$w_K = \beta_z \mu_s \mu_z w_0$$

式中 β_z 为风振系数，其余符号同式（1-1）。β_z 的计算方法见荷载规范 GB 50009，在计算围护结构时，上式的 β_z 改用阵风系数 β_{gz}，亦见 GB 50009 规范。高度大于 30m 且高宽比大于 1.5 的建筑物均应考虑风压脉动对结构产生顺风向振动的影响，应按随机振动理论计算。对横风向风振作用效应或扭转风振作用效应明显的高层民用建筑，宜考虑横风向风振

或扭转风振的影响。横风向风振或扭转风振的计算范围、方法及顺风向与横风向效应的组合方法应符合现行国家标准《建筑结构荷载规范》GB 50009 的有关规定。

当高层建筑顶部有小体型的突出部分（如伸出屋顶的电梯间、屋顶瞭望塔建筑等）时，设计应考虑鞭梢效应。记小体型突出部分作为独立体时的基本自振周期为 T_u，主体建筑的基本自振周期为 T_1，计算表明，当 $T_u \leqslant T_1/3$ 时，为了简化计算，可以假设从地面到突出部分的顶部为一等截面高层建筑计算风振系数。鞭梢效应约为 1.1，若要使鞭梢效应接近 1，则可将适用于简化计算的顶部结构自振周期范围减少到 $T_u \leqslant T_1/4$。当 $T_u > T_1/3$ 时，应按梯形体型结构用风振理论进行分析计算。鞭梢效应一般与上下部分质量比、自振周期比及承风面积比有关。研究表明，在 T_u 大于 T_1 约一倍半范围内，盲目增大上部结构刚度，反而起着相反效果，这一点应特别引起设计工作者的注意。另外，盲目减小上部承风面积，在 $T_u < T_1$ 范围内，其作用也不明显。

4.4.1.3 地震作用

根据小震不坏，中震可修，大震不倒的抗震设计目标，高层钢结构抗震设计应进行多遇地震作用及罕遇地震作用两阶段的抗震计算。多遇地震相当于 50 年超越概率为 63.2% 的地震，罕遇地震相当于 50 年超越概率为 2%～3% 的地震。作多遇地震作用的抗震计算时，要求：

（a）一般情况下，应至少在结构的两个主轴方向分别计入水平地震作用，各方向的水平地震作用应全部由该方向的抗侧力构件承担；

（b）当有斜交抗侧力构件，且相交角度大于 15°时，宜分别计入各抗侧力构件方向的水平地震作用；

（c）通常应计算单向水平地震作用下的扭转影响，但质量和刚度明显不对称的结构，应计算双向水平地震作用下的扭转影响；

（d）按 9 度抗震设防时，应计入竖向地震作用；

（e）高层民用建筑中的大跨度、长悬臂结构，7 度（0.15g）、8 度抗震设防时就应计入竖向地震作用。

计算罕遇地震下的结构变形，或分析安装有消能减震装置的高层民用建筑钢结构的结构变形，均应按现行国家标准《建筑抗震设计规范》规定，采用静力弹塑性分析方法或弹塑性时程分析法。

需要说明：在考虑水平地震作用扭转影响的结构中，通常考虑结构偏心引起的扭转效应，而不考虑扭转地震作用。

弹性反应谱理论仍是现阶段抗震设计的最基本理论，现行国家标准《建筑抗震设计规范》所采用的设计反应谱，如图 4-41 所示，是以水平地震影响系数 α 曲线的形式表达的。特征周期 T_g 和水平地震影响系数最大值 α_{max} 分别见表 4-12 和表 4-11。图中的衰减指数 γ、直线下降段的下降斜率调整系数 η_1 和阻尼调整系数 η_2 的计算公式如下（其中 ζ 为结构阻尼比）：

$$\gamma = 0.9 + \frac{0.05 - \zeta}{0.3 + 6\zeta} \tag{4-32}$$

$$\eta_1 = 0.02 + \frac{0.05 - \zeta}{4 + 32\zeta} \tag{4-33}$$

图 4-41   地震影响系数曲线

α—水平地震影响系数；α_{max}—水平地震影响系数最大值；

T—结构自振周期；η_1—直线下降段的下降斜率调整系数；η_2—阻

尼调整系数；T_g—场地特征周期；γ—衰减指数

$$\eta_2 = 1 + \frac{0.05 - \zeta}{0.08 + 1.6\zeta} \tag{4-34}$$

场地特征周期 T_g(s) 表 4-10					
设计地震	场 地 类 别				
分 组	I_0	I_1	Ⅱ	Ⅲ	Ⅳ
第一组	0.20	0.25	0.35	0.45	0.65
第二组	0.25	0.30	0.40	0.55	0.75
第三组	0.30	0.35	0.45	0.65	0.90

水平地震影响系数最大值 表 4-11				
地震影响	6 度	7 度	8 度	9 度
多遇地震	0.04	0.08 (0.12)	0.16 (0.24)	0.32
设防地震	0.12	0.23 (0.34)	0.45 (0.68)	0.90
罕遇地震	0.28	0.50 (0.72)	0.90 (1.20)	1.40

注：括号中数值分别用于设计基本地震加速度为 $0.15g$ 和 $0.30g$ 的地区。

（1）底部剪力法

采用底部剪力法计算水平地震作用时，各楼层可仅按一个自由度计算。通过若干典型高层钢结构的振型分解反应谱法计算，高而较柔的钢结构水平地震作用沿高度分布，与现行国家标准《建筑抗震设计规范》中所给的分布公式略有区别。为了使用方便，仍然沿用该规范中沿高度分布的规律，即按下列式（4-35）计算各楼层的等效地震作用（结构层数及其总水平地震作用标准值分别记为 n 和 F_{Ek}）：

$$F_{Ek} = \alpha_1 G_{eq} \quad F_i = \frac{G_i H_i}{\sum_{j=1}^{n} G_j H_j} F_{Ek}(1 - \delta_n) \tag{4-35}$$

$$\Delta F_n = \delta_n F_{Ek} \tag{4-36}$$

式中 α_1——相应于基本自振周期 T_1（s）的水平地震影响系数值；

G_{eq}——结构的等效总重力荷载，取总重力荷载代表值的 85%；

G_i、G_j——分别为第 i、j 层重力荷载代表值；

H_i、H_j——分别为 i、j 层楼盖距底部固定端的高度；

F_i——第 i 层的水平地震作用标准值；

ΔF_n——顶部附加水平地震作用；

δ_n——顶部附加地震作用系数，对于多层钢结构房屋，可按表 4-12 采用。

在底部剪力法中，顶部突出物的地震作用可按所在高度作为一个质量，按其实际定量计算所得水平地震作用放大 3 倍后，设计该突出部分的结构。增大影响宜向下考虑1～2

层，但不再往下传递。

按主体结构弹性刚度所得钢结构的计算周期，由于非结构构件及计算简图与实际情况存在差别，结构实际周期往往小于弹性计算周期，根据 35 幢国内外高层钢结构统计，其实测周期与弹性计算周期比较，平均值为

	顶部附加地震作用系数	表 4-12
T_g（s）	$T_1 > 1.4 T_g$	$T_1 \leqslant 1.4 T_g$
$\leqslant 0.35$	$0.08 T_1 + 0.07$	
$0.35 \sim 0.55$	$0.08 T_1 + 0.01$	0.0
> 0.55	$0.08 T_1 - 0.02$	

注：T_1 为结构基本自振周期。

0.75，在设计时，计算地震作用的周期应略高于实测值，取增大系数为 1.2，建议计算周期考虑非结构构件影响的修正系数 ξ_T 取 0.9。对于质量及刚度沿高度分布比较均匀的结构，基本自振周期可用下列公式近似计算：

$$T_1 = 1.7 \xi_T \sqrt{u_n} \qquad (4\text{-}37)$$

式中　u_n——结构顶层假想侧移（m），即假想将结构各层的重力荷载作为楼层的集中水平力，按弹性静力方法计算所得到的顶层侧移值。

式（4-37）是半经验半理论得到的近似计算基本自振周期的顶点位移公式，它适用于具有弯曲型、剪切型或弯剪变形的一般结构。由于 u_n 是由弹性计算得到的，并且未考虑非结构构件的影响，故公式中也有修正系数 ξ_T。

在初步计算时，结构的基本自振周期可按下列经验公式估算：

$$T_1 = 0.1n \qquad (4\text{-}38)$$

式中，n 是建筑物层数（不包括地下部分及屋顶小塔楼）。这是根据 35 幢国内外高层建筑钢结构脉动实测自振周期统计值，乘以增长系数 1.2 得到的。

（2）振型分解反应谱法

对于不计扭转影响的结构，振型分解反应谱法可仅考虑平移作用下的地震效应组合，并应符合下列规定：

（a）j 振型 i 层质点的水平地震作用标准值 F_{ji}，可按下列公式计算（m 为结构计算振型数目）：

$$F_{ji} = \alpha_j \gamma_j X_{ji} G_i \quad (i = 1, 2 \cdots, n, j = 1, 2 \cdots m) \qquad (4\text{-}39)$$

$$\gamma_j = \sum_{i=1}^{n} X_{ji} G_i / \sum_{i=1}^{n} X_{ji}^2 G_i \qquad (4\text{-}40)$$

（b）相邻振型的周期比小于 0.85 时，水平地震作用效应（弯矩、剪力、轴向力和变形）应按下列公式计算：

$$S = \sqrt{\sum S_j^2} \qquad (4\text{-}41)$$

式中　α_j——相应于 j 振型计算周期 T_j 的地震影响系数；

　　　γ_j——j 振型的参与系数；

　　　X_{ji}——j 振型 i 质点的水平相对位移；

　　　S——水平地震作用标准值的效应；

　　　S_j——j 振型水平地震作用标准值产生的效应，规则结构可取 $m=3$；当结构较高、沿竖向刚度不均匀时取 $m=5\sim6$。

突出屋面的小塔楼，应按每层一个质点进行地震作用计算和振型效应组合。当采用 3 个振型时，所得地震作用效应可以乘增大系数 1.5；当采用 6 个振型时，所得地震作用效应不再增大。

目前高层建筑功能复杂，体型趋于多样化，在体型复杂或不能按平面结构假定进行计算时，宜采用空间协同计算（二维）或空间计算（三维），此时应考虑空间振型（x、y、z）及其耦联作用，考虑结构各部分产生的转动惯量及由式（4-40）计算的振型参与系数，还应采用完全二次方根法进行振型组合。亦即应按下列规定计算水平地震作用和进行地震效应组合：

（ⅰ）j 振型 i 层质点的水平地震作用标准值，应按下列公式计算：

$$\left.\begin{aligned} F_{xji} &= \alpha_j \gamma_{tj} X_{ji} G_i \\ F_{yji} &= \alpha_j \gamma_{tj} Y_{ji} G_i \quad (i = 1,2\cdots n; j = 1,2\cdots m) \\ F_{tji} &= \alpha_j \gamma_{tj} r_i^2 \varphi_{ji} G_i \end{aligned}\right\} \tag{4-42}$$

式中　　　r_i——i 层转动半径，可取 i 层绕质心的转动惯量除以该层质量的商的正二次方根；

　　　　　γ_{tj}——考虑扭转的 j 振型参与系数；

　　　　　φ_{ji}——j 振型 i 层的相对扭转角；

　　X_{ji}、Y_{ji}——分别为 j 振型 i 层质点在 x、y 方向的水平相对位移；

F_{xji}、F_{yji}、F_{tji}——分别为 j 振型 i 层的 x 方向、y 方向和转角方向的地震作用标准值。

一般可取 $m = 9 \sim 15$，对于多塔楼建筑的每个塔楼则宜取 $m \geqslant 9$。

（ⅱ）考虑扭转的 j 振型参与系数 γ_{tj} 可按下列公式确定：

当仅取 x 方向地震时，

$$\gamma_{tj} = \sum_{i=1}^n X_{ji} G_i \Big/ \sum_{i=1}^n (X_{ji}^2 + Y_{ji}^2 + \varphi_{ji}^2 r_i^2) G_i \tag{4-43}$$

当仅取 y 方向地震时，

$$\gamma_{tj} = \sum_{i=1}^n Y_{ji} G_i \Big/ \sum_{i=1}^n (X_{ji}^2 + Y_{ji}^2 + \varphi_{ji}^2 r_i^2) G_i \tag{4-44}$$

当地震作用方向与 x 轴有 θ 夹角时，可用 $\gamma_{\theta j}$ 代替 γ_{tj}：

$$\gamma_{\theta j} = \gamma_{xj} \cos\theta + \gamma_{yj} \sin\theta \tag{4-45}$$

（ⅲ）采用空间振型时，地震作用效应按下列公式计算：

$$S = \sqrt{\sum_{j=1}^m \sum_{k=1}^m \rho_{jk} S_j S_k} \tag{4-46}$$

式中　S——组合作用效应标准值；

S_j、S_k——分别为 j、k 振型地震作用标准值的效应，可取前 9～15 个振型，当基本自振周期 $T_1 > 2\mathrm{s}$ 时，振型数应取较大者；在刚度和质量沿高度分布很不均匀的情况下，应取更多的振型（18 个或更多）；

　　　ρ_{jk}——j 振型与 k 振型的耦联系数，按式（4-47）计算：

$$\rho_{jk} = \frac{8\sqrt{\zeta_j \zeta_k}(\zeta_j + \lambda_T \zeta_k)\lambda_T^{1.5}}{(1 - \lambda_T^2)^2 + 4\zeta_j \zeta_k (1 + \lambda_T^2)\lambda_T + 4(\zeta_j^2 + \zeta_k^2)\lambda_T^2} \tag{4-47}$$

　　　λ_T——k 振型与 j 振型的自振周期比；

　　　ζ_j、ζ_k——分别为 j、k 振型的阻尼比。

在计算振型耦联系数 ρ_{jk} 时，式（4-47）作了简化，假定所有振型阻尼比均相等。由于高层民用钢结构建筑多属塔式建筑，无限刚性楼盖居多，对楼盖为有限刚性的情况未给出计算公式，属于此种情况者应采用相应的计算公式。

（3）竖向地震作用

9 度地区的高层建筑，计算竖向地震作用时，可按下列要求确定竖向地震作用标准值：

（a）总竖向地震作用标准值

$$F_{\text{Evk}} = \alpha_{\text{vmax}} G_{\text{eq}} \tag{4-48}$$

式中　α_{vmax}——竖向地震影响系数最大值，可取水平地震影响系数的 65%；

G_{eq}——结构的等效总重力荷载，取总重力荷载代表值的 75%。

（b）楼层 i 的竖向地震作用标准值

$$F_{\text{vi}} = \frac{G_i H_i}{\sum_{j=1}^{n} G_j H_j} F_{\text{Evk}} \quad (i=1,2,\cdots,n) \tag{4-49}$$

（c）各层的竖向地震效应，应按各构件承受重力荷载代表值的比例分配，并应考虑向上或向下作用产生的不利组合。

（4）时程分析法

采用时程分析法计算结构的地震反应时地震波的选择应符合下列要求：

应按建筑场地类别和设计地震分组选用实际强震记录和人工模拟的加速度时程曲线，其中实际强震记录的数量不应少于总数的 2/3，多组时程曲线的平均地震影响系数曲线应与振型分解反应谱法所采用的地震影响系数曲线在统计意义上相符，其加速度时程的最大值可按表 4-13 采用。所谓统计意义上相符，是指多组时程波的平均地震影响系数曲线与振型分解反应谱法所用的地震影响系数相比，在对应于结构主要振型的周期点上相差不大于 20%。地震波的持续时间不宜过短，不论是实际强震记录还是人工模拟波形，有效持续时间一般为结构基本周期的 5～10 倍，即结构顶点的位移可按基本周期往复 5～10 次。所谓有效持续时间，一般从首次达到该时程曲线最大峰值的 10% 点起算，到最后一点达到最大峰值的 10% 为止。JGJ 99 规程要求，地震波持续时间不宜小于建筑结构基本自振周期的 5 倍和 15s，地震波取样时间间隔可取 0.01s 或 0.02s。弹性时程分析时，每条时程曲线计算所得结构底部剪力不应小于振型分解反应谱法计算结果的 65%，多条时程曲线计算所得结构底部剪力的平均值不应小于振型分解反应谱法计算结果的 80%。但计算结果亦不能过大，一般不大于 135%，平均不大于 120%。

时程分析所用地震加速度峰值（cm/s²）　　　　　　　表 4-13

设防烈度	6	7	8	9
多遇地震	18	35（55）	70（110）	140
设防地震	50	100（150）	200（300）	400
罕遇地震	125	220（310）	400（510）	620

注：括号内数值分别用于设计基本地零加速度为 0.15g 和 0.30g 的地区。

4.4.2 结 构 分 析

4.4.2.1 计算模型的建立

结构的作用效应可采用弹性方法计算。考虑到抗震设防的"大震不倒"原则，尚应对抗震设防的高层钢结构验算在罕遇地震作用下结构的层间位移和层间位移延性比，此时允许结构进入弹塑性状态，要进行弹塑性分析。

多、高层建筑钢结构的计算模型，可采用平面抗侧力结构的空间协同计算模型。当结构布置规则、质量及刚度沿高度分布均匀、不计扭转效应时，可采用平面结构计算模型；当结构平面或立面不规则、体型复杂、无法划分成平面抗侧力单元的结构，或为筒体结构时，应采用空间结构计算模型。在建立计算模型时，须注意下列各点：

（1）高层建筑钢结构通常采用现浇组合楼盖，其在自身平面内的刚度是相当大的。当进行结构的作用效应计算时，可假定楼面在其自身平面内为绝对刚性。当然，设计中应采取保证楼面整体刚度的构造措施。对整体性较差，或开孔面积大，或有较长外伸段的楼面，或相邻层刚度有突变的楼面，当不能保证楼面的整体刚度时，宜采用楼板平面内的实际刚度，或对按刚性楼面假定计算所得结果进行调整。

（2）高层建筑钢结构梁柱构件的跨度与截面高度之比，一般都较小，因此作为杆件体系进行分析时，应该考虑剪切变形的影响。此外，高层钢框架柱轴向变形的影响也是不可忽视的。梁的轴力很小，而且与楼板组成刚性楼盖，通常不考虑梁的轴向变形，但当梁同时作为腰桁架或帽桁架的弦杆或支撑桁架的杆件时，轴向变形不能忽略。由于钢框架节点域较薄，其剪切变形对框架侧移影响较大，应该考虑。

（3）当进行结构弹性分析时，由于楼板和钢梁连接在一起，宜考虑现浇钢筋混凝土楼板与钢梁的共同工作，且在设计中应使楼板与钢梁间有可靠连接。当进行结构弹塑性分析时，楼板可能严重开裂，可不考虑楼板与梁的共同工作。在框架弹性分析中，压型钢板组合楼盖中梁的惯性矩对两侧有楼板的梁宜取 $1.5I_b$，对仅一侧有楼板的梁宜取 $1.2I_b$，I_b 为钢梁惯性矩。

（4）抗震设计的高层建筑柱间支撑两端的构造应为刚性连接，但可按两端铰接计算。偏心支撑的消能梁段在大震时将首先屈服，由于它的受力性能不同，应按单独单元计算。

（5）对于现浇竖向连续钢筋混凝土剪力墙，宜计入墙的弯曲变形、剪切变形和轴向变形。当钢筋混凝土剪力墙具有比较规则的开孔时，可按带刚域的框架计算；当具有复杂开孔时，宜采用平面有限元法计算。装配嵌入式剪力墙，可按相同水平力作用下侧移相同的原则，将其折算成等效支撑或等效剪切板计算。

（6）当进行结构内力分析时，应计入重力荷载引起的竖向构件差异缩短所产生的影响。

4.4.2.2 静力分析方法

框架结构、框架-支撑结构、框架剪力墙结构和框筒结构等，其内力和位移均可采用矩阵位移法计算。筒体结构可按位移相等原则转化为连续的竖向悬臂筒体，采用薄壁杆件理论、有限条法或其他有效方法进行计算。对于高度小于 60m 的建筑或在方案设计阶段估算截面时，可采用如下近似方法计算荷载效应：

（1）在竖向荷载作用下，框架内力可以采用分层法进行简化计算。在水平荷载作用下，框架内力和位移可采用 D 值法进行简化计算，详见 4.4.2.3 节。

（2）平面布置规则的框架-支撑结构，在水平荷载作用下简化为平面抗侧力体系分析时，可将所有框架合并为总框架，并将所有竖向支撑合并为总支撑，然后进行协同工作分析（图 4-42）。总支撑可当作一根弯曲杆件，其等效惯性矩 I_{eq} 可按下列公式计算：

图 4-42 框架-支撑
结构协同分析

$$I_{eq} = \mu \sum_{j=1}^{m} \sum_{i=1}^{n} A_{ij} a_{ij}^2 \qquad (4-50)$$

式中 μ——折减系数，对中心支撑可取 $0.8 \sim 0.9$；

A_{ij}——第 j 榀竖向支撑第 i 根柱的截面面积；

a_{ij}——第 i 根柱至第 j 榀竖向支撑架的形心轴的距离；

n——每一榀竖向支撑的柱子数；

m——水平荷载作用方向竖向支撑的榀数。

平面布置规则的框架剪力墙结构，也可将所有剪力墙合并为总剪力墙，然后进行协同工作分析。

（3）当有一部分柱不参与抵抗侧力时，可将这些柱合并为一根总重力柱，并在计算结构的 $P\text{-}\Delta$ 效应时计入其荷载的影响。

图 4-43 等效槽形截面

（4）平面为矩形或其他规则形状的框筒结构，可采用等效角柱法、展开平面框架法等，转化为平面框架进行近似计算。

用等效截面法计算外框筒的构件截面尺寸时，外框筒可视为平行于荷载方向的两个等效槽形截面（图 4-43），其翼缘有效宽度可取为

$$b = \min \ (L/3, \ B/2, \ H/10)$$

式中，L 和 B 分别为筒体截面的长度和宽度，H 为结构高度。框筒在水平荷载下的内力，可用材料力学公式作简化计算。

（5）对规则但有偏心的结构进行近似分析时，可先按无偏心结构进行分析，然后将内力乘以修正系数，修正系数应按下式计算（但当扭矩计算结果对构件的内力起有利作用时，应忽略扭矩的作用）。

$$\phi_i = 1 + \frac{e_d a_i \sum K_i}{\sum K_i a_i^2} \qquad (4-51)$$

式中 e_d——偏心距设计值，非地震作用时宜取 $e_d = e_0$，地震作用时宜取 $e_d = e_0 + 0.05L$；

e_0——楼层水平荷载合力中心至刚心的距离；

L——垂直于楼层剪力方向的结构平面尺寸；

ϕ_i——楼层第 i 榀抗侧力结构的内力修正系数；

a_i——楼层第 i 榀抗侧力结构至刚心的距离；

K_i——楼层第 i 榀抗侧力结构的侧向刚度。

在抗震设计中，结构的偏心距设计值主要取决于以下几个因素：地面的扭转运动，结构的扭转动力效应，计算模型和实际结构之间的差异，恒荷载和活荷载实际上的不均匀分布以及非结构构件引起的结构刚度中心的偏移。表达式 $e_d = e_0 + 0.05L$，考虑了我国在钢筋混凝土结构中的习惯用法和外国的常用取值。式（4-51）按静力法计算扭转效应，适用于小偏心结构。

图 4-44　折减系数 k

（6）用底部剪力法估算高层钢框架结构的构件截面时，水平地震作用下倾覆力矩引起的柱轴力，对体型较规则的标准设防类（丙类）建筑可折减，但对重点设防类（乙类）建筑不应折减。折减系数 k 的取值，根据所考虑截面的位置，按图 4-44 的规定采用。但体型不规则的建筑或体型规则但基本自振周期 $T_1 \leqslant 1.5\mathrm{s}$ 的结构，倾覆力矩不应折减。

倾覆力矩折减系数的定义是，在动力底部剪力与静力底部剪力相同的条件下，动力底部倾覆力矩与静力底部倾覆力矩的比值。在这方面的主要影响因素，为地震力沿高度的分布及基础转动的影响。分析表明，弯曲型结构的折减幅度随自振周期的增大而增大，剪切型结构的折减幅度变化较小。此外，阻尼越大则折减越小。暂限于在用底部剪力法估算高层钢框架构件截面时，考虑对倾覆力矩折减。

4.4.2.3　多、高层框架近似分析方法

在工程实践中，有一些有效的近似分析方法，这些方法便于手工计算，又有一定精度，特别在方案论证和初步设计时，尤其适用。

（1）分层法（竖向荷载作用下的内力近似分析方法）

在竖向荷载作用下，多层框架的侧移较小，且各层荷载对其他层的水平构件的内力影响不大，可忽略侧移而把每层作为无侧移框架用力矩分配法进行计算。如此计算所得水平构件内力即为水平构件内力的近似值，但垂直构件属于相邻两层，须自上而下将各相邻两层同一垂直构件的内力叠加，才可得各垂直构件的内力近似值。以图 4-45 所示平面框架为例，分层法的计算步骤为：

图 4-45　分层法示意图

（a）将框架以层为单元分解为若干无侧移框架，每单元包含该层所有的水平构件及与该层相连接的所有垂直构件。所有构件的几何尺寸保持不变，所有垂直构件与水平构件连接的力学特性保持不变（即保持其节点的刚性、柔性或半刚性性质），除底层垂直构件与基础连接的力学特性保持不变外，所有垂直构件的远端均设定为固定端。图 4-45 的框

架因此被分解为以 ABCD、EFGH 和 IJKL 为横梁的三个无侧移框架单元。

（b）非底层无侧移框架单元的垂直构件并非固定端，为此将非底层框架单元中的垂直构件的抗弯刚度乘以修正系数 0.9，同时将其传递系数修正为 1/3。

（c）对各无侧移框架单元作力矩分配法计算，所得水平构件内力即为水平构件内力的近似值。

（d）自上而下将各相邻两层同一垂直构件的内力叠加，得各垂直构件的内力近似值。

（e）节点弯矩严重不平衡时，可将不平衡弯矩再作一次分配，但不再传递。

【例题 4-1】用分层法分析图 4-46(a)所示平面框架内力，图中括号内的数字是构件线刚度的相对比值。

图 4-46　分层法计算示例

(a) 双层两跨框架；(b) 上层单元框架计算；(c) 下层单元框架计算

【解】注意垂直构件的抗弯刚度乘以修正系数 0.9，各杆端分配系数的计算结果记在图 4-46（b）和（c）中的方框内，例如节点 A 的梁端的分配系数为

$$5.7/(5.7+0.9\times1.0)=0.864$$

力矩分配的过程详细标示于图 4-46（b）和（c）中。各层框架单元端弯矩的计算结果在图中以黑体字标识。节点上的弯矩不平衡，但误差不是太大。如果要求较高精度，可再作几轮分配计算。

显然，分层法只能用于那些可简化为平面框架的多层结构进行分析。

（2）D 值法（水平荷载作用下的内力近似分析方法）

框架在水平荷载作用下的内力近似分析方法大多是从寻找构件的反弯点出发的。在仅受节点水平荷载作用的情形，如果梁的抗弯刚度远大于柱的抗弯刚度，则可认为柱两端的

图 4-47 框架柱侧移和反弯点
(a) 柱端转角为零；(b) 柱端转角非零

转角为零，从而柱段高度中央存在一个反弯点（图 4-47a）。此时柱的转角位移方程为

$$M_{ab} = M_{ba} = -6i\delta/h$$

端部剪力因而为 $\qquad V = 12i\delta/h^2 = \delta d$

式中 M_{ab}，M_{ba}——柱两端的杆端弯矩；

i，h——柱的线刚度和高度，$i = EI/h$；

δ——柱两端水平位移之差（层间位移）；

d——柱的抗侧移刚度：$d = V/\delta = 12i/h^2$。

设框架第 i 层的总剪力为 V_i，假定框架同一层所有柱的层间位移均相同，则有

$$\sum_j V_{ij} = \delta_i \sum_j d_{ij} = V_i \tag{4-52}$$

式中，V_{ij}、d_{ij} 分别是位于 i 层的第 j 个柱的剪力和抗侧移刚度。由上式可用 V_i 表达层间位移 δ_i，从而柱的剪力可表达为

$$V_{ij} = \frac{d_{ij}}{\sum_j d_{ij}} V_i \tag{4-53}$$

假定上层柱的反弯点位于柱高中点，底层柱的反弯点位于距底端 2/3 柱高处，由此可建立内力近似分析的反弯点法如下：

（a）按式（4-53）计算各层诸柱剪力。

（b）注意关于反弯点的设定，考虑各柱力矩平衡，可得柱端弯矩计算公式：

上层柱： $\qquad M_u = M_d = V_{ij}h_i/2$

底层柱： $\qquad M_u = V_{1j}h_1/3$，$M_d = 2V_{1j}h_1/3$

式中 M_u、M_d——分别是柱上端和下端弯矩。

（c）考虑各节点力矩平衡（图 4-48），并设梁端弯矩与其线刚度成正比，可得梁端弯矩计算公式：

边柱： $\qquad M_i = M_{u,i-1} + M_{d,i}$

中柱： $\qquad M_{il} = i_l (M_{u,i-1} + M_{d,i}) / (i_l + i_r)$

$\qquad\qquad M_{ir} = i_r (M_{u,i-1} + M_{d,i}) / (i_l + i_r)$

式中 M_i——与第 i 层边柱连接的梁端弯矩；

$M_{u,i-1}$、$M_{d,i}$——第 $i-1$ 层柱的上端弯矩和第 i 层柱的下端弯矩；

M_{il}、M_{ir}——节点左侧梁端弯矩和节点右侧梁端弯矩（图 4-48）；

i_l、i_r——节点左侧梁的线刚度和节点右侧梁的线刚度（图 4-48）。

（d）进而由梁端弯矩求梁的剪力。

对于层数不多的框架，梁的线刚度通常大于柱的线刚度，

图 4-48 节点力矩平衡

当梁的线刚度不小于柱的线刚度的 3 倍时，上列反弯点法可给出较好的精度。对于一般的多、高层建筑，梁线刚度达不到柱线刚度的 3 倍，反弯点法的精度过低。在上述反弯点法的计算中，考虑端部转角非零的影响，对柱的抗侧移刚度进行修正，同时亦考虑影响反弯点位置的一些其他因素的影响，可显著提高反弯点法的精度。端部转角和梁柱线刚度比 K 有关，为此引进修正系数 α，将修正后柱的抗侧移刚度记为 D：

$$D = \alpha d = \alpha \frac{12i}{h^2} \tag{4-54}$$

式中，α 称为柱侧移刚度修正系数，可按表 4-14 选用。以 D 代替式（4-52）中的 d，可以改善柱剪力的精度。将反弯点位置表达为反弯点到柱下端的距离 ηh（图 4-47b）。影响 η 值的因素很多，包括层数、层高变化、水平荷载沿高度的变化和梁柱线刚度比等。η 的计算公式为

$$\eta = \eta_0 + \eta_1 + \eta_2 + \eta_3 \tag{4-55}$$

柱侧移刚度修正系数 α 表 4-14

	中 柱		边 柱		α
	示意图	K	示意图	K	
上层柱		$\dfrac{i_1+i_2+i_3+i_4}{2i_c}$		$\dfrac{i_2+i_4}{2i_c}$	$\dfrac{K}{2+K}$
底层柱		$\dfrac{i_1+i_2}{i_c}$		$\dfrac{i_2}{i_c}$	$\dfrac{0.5+K}{2+K}$

式中 η_0——标准反弯点高度比，即层高、跨度和梁柱线刚度比都为常数时的反弯点高度系数；

η_1——柱上下端所连接梁的线刚度不等时的修正系数；

η_2，η_3——层高不等时的修正系数。η_2 反映上层柱高 h_u 与所讨论柱高 h 不等时的修正系数，η_3 反映下层柱高 h_d 与所讨论柱高 h 不等时的修正系数。

以上系数都可以从有关文献的表格中查到。大多数多层建筑的 η 系数，底层接近 2/3，中部各层接近 $0.45\sim0.5$，三层以上者顶层为 $0.35\sim0.4$。

由式（4-54）和式（4-55）修正柱侧移刚度和反弯点位置，再按上述步骤作反弯点法，称为改进反弯点法，亦称 D 值法。由于柱上端弯矩 M_u 和下端弯矩 M_d 与上下端到反弯点的距离成正比，位于 i 层的第 j 柱的柱端弯矩计算公式改变为：

$$M_d = \eta h_i V_{ij}, \quad M_u = (1-\eta) h_i V_{ij} \tag{4-56}$$

D 值法在多、高层结构设计中应用颇广，但由于在柱侧移刚度和反弯点位置的修正系数的计算中，引入了一些假定，仍属近似方法。

得出各层柱和梁的弯矩和轴力后，可以初选各构件的截面。层数较多的纯框架在风荷载大的地区可能由侧向刚度要求控制设计，为此可把式（4-52）中的 d_{ij} 改为 $D_{ij}=\alpha_{ij}d_{ij}$，并改写为：

$$\delta_i=\frac{V_i}{\sum\alpha_{ij}d_{ij}}=\frac{V_i}{12\dfrac{E}{h^2}\sum\dfrac{I_{ij}/h}{1+2/K_{ij}}} \tag{4-57}$$

应用此式，代入各构件的线刚度，即可考察层间位移是否超过限值。如果超过，则对选出的截面进行调整。

【例题 4-2】 用 D 值法分析图 4-49 所示平面框架内力，图中括号内的数字是构件线刚度的相对比值。

图 4-49 双层两跨框架（水平荷载）

【解】（1）按公式（4-54）计算各柱侧移刚度 D 值：

AD 柱

$$K=\frac{3.6+3.6}{2\times1}=3.6$$

$$D_{AD}=\frac{12\times1}{4^2}\times\frac{3.6}{2+3.6}=0.48$$

BE 柱

$$K=\frac{3.6+3.6+3.6+6}{2\times2.4}=3.5$$

$$D_{BE}=\frac{12\times2.4}{4^2}\times\frac{3.5}{2+3.5}=1.15$$

CF 柱

$$K=\frac{3.6+6}{2\times2.4}=2.0 \quad D_{CF}=\frac{12\times2.4}{4^2}\times\frac{2.0}{2+2.0}=0.9$$

DG 柱

$$K=\frac{3.6}{1.8}=2.0 \quad D_{DG}=\frac{12\times1.8}{5^2}\times\frac{0.5+2.0}{2+2.0}=0.54$$

EH 柱

$$K=\frac{3.6+6}{4}=2.4 \quad D_{EH}=\frac{12\times4}{5^2}\times\frac{0.5+2.4}{2+2.4}=2.32$$

FI 柱

$$K=\frac{6}{4}=1.5 \quad D_{FI}=\frac{12\times4}{5^2}\times\frac{0.5+1.5}{2+1.5}=1.1$$

（2）以 D_{ij} 代替式（4-53）中的 d_{ij} 计算各柱剪力

<u>上层柱</u>　$\sum D_{ij}=0.48+1.15+0.9=2.53$，$V_{AD}=0.48\times72/2.53=13.66\text{kN}$

$V_{BE}=1.15\times72/2.53=32.73\text{kN}$，$V_{CF}=0.9\times72/2.53=25.61\text{kN}$

<u>底层柱</u>　$\sum D_{ij}=0.54+2.32+1.1=3.96$，$V_{DG}=0.54\times112/3.96=15.27\text{kN}$

$V_{EH}=2.32\times112/3.96=65.62\text{kN}$，$V_{FI}=1.1\times112/3.96=31.11\text{kN}$

（3）按公式（4-56）确定各柱端弯矩，对上层柱取 $\eta=0.45$，下层柱取 $\eta=2/3$

<u>AD 柱</u>　$M_d=0.45\times4\times13.66=24.60\text{kN}\cdot\text{m}$，

$M_u=(1-0.45)\times4\times13.66=30.05\text{kN}\cdot\text{m}$

<u>BE 柱</u>　$M_d=0.45\times4\times32.73=58.91\text{kN}\cdot\text{m}$，

$M_u=(1-0.45)\times4\times32.73=72.00\text{kN}\cdot\text{m}$

<u>CF 柱</u>　$M_d=0.45\times4\times25.61=46.10\text{kN}\cdot\text{m}$，

$M_u=(1-0.45)\times4\times25.61=56.34\text{kN}\cdot\text{m}$

<u>DG 柱</u>　$M_d=(2/3)\times5\times15.27=50.90\text{kN}\cdot\text{m}$，

$M_u=(1-2/3)\times5\times15.27=25.45\text{kN}\cdot\text{m}$

<u>EH 柱</u>　$M_d=(2/3)\times5\times65.62=218.73\text{kN}\cdot\text{m}$，

$M_u=(1-2/3)\times5\times65.62=109.37\text{kN}\cdot\text{m}$

<u>FI 柱</u>　$M_d=(2/3)\times5\times31.11=103.70\text{kN}\cdot\text{m}$，

$M_u=(1-2/3)\times5\times31.11=51.85\text{kN}\cdot\text{m}$

（4）各柱端弯矩确定（见图 4-50）

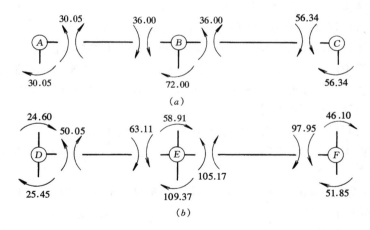

图 4-50　节点弯矩

(a) 上层节点弯矩；(b) 底层节点弯矩

由柱端弯矩不难绘制内力图。

下面按式（4-57）计算框架上层的层间位移。设 AD 柱的 I/h 为 30，则其余二柱的线刚度均为 $2.4\times30=72$，从而得

$$\sum\frac{I_j/h}{1+2/K_j}=\frac{30}{1+2/3.6}+\frac{72}{1+2/3.5}+\frac{72}{1+2/2.0}=101.10$$

$$\frac{\delta}{h}=\frac{V_i}{\left(12E\sum\dfrac{I_j/h}{1+2/K_j}\right)/h}=\frac{72}{12\times20600\times101.10/400}=\frac{1}{868}$$

小于容许值 $1/400$ 。

4.4.2.4 稳定分析方法

纯框架的整体稳定，本应属于框架整体分析的问题，但迄今为止都是用柱稳定计算的方式来实现的。对于层数不很多而侧移刚度比较大的框架，其内力计算用一阶分析的方法，不计竖向荷载的侧移效应（亦称 $P\text{-}\Delta$ 效应）。当然，在确定有侧移框架柱的计算长度时，这项效应总是要考虑在内的。柱计算长度是由弹性稳定分析得来的，并且分析时又引进许多简化假定。此外，随着房屋高度增大和围护结构轻型化，一阶分析所得的构件内力和侧移都较低。因此传统的方法很难反映框架的真实的承载极限。框架的弹塑性极限承载力分析是解决整体问题的精确手段，但计算过于复杂，目前还未达到实际应用阶段。GB 50017 标准给出了采用二阶分析的规定。二阶弹性分析的内力可以由一阶分析的结果乘以放大系数得到。如杆端二阶弯矩 M 由下式计算

$$M=M_{\mathrm{b}}+\alpha_2 M_{\mathrm{s}} \tag{4-58}$$

$$\alpha_2=\frac{1}{1-\dfrac{\sum N\Delta u}{\sum Hh}} \tag{4-59}$$

式中　M_{b}——结构在竖向荷载作用下的一阶弹性弯矩；

　　　M_{s}——结构在水平荷载作用下的一阶弹性弯矩；

　　　α_2——所计算楼层考虑二阶效应的杆件侧移弯矩增大系数；

　　　$\sum N$——所计算楼层各柱轴压力标准值之和（包括不参与抵抗侧力的各柱）；

　　　$\sum H$——产生层间侧移 Δu 的所计算楼层及以上各层的水平力标准值之和；

　　　Δu——$\sum H$ 作用下按一阶弹性分析求得的所计算楼层的层间侧移；

　　　h——所计算楼层的高度。

比值 $\sum N\Delta u/(\sum Hh)$ 是 $P\text{-}\Delta$ 效应大小的指标，当此值不超过 0.1 时， $\alpha_2\leqslant1.1$ ， $P\text{-}\Delta$ 效应比较小，确定内力可不作二阶分析。另一方面， $\alpha_2>1.33$ 表明框架侧移刚度过低，需要改变尺寸来增大刚度。

在采用二阶分析的同时，在每层柱顶附加下列假想水平力 H_i ，以考虑结构和构件缺陷的影响，包括柱子初倾斜、初偏心和残余应力等。计入 $P\text{-}\Delta$ 效应后，柱计算长度即可取其几何长度，不必再寻找 μ 系数。

$$H_i=\frac{Q_i}{250}\sqrt{0.2+\frac{1}{n_{\mathrm{s}}}} \tag{4-60}$$

$$2/3\leqslant(0.2+1/n_{\mathrm{s}})^{1/2}\leqslant1.0 \tag{4-61}$$

式中　Q_i——第 i 楼层的总重力荷载设计值；

　　　n_{s}——框架总层数。

GB 50017 标准将满足下式（4-62）的支撑结构（支撑桁架、剪力墙等）称为强支撑框架。

$$S_b \geqslant 4.4 \times \left[\left(1 + \frac{100}{f_y} \right) \Sigma N_{bi} - \Sigma N_{0i} \right] \tag{4-62}$$

式中　　　　S_b——支撑系统的层侧移刚度（产生单位侧倾角的水平力）；

ΣN_{bi}、ΣN_{0i}——分别是第 i 层层间所有框架柱分别用无侧移框架和有侧移框架柱计算长度系数算得的轴压杆稳定承载力之和。

对于满足式（4-62）的强支撑框架，框架柱的计算长度系数可按无侧移框架处理，直接借助 GB 50017 附录 E.0.1 确定，亦可由式（4-16）计算。

4.4.2.5　地震作用分析方法

在 4.4.1.3 节中已经提及，高层建筑钢结构的抗震设计，应采用两阶段设计法。第一阶段为多遇地震作用下（众值烈度下）的弹性分析，验算构件的承载力和稳定以及结构的层间侧移；第二阶段为罕遇地震（超越概率为 2%～3%）下的弹塑性分析，验算结构的层间侧移和层间侧移延性比。

一般情况下，结构越高其基本自振周期越长，结构高阶振型对结构的影响也就越大。底部剪力法只考虑结构的一阶振型，因此底部剪力法不适用于很高的建筑结构计算，各国标准规定的适用高度不同，日本为 45m，印度为 40m，我国现行国家标准《建筑抗震设计规范》规定，高度不超过 40m、以剪切变形为主且质量和刚度沿高度分布较均匀的结构，或近似于单质点体系的结构可用底部剪力法进行抗震计算。否则宜采用振型分解反应谱法。对于特别不规则的建筑、特殊设防类（曾称甲类）建筑和表 4-15 所列高度范围的高层建筑，应采用时程分析法进行多遇地震下的补充计算。振型分解反应谱法实际上已是一种动力分析方法，基本上能够反映结构的地震反应，因此将它作为第一阶段弹性分析时的主要方法。时程分析法是完全的动力分析方法，能够较真实地描述结构地震反应的全过程，但时程分析得到的只是一条具体地震波的结构反应，具有一定的"特殊性"，而结构地震反应受地震波特性（如频谱）的影响是很大的，因此，在第一阶段设计中，可作为竖向特别不规则建筑和重要建筑的补充计算。

采用时程分析法的房屋高度范围　　　　　　　　　　　　　　　　表 4-15

烈度、场地类别	房屋高度范围（m）
8 度Ⅰ、Ⅱ类场地和 7 度	＞100
8 度Ⅲ、Ⅳ类场地	＞80
9 度	＞60

《高层民用建筑钢结构技术规程》关于高层建筑钢结构的抗震计算，针对不同情况，规定采用下列方法计算地震作用效应：

（a）高层民用建筑钢结构宜采用振型分解反应谱法，对质量和刚度不对称、不均匀的结构以及高度超过 100m 的高层民用建筑钢结构应采用考虑扭转耦联振动影响的振型分解反应谱法；

（b）高度不超过 40m、以剪切变形为主且质量和刚度沿高度分布比较均匀的高层民用建筑钢结构，可采用底部剪力法；

（c）7～9 度抗震设防的高层民用建筑，下列情况应采用弹性时程分析进行多遇地震下的补充计算：

1）甲类高层民用建筑钢结构；

2）表 4-15 所列的乙类和丙类高层民用建筑钢结构；

3）不满足特殊不规则规定的高层民用建筑钢结构。

（*d*）计算罕遇地震下的结构变形，应按现行国家标准《建筑抗震设计规范》GB 50011 规定，采用静力弹塑性分析方法或弹塑性时程分析法。

（*e*）安装有消能减震装置的高层民用建筑钢结构的结构变形，应按现行国家标准《建筑抗震设计规范》GB 50011 的规定，采用静力弹塑性分析方法或弹塑性时程分析法。

（1）第一阶段抗震设计

应按 GB 50017 标准，以每层柱顶附加水平假想力的方式计入重力二阶效应。框架梁可按梁端截面的内力设计。对于工字形柱，宜计入梁柱节点域剪切变形对结构侧移的影响；对于箱形柱框架、中心支撑框架和高度不超过 50m 的钢结构，其层间位移计算可不计入梁柱节点域剪切变形的影响。在强烈地震中，框架 - 支撑体系中的支撑，作为第一道防线先行屈服，内力重分布使得框架部分承担的剪力增大。另一方面，如果这种体系中的框架抗剪承载力不适当增大，则可能无法实现"双重设防体系"的目标。因此，在第一阶段抗震设计中，框架-支撑体系中框架部分按刚度分配计算得到的地震层剪力应乘以调整系数，达到不小于结构底部总地震剪力的 25％和框架部分计算最大层剪力 1.8 倍二者的较小值。与此异曲同工的是，为了使偏心支撑框架仅在耗能梁段屈服，与其相连接的支撑斜杆、柱和非耗能梁段均要求具有足够的强度，实现这一点是通过将其内力设计值乘以相应的增大系数来实现的，详见 GB 50011 规范。

结构阻尼比的实测值很分散，因为它与结构的材料和类型、连接方法和试验方法诸多因素有关。钢筋混凝土结构的阻尼比通常取 0.05，钢结构的阻尼比一般要小于 0.05。GB 50011 建议，做多遇地震下的分析时，高度不大于 50m 的结构阻尼比可取 0.04；高度大于 200m 的结构阻尼比可取 0.02；高度介于二者之间的结构则阻尼比可取 0.03。考虑到偏心支撑系统事实上会增加结构的阻尼，该规范规定：当偏心支撑框架部分承担的地震倾覆力矩大于结构总地震倾覆力矩的 50％时，结构的阻尼比可相应增加 0.005。

（2）第二阶段抗震设计

底部剪力法和振型分解反应谱法只适用于结构的弹性分析，进行第二阶段抗震设计时，结构一般进入弹塑性状态，故高层建筑钢结构第二阶段抗震设计验算，应采用时程分析法计算结构的弹塑性地震反应，其结构计算模型可以采用杆系模型，剪切型层模型、剪弯型层模型或剪弯协同工作模型。采用杆系模型作弹塑性时程分析，可以了解结构的时程反应，计算结果较精确，但工作量大，耗费机时，费用高。用层模型可以得到各层的时程反应，虽然精确性不如杆系模型，但工作量小，费用低，结果简明，易于整理。地震作用是不确定的、复杂的，许多问题还在研究中，而且结构构件的强度有一定的离散性。另外，第二阶段设计的目的，是验算结构在大震时是否会倒塌，从总体上了解结构在大震时的反应，因此工程设计中，大多采用层模型。

用时程分析法计算结构的地震反应时，时间步长的运用与输入加速度时程的频谱情况和所用计算方法等有关。一般说来，时间步长取得越小，计算结果越精确，但计算工作量越大。最好的办法是用几个时间步长进行计算，步长逐渐减小（例如每次步长减小一半），到计算结果无明显变化时为止，但需重复计算，这在必要时可采用。一般情况下，可取时间步长不超过输入地震波卓越周期的 1/10，而且不大于 0.02s。抗震规范规定，在罕遇地震下的分析，由于进入非弹性阶段，钢结构的阻尼比亦可取 0.05。

进行高层钢结构的弹塑性地震反应分析时，如采用杆系模型，需先确定杆件的恢复力模型；如采用层模型，需先确定层间恢复力模型。恢复力模型一般可参考已有资料确定，对新型、特殊的杆件和结构，则宜进行恢复力特性试验。钢柱及梁的恢复力模型可采用二折线型，其滞回模型可不考虑刚度退化。钢支撑和耗能梁段等构件的恢复力模型，应按杆件特性确定。钢筋混凝土剪力墙、剪力墙板和核心筒，应选用二折线或三折线型，并考虑刚度退化。

当采用层模型进行高层建筑钢结构的弹塑性地震反应分析时，应采用计入有关构件弯曲、轴向力、剪切变形影响的等效层剪切刚度，层恢复力模型的骨架线可采用静力弹塑性方法进行计算，并可简化为折线型，要求简化后的折线与计算所得骨架线尽量吻合。在对结构进行静力弹塑性计算时，应同时考虑水平地震作用与重力荷载。构件所用材料的屈服强度和极限强度应采用标准值。

大震时的 $P\text{-}\Delta$ 效应较大，不可忽视。因此，不论采用何种模型进行高层建筑钢结构的弹塑性时程反应分析时，均应计入二阶效应对侧移的影响。

4.4.3　结　构　设　计

4.4.3.1　荷载组合

地震作用不参与荷载组合时，多、高层建筑（主要用于办公室、公寓、饭店）的竖向荷载通常包括：永久荷载、楼面使用荷载及雪荷载，水平荷载只有风荷载（当然，如果建筑物上还有其他可变荷载，要按照荷载规范进行组合）。地震作用参与荷载组合时，可变荷载的组合值系数见表 4-16。

组合值系数　　　　　　　　　　　　　　　　　表 4-16

可变荷载种类		组合值系数
雪荷载		0.5
屋面活荷载		不计入
按实际情况计算的楼面活荷载		1.0
按等效均布荷载计算的楼面活荷载	藏书库、档案库、库房	0.8
	其他民用建筑	0.5

有地震作用参与，第一阶段设计时按下式计算荷载效应组合：

$$S_d = \gamma_G S_{GE} + \gamma_{Eh} S_{Ehk} + \gamma_{Ev} S_{Evk} + \psi_w \gamma_w S_{wk}$$

式中　ψ_w——风荷载组合值系数，一般结构取 0.0，风荷载起控制作用的高层建筑应取 0.2；

　　　γ_w——风荷载分项系数，取 $\gamma_w = 1.4$；

γ_{Eh}、γ_{Ev}——分别为水平、竖直地震作用分项系数；

　　S_{GE}——重力荷载代表值（永久荷载的标准值和可变荷载组合值之和）的效应，有吊车时，尚应包括悬吊物重力标准值的效应；

　　S_{Ehk}——水平地震作用标准值的效应，尚应乘以相应的增大系数或调整系数；

　　S_{Evk}——竖向地震作用标准值的效应，尚应乘以相应的增大系数或调整系数；

　　S_{wk}——风荷载标准值的效应。

上列各相应荷载或作用的分项系数取值见表 4-17。应取各构件可能出现的最不利组合进行截面设计。

有地震作用组合时荷载和作用的分项系数   表 4-17

参与组合的荷载和作用	γ_G	γ_{Eh}	γ_{Ev}	γ_w	说　　明
重力荷载及水平地震作用	1.2	1.3	—	—	抗震设计的高层民用建筑钢结构均应考虑
重力荷载及竖向地震作用	1.2	—	1.3	—	9 度抗震设计时考虑；水平长悬臂和大跨度结构 7 度（0.15g）、8 度、9 度抗震设计时考虑
重力荷载、水平地震作用及竖向地震作用	1.2	1.3	0.5	—	
重力荷载、水平地震作用及风荷载	1.2	1.3		1.4	60m 以上高层民用建筑钢结构考虑
重力荷载、水平地震作用、竖向地震作用及风荷载	1.2	1.3	0.5	1.4	60m 以上高层民用建筑钢结构，9 度抗震设计时考虑；水平长悬臂和大跨度结构 7 度（0.15g）、8 度、9 度抗震设计时考虑
	1.2	0.5	1.3	1.4	水平长悬臂和大跨度结构 7 度（0.15g）、8 度、9 度抗震设计时考虑

注：1. 在地震作用组合中，当重力荷载效应对构件承载力有利时，宜取 γ_G 为 1.0；

　　2. 对楼面结构，当活荷载标准值不小于 4kN/m² 时，其分项系数取 1.3。

第一阶段抗震设计中的结构侧移验算，应采用与构件承载力验算相同的组合，但各荷载或作用的分项系数应取 1.0。

第二阶段设计采用时程分析法验算时，竖向荷载宜取重力荷载代表值。因考虑受罕遇地震作用，故不考虑风荷载，且荷载和作用的分项系数也都取 1。因为结构处于弹塑性阶段，叠加原理已不适用，故应先将考虑的荷载和作用都施加到结构模型上，再进行分析。

4.4.3.2　构件验算

（1）一般要求

抗震设防的建筑可能全部或部分地受不考虑地震作用的效应组合控制，因此，非抗震设防的多高层建筑钢结构，以及抗震设防的多高层建筑钢结构在不计算地震作用的效应组合中，均应满足下列要求：

1）构件承载力应满足

$$\gamma_0 S \leqslant R \tag{4-63}$$

式中　γ_0——结构重要性系数，按结构构件安全等级确定；

　　　S——荷载或作用效应组合设计值；

　　　R——结构构件承载力设计值。

2）结构在风荷载或多遇地震标准值作用下，按弹性方法计算的楼层层间最大水平位移与层高之比不宜大于 1/250。

研究表明，增加纯框架体系的柱子线刚度远没有增加主梁线刚度更能显著地扼制水平位移。亦即，增加所有主梁的线刚度，可显著减少水平位移。主梁的线刚度为支承自重所需刚度的 3 倍以上时，可减少约 50% 的相对水平位移。但是这种措施通常要综合考虑经济效果，一般认为，主梁的线刚度超出支承自重所需刚度的 1.5 倍时，费用就已经过高了，必须寻求其他提高水平刚度（如加支撑、抗剪构件等）的方法。

3）国外实例和一些研究表明，在超高层建筑特别是超高层钢结构建筑中，必须考虑人体的舒适度。这是一个比较复杂的问题，通常不能简单地通过水平位移控制来解决，而是要控制加速度。

《高层民用建筑钢结构技术规程》要求，房屋高度不小于 150m 的高层民用建筑钢结构应满足风振舒适度要求。在现行 GB 50009 规范规定的 10 年一遇的风荷载标准值下，结构顶点的顺风向和横风向振动最大加速度计算值 a_w（或 a_{tr}）不应大于式（4-64）和式（4-65）的限值：

住宅、公寓 a_w（或 a_{tr}）$\leqslant 0.20 m/s^2$ （4-64）

办公、旅馆 a_w（或 a_{tr}）$\leqslant 0.28 m/s^2$ （4-65）

结构顶点的顺风向和横风向振动最大加速度，可按 GB 50009 规范的规定计算，亦可通过风洞试验确定。计算时钢结构阻尼比宜取 0.01～0.015。

实际上，楼盖结构的动力性能亦与居住舒适度有关。一般情况下，楼盖结构的竖向振动频率不宜小于 3Hz，否则应验算其竖向振动加速度，以满足居住舒适度要求。JGJ 99 规程要求楼盖结构竖向振动加速度峰值不应超过表 4-18 的限值。楼盖结构竖向振动加速度可按现行行业标准《高层建筑混凝土结构技术规程》的有关规定计算。

楼盖竖向振动加速度限值   表 4-18

人员活动环境	峰值加速度限值（m/s²）	
	竖向频率不大于 2Hz	竖向频率不小于 4Hz
住宅、办公	0.07	0.05
商场及室内连廊	0.22	0.15

注：结构竖向频率为 2～4Hz 时，峰值加速度限值可按线性插值选取。

圆筒形高层建筑有时会发生横风向的涡流共振现象，此种振动较为显著，但设计是不允许出现横风向共振的，应予避免。一般情况下，设计中用高层建筑顶部风速来控制：

$$v_n = 40(\mu_z w_0)^{1/2} < v_{cr} \tag{4-66}$$

$$v_{cr} = 5D/T_1 \tag{4-67}$$

式中 v_n——圆筒形高层民用建筑顶部风速（m/s）；

       v_{cr}——临界风速（m/s）；

       D——圆筒形建筑的直径（m）；

       T_1——圆筒形建筑的基本自振周期（s）；

       μ_z——风压高度变化系数；

       w_0——基本风压（kN/m）。

如果不能满足这一条件，一般可采用增加刚度使自振周期减小来提高临界风速，或者进行横风向涡流脱落共振验算。

（2）抗震设计

（a）在高层建筑钢结构的第一阶段抗震设计中，结构构件承载力应满足：

$$S_d \leqslant R/\gamma_{RE} \tag{4-68}$$

式中　S_d——地震作用效应组合设计值；

　　　R——结构构件承载力设计值；

　　　γ_{RE}——结构构件承载力的抗震调整系数，按表 4-19 的规定选用。当仅考虑竖向效应组合时，抗震调整系数均取 1.0。

构件承载力的抗震调整系数　　　　　　　　　　　　　　　　　表 4-19

构件名称	梁	柱		支撑		节点	节点螺栓	节点焊缝
γ_{RE}	0.75	强度	0.75	强度	0.75	0.75	0.75	0.75
		稳定	0.80	稳定	0.80			

需要特别注意，在具体进行构件承载力校核时，承载力设计值通常表达为材料的强度值，因此在进行第一阶段抗震设计中，这些强度值都要除以表 4-19 的抗震调整系数采用。

（b）高层建筑钢结构的第二阶段抗震设计，要求满足：结构薄弱层（部位）弹塑性层间侧移不得超过层高的 1/50。

（c）钢结构抗震的性能设计

多层和高层建筑钢结构一般都具有良好的延性。这种结构在强震作用下部分构件出现塑性区，可使结构刚度下降，导致自振周期增大。结构增大的周期可使之避开地震波强度最大时段的特征周期，减小了地震对结构的实际作用。为了适应钢结构这一特点，现在提出一种新的抗震设计方法，即性能化设计。此法仍按 GB 50011 规范进行多遇地震作用的验算，但具体计算构件的承载力时采用下列公式

$$S_{GE} + \Omega_i S_{Enk2} + 0.4 S_{Evk2} \leqslant R_k \tag{4-69}$$

式中　S_{Enk2}——水平设防地震作用标准值效应；

　　　S_{Evk2}——竖向设防地震作用标准值效应，只用于设防烈度为 8 度时；

　　　Ω_i——第 i 层构件的性能系数，随构件是否含有塑性耗能区和塑性耗能区的等级而不同。对于多层和高层钢结构，Ω_i 总是小于 1.0，性能等级越高，此系数越小；

　　　R_k——构件承载力标准值。

由于使用经验不足，建议此法只用于设防烈度不高于 8 度，且结构高度不超过 100m 的纯框架结构、柱-撑体系和框-撑体系。

思　考　题

4.1　多高层房屋结构的受力特点及常见的结构类型有哪些？

4.2　剪力滞后对框筒结构受力有何影响，如何加以改善？

4.3　多高层结构设置地下室有哪些意义？

4.4　组合梁、组合楼板的主要组成有哪些？其主要计算内容有何特点？

4.5　多高层结构中梁与梁、梁与柱的连接分类有哪些？具体如何构造？

4.6　高层结构抗震设计中为何要求强柱弱梁？什么条件下可以不做这方面计算？为什么？

4.7　多高层结构中采用改进的梁柱节点的构造方法、意义是什么？

4.8　框-支体系中，中心支撑和偏心支撑的主要区别是什么？各有何受力特点？

4.9　高层结构设计中设置多道抗震防线的意义何在、方法有哪些？

习　　题

4.1　某多层钢结构框架，采用等截面梁与柱连接如图 4-51 所示，建筑高度 35m，所在地区抗震设防烈度为 8 度。框架柱承受轴向压力 4000kN，柱子采用 Q345B 钢，梁采用 Q235B 钢，试计算此节点是否满足抗震构造要求？

图 4-51　框架梁柱节点

4.2　某框架-支撑结构体系，采用门架式偏心支撑，钢梁采用焊接工字形等截面形式，截面尺寸同上题，材料为 Q235B 钢，已知耗能梁段的弯矩 500kN·m；剪力 300kN；轴力 800kN。

（1）试按剪切屈服型设计耗能梁段的长度；

（2）试对耗能梁段进行强度验算。

4.3　某高层建筑的平面由互呈 120°的 3 个 30m×8m 的矩形构成，如图 4-52 所示，外表面编号及其在图示风向时的体型系数标识于图上，要求：

图 4-52　习题 4.1 图

（1）计算风荷载合力作用点的平面位置。（建议：作表格运算）

（2）根据计算结果，描述该高层建筑在图示风向时的受力特征。

4.4   某四层刚接钢框架如图 4-53 所示，间距 8m，与基础刚性连接，各构件截面几何及力学特性见表 4-20，柱和梁分别采用 Q345B 和 Q235B 钢材。所在建筑场地为Ⅲ类场地土，8 度设防，特征周期取 0.55s。楼层（包括屋面）自重 5kN/m²，外墙自重 1.5kN/m²，内墙自重 1.0kN/m²；楼层活荷载 5kN/m²，屋面活荷载 1.5kN/m²；基本雪压 0.2kN/m²。

图 4-53   习题 4.2 图

构件截面几何及力学特性   表 4-20

构件	截面	A（cm²）	I_x（cm⁴）	W_x（cm³）	自重（kN/m）
1、2 层柱	1400×500×20×12	215.2	101946.9	4077.9	1.689
3、4 层柱	1400×500×16×12	184.16	85239.5	3409.6	1.446
梁	1300×650×16×10	157.8	116159	3574.1	1.239

要求：

（1）内力分析（荷载标准值）。（一、二、三、四层 η 系数分别取为 0.65、0.45、0.40、0.35）；

（2）各层水平地震作用计算（第一周期取 1.2s，按底部剪力法）。

第5章 轻型住宅钢结构

5.1 概　述

5.1.1 轻型钢结构住宅的组成

轻型钢结构住宅是指由轻质材料组成的、可工厂化生产的、现场组装的轻型房屋建筑，如图 5-1 所示。该结构体系适用于不超过 6 层的建筑（《轻型钢结构住宅技术规程》JGJ 209 称不超过 3 层的钢结构住宅为低层钢结构住宅，4～6 层的钢结构住宅则称为多层钢结构住宅），抗震设防烈度为 8 度及其以下的地区，并具有设计施工一体化的特点。轻质材料包括承重结构体系所需的轻型钢结构和建筑围护体系所需的轻型板材。所谓轻型钢结构是指采用冷弯薄壁型钢和其他轻型钢构件，使结构用钢量较少；而轻型板材是指与传统的钢筋混凝土相比干密度小一半以上的板材。轻型钢结构住宅是一种新的建筑体系，涉及材料是新型建筑材料，设计方法是"建筑、结构、设备与装修一体化"的新方法，是住宅建筑产业化的一种形式。

从结构功能上来说，轻型钢结构住宅可分为主结构和围护结构两大部分。

1～2 层的轻钢住宅主结构大多采用冷弯薄壁 U 形、C 形和方管作为承重体系，构件之间采用螺栓或自攻螺钉连接，无须焊接，所有构件均可工厂加工，然后运至现场进行拼装。多层住宅的主结构需要采用轻型 H 型钢和组合 L 形截面等种类。相关研究表明：位于乡村、城市、港口以及工业区等不同地区的钢结构房屋采用热镀锌钢构件时其结构镀锌层每三年的腐蚀量均小于

图 5-1　轻型钢结构住宅的构造图

0.1μm。可以看出轻型钢结构住宅具有很好的防腐能力和耐久性。随着我国钢产量的不断提升，国内的冷弯型钢生产能力也得到了长足的发展，轻型钢结构住宅的所有主结构均可实现国产化，且目前正在向高强、耐候方向发展，这无疑给轻型钢结构住宅的发展提供了坚强的后盾。同时，轻型钢结构住宅施工作业受天气或季节影响较小。

围护结构主要分为结构性板材、防水材料、保温材料和外墙挂板。其中，结构性板材主要有定向刨花板（简称 OSB）和稻草板（Straw-Board）。OSB 是 20 世纪 70 年代在欧

美迅速发展起来的一种新型高强度木质刨花板，它是以小径材、间伐材、木芯等为原料，通过专用设备加工成长条刨花，再将长条刨花经干燥、施胶、并成纵横交叉状态进行铺装、热压成型的一种结构人造板。由于是由许多木片层层交叉叠压在一起，所以具有很高的强度。稻草板是以植物秸秆（如稻草或麦草等）作原料，不添加胶粘剂，不需切割粉碎，直接在成型机内以加热挤压的方式形成密实的板坯，并在表面粘上一层各种材质的

图 5-2   屋面防水工程

"护面纸"而制成的新型环保建材。它具有质轻、较高强度和良好的隔声保温性能，对它可进行锯、钉、胶和表面油漆施工，比其他墙板更具有广阔的发展前景。轻型钢结构住宅的屋面、墙面均须做防水处理，防水材料有防水纸、防水卷材以及防水涂料等。图 5-2 为正在进行屋面防水工程施工的轻钢住宅。保温材料可分为保温板和保温棉两大类。这两种材料在轻型钢结构住宅中均有应用，保温板主要用于外墙面

（如图 5-3 所示），保温棉主要用于屋面、楼面和内隔墙保温、隔声。外墙挂板主要起到最外层围护及美观的作用，主要分 PVC 和钢质挂板（如图 5-4 所示）。外墙挂板是外墙油漆或涂料的理想替代材料，其中 PVC 挂板采用经过独特工艺处理的聚氯乙烯制成，具有优越的耐候性能，可以抗御各种恶劣气候。

图 5-3   墙面保温板施工

图 5-4   外墙挂板

从结构体系来说，轻型钢结构住宅可采用轻型钢框架或框架—墙板体系。即由冷弯薄壁型钢、小截面的热轧 H 型钢、高频焊接 H 型钢、普通焊接 H 型钢或异形截面型钢、冷轧或热轧成型的钢管等构件构成的纯框架作为承重结构，并以墙板和屋面板代替一般结构的支撑，把框架连成空间整体。框架还可以用密排的简易构架代替。住宅结构的设计使用年限不应少于 50 年，其安全等级不应低于二级。轻型钢结构住宅是永久性建筑。

5.1.2   轻型钢结构住宅的特点

与传统结构体系相比，轻型钢结构住宅具有以下特点：

（1）自重轻，可降低基础工程造价。轻钢住宅的自重约为传统砖混结构的 1/4，钢筋混凝土结构的 1/3。重力荷载值的减小使得相应地震作用数值也大大减小，基础荷载也大为减轻，基础技术处理的难度以及基础工程造价等均可得到很大降低。此外，由于钢结构

的柱截面小，墙体厚度也较薄，此类结构的空间开阔，建筑面积能够合理分隔，使用灵活，可满足住宅大开间的需要，使用面积比钢筋混凝土住宅增加 10％～15％，经济效益较好。

（2）抗震性能好。能充分发挥钢材的强度高、延性好、塑性变形能力强等优点。间距较密的构架或框架与外围护结构性板材结合，产生应力蒙皮效应，形成类似于剪力墙的抗侧力墙体，从而具有更强的抗震、抗风能力，增加了住宅的可靠性。

（3）工业化程度高，施工速度快。轻钢住宅的钢构件在工厂制作，然后现场拼装，不需要大量支模和绑扎钢筋，施工周期约为传统结构的 1/3 左右。且施工作业受天气或季节影响较小，符合文明环保的建筑施工要求。

（4）环保性能好。轻钢住宅所用材料主要是绿色可回收或可降解的材料，且施工现场湿作业少，噪声、粉尘和建筑垃圾少，属环保型建筑。

（5）可实现住宅建筑技术的集成化和产业化。轻钢住宅的构件制作工厂化、机械化、商品化程度高，质量稳定，资金利用率高，有利于降低成本，实现住宅建筑技术的集成化和产业化。

（6）良好的隔声、保温性能。采用与钢结构体系配套的轻质墙板、复合楼板等新型材料，具有良好的隔声、保温性能，符合建筑节能的要求。轻钢住宅墙体及屋面大多采用玻璃棉为保温隔热材料，而用在外墙的保温板，能有效地避免墙体的"热桥"现象，进一步改善房屋的保温隔热性能。

（7）维修方便。轻钢住宅的施工简便，人工成本低，房屋构件更换、维修方便。

（8）方便安装各种管线。轻钢结构墙体是中空的，在墙体完工前就可以方便快捷地在其中安装各种管线，从而解决了中国传统公寓和别墅中的一个大问题—裸露在室内的管线影响房屋内部美观。

综上可以看出，轻型钢结构住宅的综合优势是明显的，它不仅功能齐全（水、暖、电配套），整洁美观，而且绿色环保，可以实现住宅建筑技术的集成化和产业化。图 5-5 给出了一些轻型钢结构住宅的实际效果。

图 5-5　轻型钢结构房屋实景

5.1.3　轻型钢结构住宅的应用情况

国外利用镀锌轻钢构件作为承重结构建造住宅已有近 30 年的历史。在美国普通的低层民用住宅中，采用冷弯薄壁型钢作为结构承重体系的房屋所占比例从 20 世纪 90 年代初的 5％已发展到目前的 25％左右，而且应用技术更加成熟、完善。在地震多发的日本，从

20世纪60年代开始低层轻型钢结构住宅逐渐发展为工业化预制装配式住宅的主体，新建的1~4层建筑中80%采用了冷弯薄壁型钢结构。在加拿大，有30%的民居采用冷弯薄壁型钢结构体系。在澳大利亚，冷弯薄壁型钢结构住宅市场占有率达到15%，且每年均有增长趋势。

轻型钢结构住宅在我国的应用大约始于20世纪90年代中期，近20多年来特别是中华人民共和国住房和城乡建设部编制的《轻型钢结构住宅技术规程》于2010年颁布实施后，其应用得到了迅速的发展，主要用于低层民用住宅、宿舍、别墅、农舍、营房、小型医院、小型商业建筑、大型建筑的屋面和楼面等。轻型钢结构住宅符合"节能减排，建设节约型社会"要求，成为近年来钢结构领域发展的重要方向之一。

5.2　材　料

轻钢住宅采用的材料应为轻质材料。结构体系的钢材可采用冷弯薄壁型钢、高频焊接H型钢、截面尺寸在200mm左右的焊接或热轧H型钢等。楼板应采用密肋轻质面板组合结构体系。建筑围护体系的材料不仅是轻质的，而且应能满足建筑物理功能、安全和耐久性能。

5.2.1　结　构　材　料

5.2.1.1　钢材

轻钢住宅承重结构采用的钢材宜为Q235B钢或Q345B钢，当对冲击韧性不作交货保证时，也可采用Q345A钢。轻钢住宅的承重构件，应优先选用冷弯U形和C形钢、热轧或冷加工成型的方（矩）形钢管、H型钢（热轧或高频焊接），不宜选用热轧工字钢或热轧槽钢。冷弯型钢不应采用强度超过Q345的钢材，当计算全截面有效时，可采用考虑冷弯后的强度设计值，但经退火、焊接和热镀锌等处理的冷弯薄壁型钢构件不得采用冷弯效应的强度设计值。钢材的强度设计值和物理性能指标应按现行国家标准《钢结构设计规范》GB 50017和《冷弯薄壁型钢结构技术规范》GB 50018的有关规定采用。构件钢材质量和连接材料的质量均应符合《轻型钢结构住宅技术规程》的要求。

5.2.1.2　楼板材料

轻质楼板材料是轻型钢结构住宅的一项重要技术，轻质楼板不仅可减少主体结构用钢量，还有利于抗震。目前采用的轻质楼板体系是密肋龙骨与轻质板材（水泥加气发泡类板材、钢丝网水泥板、定向刨花板）组合体系。水泥加气发泡类板材属于新型建材，具有轻质高强的特点，适用于预制装配式施工；钢丝网水泥板的板面尺寸在$1m^2$左右，厚度为25~30mm，用自攻螺钉固定在密肋钢梁上，组成轻质楼板结构体系；定向刨花板在5.1.1节中已有所介绍。

楼板用水泥加气发泡类材料的立方体抗压强度标准值不应低于6.0MPa。水泥加气发泡类板材中配置的钢筋（或钢构件或钢丝网）应经有效的防腐处理，且钢筋的粘结强度不应小于1.0MPa。轻质楼板中的配筋可采用冷轧带肋钢筋，其性能应符合国家现行标准《冷轧带肋钢筋》GB 13788以及《钢筋焊接网混凝土结构技术规程》JGJ 114的规定。楼板用钢丝网应进行镀锌处理，其规格应采用直径不小于0.9mm、网格尺寸不大于20mm×

20mm 的冷拔低碳钢丝编织网。钢丝的抗拉强度标准值不应低于 450MPa。楼板用定向刨花板不应低于 2 级，甲醛释放限量应为 1 级，且应符合现行行业标准《定向刨花板》LY/T 1580 的规定。

5.2.2 围 护 材 料

围护材料是指墙板和屋面板。外维护材料（外墙板和屋面板）决定建筑功能的实现。同时钢结构住宅的轻型化，围护材料也是关键之一，这就要求它们"质量轻、强度高、保温隔热性能好、安全、耐久、经济适用"。

为了减小建筑生产对自然资源生态系统的破坏，轻质围护材料应采用节地、节能、利废、环保的原材料。此外，轻质围护新材料及其应用技术，在使用前必须经相关程序核准，使用单位应对材料进行复检和技术资料审核。一方面使其满足住宅建筑规定的物理性能、热工性能、耐久性能和结构要求的力学性能；另一方面，保证轻质围护材料符合现行国家标准《民用建筑工程室内环境污染控制规范》GB 50325 和《建筑材料放射性核素限量》GB 6566 的规定。《轻型钢结构住宅技术规程》JGJ 209 给出了结构性能的一般要求：预制的轻质外墙板和屋面板应按等效荷载设计值进行承载力检验，受弯承载力检验系数不应小于 1.35，连接承载力检验系数不应小于 1.50，在荷载效应的标准组合作用下，板受弯挠度最大值不应超过板跨度的 1/200，且不应出现裂缝。轻质墙体的单点吊挂力不应低于 1.0kN，抗冲击试验不得小于 5 次。

轻型钢结构住宅的轻质围护材料宜采用水泥基的复合型多功能轻质材料，也可以采用水泥加气发泡类材料、轻质混凝土空心材料、轻钢龙骨复合墙体材料等。围护材料产品的干密度不宜超过 800kg/m³。水泥基板材是指以普通水泥为基本材料，有的经加气发泡技术做成轻质板材，有的掺加工业废料或聚苯颗粒制成轻质板材，还有用保温材料夹心制成符合保温板等。轻钢龙骨复合墙板是用冷弯薄壁型钢作为龙骨，两侧由薄板蒙皮、保温材料以及建筑面板组成，在现场用自攻自钻螺钉拼装成一道墙体，有的既当围护结构又当承重结构，有的仅作为围护结构。

5.2.3 保 温 材 料

用于轻型钢结构住宅的保温隔热材料应具有满足设计要求的热工性能指标、力学性能指标和耐久性能指标。轻型钢结构住宅的保温隔热材料可采用模塑聚苯乙烯泡沫板（EPS板）、挤塑聚苯乙烯泡沫板（XPS 板）、硬质聚氨酯板（PU 板）、岩棉、玻璃棉等。它们的性能指标见表 5-1。

保温隔热材料性能指标 表 5-1

检验项目	EPS 板	XPS 板	PU 板	岩棉	玻璃棉
表观密度(kg/m³)	≥20	≥35	≥25	40～120	≥10
导热系数[W/(m·K)]	≤0.041	≤0.033	≤0.026	≤0.042	≤0.050
水蒸气渗透系数[ng/(Pa·m·s)]	≤4.5	≤3.5	≤6.5	—	—
压缩强度(MPa，形变 10%)	≥0.10	≥0.20	≥0.08	—	—
体积吸水率(%)	≤4	≤2	≤4	≤5	≤4

当使用 EPS 板、XPS 板、PU 板等有机泡沫塑料作为轻型钢结构住宅的保温隔热材料时，保温隔热系统整体应具有合理的防火构造措施。

5.3 建 筑 设 计

与传统的建筑结构相比，轻型钢结构住宅的建筑设计是以集成化住宅建筑为目标，以配套的建筑体系和产品为基础，按照模数协调的原则进行建筑、结构、设备和装修一体化的综合设计，最终实现构配件标准化、设备产品定型化。

5.3.1 建 筑 模 数

轻型钢结构住宅的建筑设计应充分考虑构、配件的模数化和标准化，应以通用化的构配件和设备进行模数协调。模数协调是设计尺寸协调和生产活动协调，它既能使设计者的建筑、结构、设备、电气等专业技术文件相互协调，又能使设计者、制造业、经销商和业主等人员之间的生产活动相互协调一致。

轻型钢结构住宅设计中的结构网格应以模数网格线定位。模数网格线应为基本设计模数的倍数，宜采用优先参数为 6M（1M＝100mm）的模数系列。装修网格应由内部部件的重复量和大小决定，宜采用优先参数为 3M。预制装配式轻质墙板应按模数协调要求确定墙板中基本板、洞口板、转角板和调整板等类型板的规格、截面尺寸和公差。当体系中的部分构件难于符合模数化要求时，可在保证主要构件的模数化和标准化的条件下，通过插入非模数化部件适调间距。

通过模数协调，可以实现轻型钢结构住宅部件的通用性和互换性，达到通用性和互换性就可以使住宅部件进行社会化大规模生产，有利于稳定和提高产品质量，降低产品成本，实现轻型钢结构住宅的产业化。

5.3.2 平 面 设 计

5.3.2.1 平面布置

轻型钢结构住宅的建筑平面设计除了应符合模数外，还应与结构体系相协调，否则不仅使结构设计繁琐，还可能会增加结构用材和造价，甚至造成结构受力不合理。因此，轻型钢结构住宅的建筑平面设计应符合下列要求：

（1）平面几何形状宜规则，其凹凸变化及长宽比例应满足结构对质量、刚度均匀的要求，平面刚度中心与质心宜接近或重合。

（2）空间布局应有利于结构抗侧力体系的设置及优化。

（3）应充分兼顾钢框架结构的特点，房间分隔应有利于柱网设置。

（4）为了建筑美观，可采用异形柱、扁柱、扁梁或偏轴线布置墙柱等方式，避免室内露柱或露梁。图 5-6 为用窄翼缘 H 型钢拼成的钢异形柱，墙柱的位置关系如图 5-7 所示。

（5）由于采用钢结构，平面设计宜采用大开间。

5.3.2.2 轻质楼板

轻质楼板采用 5.2.1.2 所述楼板材料，建筑面层宜采用轻质找平层。吊顶时宜在密肋钢梁间填充玻璃棉或岩棉等措施满足埋设管线和建筑隔声的要求。多孔吸声材料（如玻璃

图 5-6 钢异形柱

(*a*) T 形截面；(*b*) 十字形截面；(*c*) L 形截面

图 5-7 墙柱位置关系

(*a*) T 形截面柱与墙；(*b*) L 形截面柱与墙

棉、岩棉矿棉、植物纤维喷涂等）的吸声机理是材料内部有大量微小的孔隙，声波沿着这些孔隙可以深入材料内部，与材料发生摩擦作用将声能转化为热能。对压型钢板现浇钢筋混凝土楼板，应设计吊顶。

5.3.3 轻质墙体与屋面设计

外墙和屋面属于建筑外围护体系，是轻型钢结构住宅建筑设计的重点之一。轻质围护材料应根据保温或隔热的要求进行选择。外墙保温板应采用整体外包钢结构的安装方式，当采用填充钢框架式外墙时，外露钢结构部位应做外保温隔热处理。

对于轻质墙体和屋面，应有防裂、防潮和防雨措施，并应有保持保温隔热材料干燥的措施。当采用室内吊顶保温隔热屋面系统时，屋面与吊顶之间应有通风措施。外墙的挑出构件，如阳台、雨篷、空调室外板等均应作保温隔热处理。对墙体的预留洞口或开槽处应有补强措施，对隔声和保温隔热功能应有弥补措施。非上人屋面不宜设女儿墙，否则，应有可靠的防风或防积雪的构造措施。

轻质墙体和屋面材料已经在 5.2.2 节有所介绍，下面介绍采用这些墙板的构造措施。

5.3.3.1 水泥基轻质墙体和屋面

当采用水泥基轻质墙板墙体时，外墙体宜采用双层中空形式，内层镶嵌在钢框架内，与柱内皮平齐,外层包裹悬挂在钢结构外侧,如图 5-8 所示。这种双层外墙体热导率比单层小,容易满足较高的节能标准要求,而且不宜形成热桥。在这种双层墙体中,内外墙板错缝排列,从根本上消除了板缝开裂漏雨水的可能性。内外墙板间的空气层既可布置管线,又能通风换气,有利于保温隔热,是钢结构住宅墙板墙体的首选做法。此外,外墙也可以采用单层墙体,比较常用的有外挂式单层外墙体(如图 5-9 所示)和镶嵌式单层外墙体(如图 5-10 所示)。

图 5-8　双层外墙的构造

图 5-9　外挂式的单层外墙体

　　屋面板宜采用水泥基的预制复合保温板,具体做法是将保温板铺设在钢檩条上,板边带企口拼缝,用自攻螺钉固定,再做防水层即可。防水层采用油毡瓦或陶瓦,按产品使用说明或标准图集施工。需要强调的是,檩条宜与屋架上表面平齐,这样可使屋面板与屋架和檩条紧密接触而不漏缝隙。另外,外墙保温板与屋面保温板在檐口处应紧密接触,形成连续的外保温系统。

图 5-10　镶嵌式的单层外墙体

5.3.3.2　轻钢龙骨复合墙体

当采用轻钢龙骨复合墙体时，用于外墙的轻钢龙骨宜采用小方钢管桁架结构。若采用冷弯薄壁 C 型钢龙骨时，应双排交错布置形成断桥。此外，外墙体的龙骨宜与主体钢框架外侧平齐，外墙保温材料应外包覆盖主体钢结构，而且还应对轻钢龙骨复合墙体进行结露验算。

5.3.3.3　轻质砌块墙体

当采用轻质砌块墙体时，外墙砌体应外包钢结构砌筑并与钢结构拉结，否则，应对钢结构做保温隔热处理。

5.4　结　构　设　计

5.4.1　结　构　体　系

5.4.1.1　框架-墙板体系

《轻型钢结构住宅技术规程》JGJ 209 推荐的轻型框架结构体系是由填充的墙体对结构提供侧向刚度。这就是说，以墙体代替轻型门式刚架结构的柱间支撑，同时也以屋面板代替屋盖支撑。图 5-11 给出一座 $60m^2$ 农舍框架简图和节点构造。框架边柱及中柱均为 $80×80×5$ 方钢管，屋架上弦和下弦分别为 $80×80×5$ 方钢管和 $75×75×3$ 角钢，檩条为 $180×70×20×3$ C 型钢，都是冷成型钢材，钢材为 Q235 钢。屋架的支座节点（图 5-11b）采用平齐式端板螺栓连接，一般认为是半刚性连接。屋脊节点（图 5-11c）斜杆和竖杆直接焊接相连，也未必达到刚接的要求，同时，柱脚为平板式，也不属于刚接。因此，这类轻型钢框架并不是具有较高侧向刚度的结构。

嵌入框架的端墙及 4.5m 跨的内墙都需要承担提供侧向刚度的任务。方向和框架垂直的墙体开有门窗，更是需要墙体和框架柱及门窗框紧密相连，形成整体刚度。

墙体的实际侧向刚度，应通过试验来测定。当钢框架层间相对侧移角满足下列指标者，认为合格：

图 5-11　框架简图及节点连接

(*a*) 框架简图；(*b*) 节点 *A*；(*c*) 节点 *B*；(*d*) 节点 *C*；(*e*) 柱脚 (*f*) 檩条和斜梁连接

当侧移角达到 1/300 时，墙体不出现任何开裂破坏；

当侧移角达到 1/200 时，墙体在接缝处可出现可修补的裂缝；

当侧移角达到 1/50 时，墙体不应出现断裂或脱落。

为了进行框架-墙板组合体的内力分析，还需要把墙板换算为等效的交叉支撑。图 5-12 给出层间墙板和交叉支撑的计算简图。当顶部承受水平力 *V* 时，二者的层间侧移 *Δ* 可近视取为：

$$墙板\qquad \Delta = \frac{Vh^3}{3E_w I_w}\left(1+\frac{3\mu E_w I_w}{G_w A_{ew} h^2}\right)=\frac{Vh}{E_w h_{ew} b^3}(4h^2+3b^2)\qquad(5\text{-}1)$$

$$交叉支撑\qquad \Delta = \frac{Vl}{2EA_s \cos^2\theta}\qquad(5\text{-}2)$$

式中　E_w、G_w——墙板材料的弹性模量和剪变模量，取 $G_w=0.4E_w$；

　　　　μ——剪力不均匀系数，矩形截面 $\mu=1.2$；

　　　　I_w——墙板截面惯性矩，$I_w=b^3 h_{ew}/12$；

图 5-12　墙板和等效支撑的侧移

A_{ew}——墙板的有效截面，$A_{ew} = bh_{ew}$；

h_{ew}——墙板的有效厚度；

l——支撑长度，$l = b/\cos\theta$；

b、h——柱间距和层高；

A_s——等效支撑杆的截面积。

令以上二式相等，得到：

$$A_s = \frac{E_w h_{ew} b^3 l}{2Eh(3b^2 + 4h^2)\cos^3\theta} \tag{5-3}$$

在分析内力时，可以认为桁架杆件与柱铰接（图 5-13），上下弦均为两端简支的压弯构件。但是按照图 5-11（b）所示 A 节点的构造，桁架上、下弦轴线交点不在柱轴线上，并且偏离较大。因此在计算重力荷载效应时，边柱柱顶承受偏心力矩 M_e（图 5-13a）。此项弯矩和上、下弦杆端部可能出现的弯矩方向相反，故后者可以不必考虑。但 M_e 不宜小于 0.1（$M_{os} + M_{ox}$），M_{os} 和 M_{ox} 分别为上、下弦杆在重力荷载作用下的简支梁最大弯矩。

框架的构件根据其受力性质及截面类型分别按 GB 50017 和 GB 50018 的规定进行截面选择。

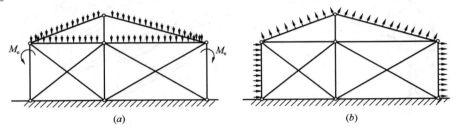

图 5-13　框架墙板体系的内力分析

（a）重力荷载；（b）风荷载

5.4.1.2　简易构架

美国一、二层住宅的轻型钢结构采用密排的冷弯薄壁型钢构架，其间距为 407mm（16 吋）或 610mm（24 吋）。具体方案如图 5-1 所示。这种简易构架脱胎于传统的木结构建筑，是以钢代木的结果，并非正规的钢结构设计。其主要构件采用冷弯槽钢（U 型钢）或卷边槽钢（C 型钢），壁厚仅为 0.84～2.46mm。屋脊处设有通长的屋脊构件，由于左右屋面荷载不等，会导致此杆受扭，因此采用槽钢和卷边槽钢组合而成的闭合箱形截面（图 5-14a）。构件和构件之间多采用自攻螺钉相连，如图 5-14 所示。三角形屋架并无腹杆，因此，屋架上下弦杆实际上是斜梁和横梁。

简易构架的整体性和侧向刚度主要依靠墙板和屋面板，同时也适当设置支撑构件。图 5-15（a）为带有两侧墙板的立柱。图 5-15（b）表示在两根相邻楼面梁之间能有一段 C 型或 U 型钢作为刚性支撑，其他楼面梁之间设扁钢拉条。

设计这类简易构架的轻钢结构，只需根据房屋的平面尺寸和风雪荷载值从现成的表格确定各类构件尺寸，无需进行力学计算。

(a)   *(b)*

图 5-14   简易构件节点

(a)   *(b)*

图 5-15   带墙板的立柱和带刚性支撑的楼面梁

5.4.2   荷 载 与 作 用

依据《建筑结构荷载规范》GB 50009 和《建筑抗震设计规范》GB 50011，结合轻型钢结构住宅的特点，《轻型钢结构住宅技术规程》JGJ 209 中给出了荷载效应组合的具体表达式和相关系数。这些公式和系数与其他类型的建筑钢结构相同，这里不作介绍。

5.4.3   构 造 要 求

5.4.3.1   构件长细比

框架柱长细比应符合：①低层轻钢住宅或非抗震设防的多层轻型钢结构住宅的框架柱长细比不应大于 $150\varepsilon_k$；②需要进行抗震验算的多层轻型钢结构住宅的框架柱长细比不应大于 $120\varepsilon_k$（按照《建筑抗震设计规范》GB 50011 的规定执行）。对于低层轻型钢结构住宅，考虑低层建筑的层数可能建到 3 层，框架柱长细比取值有所从严，即无论有没有抗震设防要求，都按照现行国家标准《钢结构设计标准》GB 50017—2017 的规定取值，而不按照《门式刚架轻型房屋钢结构技术规范》GB 51022 的规定取柱的长细比为 $180\varepsilon_k$。

支撑构件的长细比按现行国家标准《钢结构设计标准》GB 50017—2017 的规定取值，

中心支撑的长细比应符合下列要求：

（1）低层轻钢住宅或非抗震设防的多层轻型钢结构住宅的支撑构件长细比，按受压设计时不宜大于 $180\varepsilon_k$；

（2）需要进行抗震验算的多层轻型钢结构住宅的支撑构件长细比，按受压设计时不宜大于 $150\varepsilon_k$；

（3）当采用拉杆时，其长细比不宜大于 $250\varepsilon_k$，但对张紧拉杆可不受此限制。

5.4.3.2 板件宽厚比

（1）低层轻型钢结构住宅或非抗震设防的多层轻型钢结构住宅的框架柱和框架梁，其板件宽厚比限值应按现行国家标准《钢结构设计标准》GB 50017—2017 有关规定确定。

（2）需要进行抗震验算的多层轻型钢结构住宅中的 H 形截面框架柱和框架梁，其板件宽厚比限值可按下列公式计算确定，但不应大于现行国家标准《钢结构设计标准》GB 50017—2017 规定的限值。

（a）当 $0 \leqslant \mu_N < 0.2$ 时：

$$\frac{b/t_f}{15\sqrt{235/f_{yf}}} + \frac{h_w/t_w}{650\sqrt{235/f_{yw}}} \leqslant 1 \text{，且 } \frac{h_w/t_w}{\sqrt{235/f_{yw}}} \leqslant 130 \tag{5-4}$$

（b）当 $0.2 \leqslant \mu_N < 0.4$ 且 $\dfrac{h_w/t_w}{\sqrt{235/f_{yw}}} \leqslant 90$ 时：

当 $\dfrac{h_w/t_w}{\sqrt{235/f_{yw}}} \leqslant 70$ 时：

$$\frac{b/t_f}{13\sqrt{235/f_{yf}}} + \frac{h_w/t_w}{910\sqrt{235/f_{yw}}} \leqslant 1 \tag{5-5}$$

当 $70 < \dfrac{h_w/t_w}{\sqrt{235/f_{yw}}} \leqslant 90$ 时：

$$\frac{b/t_f}{19\sqrt{235/f_{yf}}} + \frac{h_w/t_w}{190\sqrt{235/f_{yw}}} \leqslant 1 \tag{5-6}$$

式中　μ_N——框架柱轴压比，柱轴压比为考虑地震作用组合的轴向压力设计值与柱截面面积和钢材强度设计值之积的比值；

b、t_f——翼缘板自由外伸宽度和板厚；

h_w、t_w——腹板净高和厚度；

f_{yf}——翼缘板屈服强度；

f_{yw}——腹板屈服强度。

（c）当 $\mu_N \geqslant 0.4$ 时，应按现行国家标准《建筑抗震设计规范》GB 50011 的规定执行。

式（5-4）～式（5-6）把翼缘宽厚比和腹板宽厚比的限制联系在一起，体现两者的相关关系，比采用嵌固系数更为细致、合理。

（3）需要进行抗震验算的多层轻型钢结构住宅中的非 H 形截面框架柱和框架梁，其板件宽厚比限值应按现行国家标准《建筑抗震设计规范》GB 50011 的规定执行。

5.4.4　结 构 构 件 设 计

轻钢住宅构件和连接的承载力应按现行国家标准《冷弯薄壁型钢结构技术规范》GB

50018 和《钢结构设计标准》GB 50017—2017 的有关规定计算，需要进行抗震验算的还应按现行国家标准《建筑抗震设计规范》GB 50011 的有关规定执行。

一般构件的计算并无特殊之处，但 L 形截面没有对称轴，其承载力计算有些特点：

（1）强度计算

由于没有对称轴，截面主轴 ox 和 oy 是倾斜的（图 5-16），从而在垂直于墙体的横向力作用下呈双轴弯曲。同时，截面剪心偏离形心，又使杆件产生扭转。因此，L 形截面柱的应力由 4 项组成，截面强度的验算公式是：

$$\sigma = \frac{N}{A} \pm \frac{M_x}{I_x}y \pm \frac{M_y}{I_y}x \pm \frac{B_\omega}{I_\omega}\omega_s \leqslant f \tag{5-7}$$

和

$$\tau = \frac{V_x S_y}{I_y t} + \frac{V_y S_x}{I_x t} + \frac{M_\omega S_\omega}{I_\omega t} + \frac{M_k t}{I_t} \leqslant f_v \tag{5-8}$$

式中　N——柱轴向力；

M_x、M_y——绕柱截面形心主轴 x、y 的弯矩；

V_x、V_y——柱截面形心主轴 x、y 方向的剪力；

B_ω——弯曲扭转双力矩；

M_k、M_ω——扭矩的自由扭转部分和约束扭转部分；

S_x、S_y——截面静矩；

I_x、I_y——截面主惯性矩；

I_ω——扇性惯性矩；

I_t——抗扭惯性矩；

S_ω——扇性静矩；

ω_s——扇性坐标。

图 5-16 L 形截面

（2）稳定计算

L 形截面柱压弯稳定性应符合下式要求：

$$\frac{N}{\varphi A} + \frac{\beta_{tx}M_x}{\varphi_{bx}W_x} + \frac{\beta_{ty}M_y}{\varphi_{by}W_y} - \frac{2(\beta_y M_x + \beta_x M_y)}{i_0^2 \varphi A} \leqslant f \tag{5-9}$$

$$i_0^2 = \frac{I_x + I_y}{A} + x_0^2 + y_0^2 \tag{5-10}$$

$$\beta_x = \frac{\int_A x(x_0^2 + y_0^2)\mathrm{d}A}{2I_y} - x_0 \tag{5-11}$$

$$\beta_y = \frac{\int_A y(x_0^2 + y_0^2)\mathrm{d}A}{2I_x} - y_0 \tag{5-12}$$

式中 i_0 ——剪心为准的极回转半径;

β_x、β_y ——截面不对称常数;

φ_{bx}、φ_{by} ——分别为绕 x、y 轴受弯的稳定系数,对弹性杆由以下公式计算:

$$\varphi_{bx} = \frac{\pi^2 E I_y}{W_x f_y (\mu_y l)^2}\left[\beta_y + \sqrt{\beta_y^2 + \frac{I_\omega}{I_y} + \frac{GI_t}{\pi^2 E I_y}(\mu_y l)^2}\right] \tag{5-13}$$

$$\varphi_{by} = \frac{\pi^2 E I_x}{W_y f_y (\mu_x l)^2}\left[\beta_x + \sqrt{\beta_x^2 + \frac{I_\omega}{I_x} + \frac{GI_t}{\pi^2 E I_x}(\mu_x l)^2}\right] \tag{5-14}$$

此公式算出的数值大于 0.6 时,应按照《钢结构设计标准》GB 50017—2017 的规定进行折减;

β_{tx}、β_{ty} ——等效弯矩系数,按《钢结构设计标准》GB 50017—2017 的规定取值;

μ_x、μ_y ——分别为 x、y 方向的计算长度系数,按表 5-2 取值。

计算长度系数   表 5-2

约束条件	μ_x	μ_y	μ_ω
两端简支	1.0	1.0	1.0
两端固定	0.5	0.5	0.5
一端固定,一端简支	0.7	0.7	0.7
一端固定,一端自由	2.0	2.0	2.0

式 (5-9) 是 JGJ 209—2010 规程给出的公式,为了简化计算,可以偏于安全的略去公式第 4 项。规程附录中有常用 L 形截面几何性质表,可供设计时查用。

需要注意的是,式 (5-9) 第一项中的稳定系数 φ 必须按照无对称轴截面受压屈曲时伴随扭转的特点,采用下列换算长细比确定:

$$\lambda = \frac{1}{\sqrt{0.44\alpha - 0.62\sqrt{\alpha^2 - 2.27(\lambda_x^2 + \lambda_y^2 + \lambda_\omega^2)/(\lambda_x \lambda_y \lambda_\omega)^2}}} \tag{5-15}$$

$$\alpha = \frac{1}{\lambda_x^2}(1 - y_0^2/i_0^2) + \frac{1}{\lambda_y^2}(1 - x_0^2/i_0^2) + \frac{1}{\lambda_\omega^2} \tag{5-16}$$

$$\lambda_x = \frac{\mu_x l}{\sqrt{I_x/A}} \tag{5-17}$$

$$\lambda_y = \frac{\mu_y l}{\sqrt{I_y/A}} \tag{5-18}$$

$$\lambda_\omega = \frac{\mu_\omega l}{\sqrt{\dfrac{I_\omega}{Ai_0^2} + \dfrac{(\mu_\omega l)^2 GI_k}{\pi^2 E A i_0^2}}} = \sqrt{Ai_0^2\left[\frac{(\mu_\omega l)^2}{I_\omega} + \frac{25.7}{I_k}\right]} \tag{5-19}$$

式中 λ_x、λ_y、λ_ω ——分别为 x、y 轴长细比和扭转屈曲换算长细比；

　　　　μ_ω ——扭转屈曲的计算长度系数。

5.4.5 节 点 设 计

为了满足装配化的施工特点，钢构件的工地连接尽量不用或少用焊接，图 5-11 所示的单层框架节点 B 是工厂连接，全部采用焊缝。节点 C 的工厂连接部分采用焊缝，其下端焊有法兰式端板，在工地用螺栓和下部柱连接。屋架和柱的连接节点 A 采用工地螺栓连接，檩条和斜梁的连接也相同。除节点 A 剪力较大，可考虑采用高强度螺栓外，其他节点都可采用普通螺栓。图 5-14 和图 5-15 所示的简易构架节点，则全部采用自攻螺栓，施工更为简便。

多层的框架墙板体系，梁柱连接节点可能需要焊接和高强螺栓配合使用，图 5-17 就是一例。此图所示 H 型钢和方钢管柱的连接是多层轻型框架较常用的形式。方钢管截面宽度不大，在节点连接处无法设置内隔板。为了防止方钢管壁板在梁受弯时变形，在节点范围加设

图 5-17 套筒式梁柱节点

套管。套管厚度大于柱壁，并在二者之间加以塞焊，从而使节点变形大为减小。其构造应满足下列要求：

（1）套筒的壁厚应大于钢管柱壁厚与梁翼缘板厚最大值的 1.2 倍；

（2）套筒的高度应高出梁上、下翼缘外 60～100mm；

（3）除套筒上、下端与柱焊接外，还应在梁翼缘上下附近对套筒进行塞焊，塞孔直径 d 不宜小于 20mm。

宽度较大的方钢管柱，当内部能够设置横隔时，可以采用图 5-18 的节点连接。这一方案的特点是把短梁段在工厂和柱相焊接。梁的工地拼接或是采用图示的栓焊混合连接，或是加设翼缘拼接板，全部采用螺栓连接。

图 5-18 柱带悬臂梁段式连接

管柱的内隔板也可以用外隔板来代替，图 5-19 就是一例。贯通的外隔板要求柱在节点范围内断开，加工的工作量比较大。

节点连接的计算和构造应符合《钢结构设计标准》GB 50017—2017 的规定。

图 5-19　隔板贯通式节点

5.4.6　柱脚与基础设计

5.4.6.1　柱脚设计

为了施工方便，钢柱脚可采用预埋锚栓与柱脚板连接的外露式做法，也可采用预埋钢板与钢柱现场焊接，并应符合下列要求：

（1）柱脚板厚度不应小于柱翼缘厚度的 1.5 倍；

（2）预埋锚栓的长度不应小于锚栓直径的 25 倍；

（3）柱脚钢板与基础混凝土表面的摩擦极限承载力可按下式计算：

$$V = 0.4(N + T) \tag{5-20}$$

式中　N——柱轴力设计值；

T——受拉锚栓的总拉力，当柱底剪力大于摩擦力时应设抗剪件。

（4）柱脚与底板间应设置加劲肋；

（5）柱脚板与基础混凝土间产生的最大压应力标准值不应超过混凝土轴向抗压强度标准值的 2/3；

（6）对预埋锚栓的外露式柱脚，在柱脚底板与基础表面之间应留 50～80mm 的间隙，并应采用灌浆料或细石混凝土填实间隙；

（7）钢柱脚在室内平面以下部分应采用钢丝网混凝土包裹。

图 5-1 所示的密排立柱，不需要每根柱单独设置底板和锚栓。可以用一根通长的开口向上的冷弯槽钢和各柱相连，再把这根槽钢锚固于基础。

5.4.6.2　基础设计

地基基础的变形和承载力计算应按现行国家标准《建筑地基基础设计规范》GB 50007 的规定进行。轻型钢结构住宅的基础形式应根据住宅层数、地质状况、地域特点等因素进行选择，可采用柱下独立基础或条形基础，当有地下室时，可采用筏板基础或独立柱基加防水板的做法，必要时也可采用桩基础。

5.4.7　钢结构防护

在钢结构设计文件中应明确规定钢材除锈等级、除锈方法、防腐涂料（或镀层）名称及涂（或镀）层厚度等要求。除锈应采用喷砂或抛丸方法，除锈等级应达到 Sa2.5，不得在现场带锈涂装或除锈不彻底涂装。除防锈外，轻型钢结构住宅主体钢结构还应有相应的耐火等级要求：低层住宅应为四级，多层住宅应为三级。此外，不同金属不应直接相接触，建筑防雷和接地系统应利用钢结构体系实施，设备或电气管线应有塑料绝缘套管保护。

习　　题

5.1　钢结构住宅的结构设计如何做到轻型化？

5.2　轻型钢结构住宅如何实现装配化？

第6章 钢结构设计与施工

钢结构施工必须满足两个条件：一是竣工后结构的几何形态与设计位形之间的偏差在允许的范围内；二是竣工后结构的内力和变形在允许的范围内，使结构满足承载能力和正常使用的要求。因此，钢结构设计人员不仅需要掌握钢结构设计原理，还需要清楚钢结构的建造过程和方法及其对结构的影响。对施工方案进行合理建议，对施工过程进行受力分析，确保钢结构在使用阶段的安全性和适用性及施工阶段的安全性和可实现性。

6.1 钢结构的施工

钢结构的设计可以定义为这样一个过程，即确定所设计的钢结构这一产品的组建方式以满足其功能要求。因此钢结构的设计与其施工密不可分，只有把施工与功能、结构等要求综合考虑才能得到最佳设计。钢结构的施工一般分为工厂的加工制作和工地的安装两个步骤。工厂加工制作需要绘制加工详图，一般由加工制作单位依据设计图来完成。设计图由设计单位完成，它应提供有关结构的几何尺寸、构件的尺寸以及连接的受力（轴力、剪力和弯矩）等信息。大型复杂结构的设计一般由专门设计单位完成，而加工详图由加工制作单位完成；简单结构的这两部分工作可由加工制作单位一并完成。钢结构的施工包含下面的程序：

（1）绘制加工详图；

（2）准备材料；

（3）加工制作；

（4）运输；

（5）现场安装。

加工制作一般分为：切割（剪切、锯割、焰割、等离子切割和激光切割等）、制孔（冲孔、钻孔）、边缘加工（铣边、刨边、铲边、端面加工等）、弯制和矫正、组装（焊接、栓接）、防护（除锈、涂漆）等工序。

现场安装一般分为：拼装、吊装、调整位置和最后固定等工序。

设计和施工之间的关系是双向的。设计工作要顾及施工条件，注意避免复杂性高的结构形式和施工难度大的构件和连接。施工工作要做到完成的结构符合设计意图，质量合格，不存在隐患。

6.2 设计工作照顾施工条件

设计工作照顾施工条件的原则是方便施工，尽量避免技术要求高而难度大的工作。施工方便，一是可以降低成本，二是容易保证质量。便于施工，体现在多个方面：材料和连接方式选用适当，减少杆件类别和零件数量，少用精度要求高的加工方式，保证施工操作的必要空间，合理划分运送单元，为容易安装就位提供条件等。具体措施包括：

1. 减少施工难度

钢结构的材料选择除要满足结构功能要求外，还要考虑施工的因素。钢材强度越高、厚度越大，则焊接工艺要求越高，施工难度越大，造价也越高。另外，材料批量采购，相对价钱要低，因此，设计应尽量使钢材、构件种类最少。例如在桁架和网格结构中，常常要求构件的种类不超过六种。焊接结构还要考虑不同种类、级别钢材及焊缝形式对焊接施工的影响。钢材种类、级别及板件厚度的选择，需考虑焊接预热温度、焊条及焊缝质量检查方法及要求等因素。

施工图中应明确规定结构构件使用钢材和焊接材料的类型和焊缝质量等级，有特殊要求时，应标明无损探伤的类别和抽查百分比；应标明钢材和焊接材料的品种及相应的现行国家标准，并应对焊接方法、焊缝坡口形式和尺寸、焊后热处理要求等做出明确规定。对于重型、大型钢结构，应明确规定工厂制作单元和工地拼装焊接的位置，标注工厂制作或工地安装焊缝符号。特殊结构或采用屈服强度等级超过 390MPa 的钢材、新钢种、特厚材料及焊接新工艺的钢结构工程应进行制作与安装的焊接工艺评定。国家体育场屋盖钢结构中 Q460E－Z35 厚板的焊接及其与其他钢材、铸钢节点等的焊接，就是通过一系列试验研究和工艺评定，总结出可行的焊接方法。

高效的制作和安装要求设计者充分了解加工制作工艺、安装方法及其设备的性能。简单的加工制作，其费用与材料成本相当，而复杂的加工制作，其费用远远超过材料成本。一般来说，简支、单层、型钢结构的造价要比刚接、多层、焊接结构造价低。结构越复杂、焊接量越大、构件越特殊，则结构造价越高，尤其是加工制作费用增加很多。因此，设计者在选择结构、连接形式时应充分考虑施工难易及其成本的影响。

全熔透焊缝较其他焊缝更难于加工，而且更易产生焊缝缺陷，焊接畸变（变形）更难于控制，质量检查更严格，因此它仅应用于真正需要的地方，如连接要考虑疲劳等时。好的焊缝设计就要根据需要，选择合适的焊缝形式。

高强度螺栓摩擦型连接的承载力与构件表面的处理方式（抗滑移系数）有直接关系。表面的处理方式及其要求直接影响施工的难易和造价。同样，采用精制螺栓来减少滑移提高刚度是不经济的，也难于施工，这种情况应采用高强度螺栓摩擦型连接。

螺栓的抗剪连接，选择螺栓直径也应考虑施工的因素，一个 M30 螺栓的抗剪承载力是一个 M20 螺栓的抗剪承载力 2 倍还多，但是要拧紧一个 M30 螺栓取得必要的预拉力，要比拧紧一个 M20 螺栓费劲 3.5 倍。一个 M20 螺栓很容易用普通工具拧紧，而 M30 螺栓则不然，特别是安装常常在高处且作业条件较差，因此两个或多个 M20 螺栓比一个 M30 螺栓更便于安装施工。

结构或构件补涂油漆（如预留高强度螺栓连接、现场焊接处等）一方面增加施工难度，另一方面也会产生额外费用。

钢结构的施工需要一定的操作空间，否则无法施工或质量难于保证，下面的几个例子可以说明。

图 6-1（a）所示的双面角焊缝无法实施，图 6-1（b）的内部焊缝（空间太小）也无法实施。图 6-1（a）须改成单面角焊缝或部分（全）熔透焊缝，图 6-1（b）的加劲板焊缝还须采取其他措施，如电渣焊等。

图 6-2 管结构搭接节点对加工精度要求较高，被搭接支管和弦管间的隐蔽焊缝在完工后不易进行质量检查。改用间隙节点可以解决这样的问题。

图 6-1　无法施焊

图 6-2　管结构的搭接节点

构造上的窄细间隙、尖角以及可以使湿气、灰尘等侵入之处应避免，因为这些构造除不宜施工外，还不便维护。如承受动力荷载钢梁的横向支承加劲肋与受拉翼缘的连接常常采用的端面刨平顶紧的处理方法，除了施工困难外（刨边是很费工的工序，生产效率低、成本高；顶紧又很难把握），维护也是个大问题。同时，减少加劲肋的设置，可简化施工、减少加工费用（图 6-3）。

图 6-3　减少加劲肋

手工焊接时，构件的一些极限构造尺寸如表 6-1 所示。

手工焊接时构件的一些极限构造尺寸（mm）　　表 **6-1**

注：焊条长度按 450mm 考虑。

同样，螺栓连接，除满足线距、端距及边距等要求外，还应考虑可操作性。传递弯矩的刚接，常常需设置加劲肋或加腋，螺栓一般都采用高强度螺栓，设计时要充分考虑到拧紧螺栓的施工空间。

安装普通螺栓时，普通扳手要求的净空极限尺寸如图 6-4 和表 6-2 所示。显然，这与扳手的形式也有很大关系，采用套筒扳手时的净空极限尺寸有所不同。

安装普通螺栓时，扳手要求的净空极限尺寸（mm）   表 6-2

螺栓直径 d	扳手口径 s	a	$e=k$	m	u	L	L_1	D	a_1
12	19	38	16	22	20	68	50	36	30
14	22	45	18	25	22	76	55	40	32
16	24	48	18	28	25	80	60	45	36
18	27	52	20	32	28	90	65	48	40
20	30	58	22	34	30	100	75	52	45
22	32	62	25	36	32	110	85	56	48
24	36	68	25	40	35	120	95	62	52
27	41	80	25	45	38	140	105	68	58
30	46	90	32	50	42	150	115	75	65
36	55	105	40	60	48	180	140	92	78

图 6-4   表 6-2 附图

2. 避免附加应力

焊接 T 形、十字形、角接接头，在设计时应注意避免焊缝收缩受到约束而产生厚度方向应力的细部构造。在难于避免时，对产生这类应力的板件应采用抗层状撕裂的钢板。钢材的厚度方向性能级别应根据工程的结构类型、节点形式及板厚和受力状态的不同情况选择。

弯制、矫正无论采用什么样的方法，常常导致构件中的残余应力（大小和分布）发生变化形成新的残余应力，甚至还会在构件局部引起材料力学性能的劣化。

　　螺栓群的拧紧应采用错开、逐步的方式完成，避免相互影响，降低预拉力。另外，高强度螺栓连接受热会使其预拉力丧失，进而使连接失效，因此高强度螺栓连接附近的任何热加工（焊接、焰割）必须在高强度螺栓施工前完成。

　　施工应满足要求的精度，一方面便于安装就位，另一方面容易达到（实现）结构的设计位形，同时结构或构件内部不会因为施工精度不足而产生很大的安装内（应）力，影响结构的正常承载，因为钢结构常常为多次超静定结构。

　　3. 简化构造细部

　　构造细节对结构、构件的受力特别是对构件疲劳强度和抗脆断能力的影响已众所周知，同时构造细节对钢结构施工的影响也尤为显著。钢结构设计和细部构造对安装顺序、方法等有很大影响。设计中要充分认识到这一点，以充分发挥钢结构的优越性。

　　图 6-5 （a）所示柱脚，有超过 11 个部件（板件），而且焊缝众多，因此施工困难。图 6-5 （b）的柱脚，采用两个槽钢，只有 6 个部件，施工大大简化了，而且柱的翼缘与两底板内侧相焊，省去了该处的加劲肋。

(a)　　　　　　　　　　　(b)

图 6-5　柱脚

　　图 6-6 的多层柱变截面拼接，需要填板（多层板或机加工）以满足不同厚度板件的拼接，虽然钢材节省了，但拼接的费用增加已经超过了节省的钢材费用，当钢材总用量较小

(a)　　　　　　　　　　　(b)

图 6-6　多层柱变截面拼接

（a）钢框架立面图；（b）节点详图

时，不同规格材料的价格也较大，费用还会增加。同时，柱截面高度的改变，导致支撑的长度及倾角也发生变化。因此，此处的柱截面变化并不经济。

图 6-7 所示腹杆为单角钢的桁架，如果采用螺栓连接，则需要不同形状的较多的节点板，而且要成孔、安装螺栓；若采用焊接，则相比螺栓连接施工简化了一些，但仍然繁琐（由于节点板、焊缝条数较多）；如果弦杆采用 T 形钢，则施工简化了很多，但腹杆对弦杆的偏心作用增大了些。而且弦杆采用双角钢时，角钢的内侧不易涂漆，所以组装前需单个进行涂漆，这样就费时费工。虽然采用 T 形钢材料可能增加 20%，但只要桁架跨度不是很小，还是较双角钢经济且容易施工。如果腹杆为双角钢组成的 T 形构件，则图 6-7 (c) 的节点处杆件不能交汇于一点，弦杆上将会有附加弯矩。

图 6-7　桁架节点
(a) 双角钢弦杆螺栓连接；(b) 双角钢弦杆焊接连接；(c) T 形钢弦杆焊接连接

4. 合理划分施工单元

大型结构或部件的运输，特别是超大、超高或超重的结构或部件也会增加运输费用。从结构受力来讲，断开或施工缝越少越好，而从运输和安装来说，部件越小、越轻越好，所以必须综合考虑。

现场安装应减少高空焊接而采用螺栓连接，现场拼接不宜过多，现场拼接应易于施工，子结构的尺寸、重量除考虑加工工厂和现场的施工能力外，还应考虑运输条件和现场条件（施工空间等）。设计者应清楚安装程序、方法，并在设计中予以考虑。现场的吊环、吊耳等应在设计中充分考虑并应在工厂加工制作于构件上，而不是现场临时补做。

6.3　保证竣工工程的质量，防止施工产生不利的后果

钢结构施工必须满足规定的施工精度，达到规定的质量要求。规定的施工精度和质量要求也是安全设计的前提条件。钢结构设计规范制订轴压柱的稳定系数时考虑施工误差等因素，取柱长 1/1000 为初始几何缺陷，《钢结构工程施工质量验收规范》GB 50205 规定的允许误差为 1/1500～1/1000。否则设计计算的前提条件就得不到满足。

钢结构的疲劳验算中，疲劳容许应力幅是根据不同构造细节（部）通过试验得到的，疲劳容许应力幅必须满足规定的加工质量与要求。如果不满足规定的加工质量与要求，则即使构造细节（部）相同，疲劳容许应力幅也是不同的。《钢结构设计标准》GB 50017—2017 疲劳计算的构件和连接分类中，同样的母材采用两边为轧制边或刨边为 Z1 类，采用两侧为自动、半自动切割边（切割质量标准应符合现行国家标准《钢结构工程施工质量验收规范》GB 50205）则为 Z2 类，二者的疲劳容许应力幅分别为 176MPa 和 144MPa，差别甚大。对焊接细部更是与加工质量与要求密切相关，有无起弧、灭弧、有无垫板、手工焊和自动焊、焊缝质量等都对疲劳容许应力幅有显著影响。

对接焊缝的设计强度与施焊方法和质量等级有密切联系。如 Q235 钢材，E43 型焊条，厚度不超过 16mm，一、二级焊缝抗拉强度设计值为 215MPa，而三级焊缝抗拉强度设计值为 185MPa。

钢结构的施工也会产生一些不利后果，设计中应对下面一些问题予以考虑：

（1）局部变脆。冲孔、剪切都会使构件局部区域材料变脆，焊接也产生淬硬倾向。重要结构、承受动力荷载的结构和塑性设计的结构，当构件采用手工气割或剪切机切割时，应将剪切边缘刨平，并采用钻成孔或先冲后扩钻孔。

冲孔虽然较钻孔来说效率高、成本低，但一方面受到板厚度的限制，另一方面也只适用于承受静力荷载的结构或次要构件，除非进行扩钻处理或采用高强度螺栓摩擦型连接。使用焰割的方法来扩孔是不允许的，因为它将导致质量低劣的连接，破坏构件的保护涂层。

（2）非预期的应力。如前所述，强行组装等会导致约束应力，焊接会产生残余应力、应力集中、孔边、角部、截面变化处易产生应力集中和三向应力等。另外，一些施工工序还会导致预应力损失，如前述的热加工、不合理的紧固顺序等。这些都应避免。

（3）过大变形，尤其对一些敏感结构应予以避免；如薄板结构（箱形梁、带肋板等）、薄壳结构、网壳结构和一些柔性结构等，构件或结构的面外变形需严格控制。

（4）焊缝质量。除前述焊缝设计强度、疲劳寿命等直接取决于焊缝质量外，焊接缺陷也是引发脆性断裂的主因。因此，应严格控制焊缝质量，遵守焊接规范 GB 50661 的规定，大型重要结构采用新材料、新接头形式者需要事先进行焊接工艺评定。

6.4　施工阶段受力分析

钢结构安装过程中，结构尚未达到最终状态，其受力、变形以及整体稳定性都在不断变化，设计都必须加以考虑，即必须进行施工阶段受力分析。分析目的有二：（1）保证结构施工安全，避免构件超载事故。（2）通过施工过程分析了解竣工后结构的实际受力状态。此外，还可以通过受力分析的比较选用合理的施工程序，以达到节约钢材的目的。

（1）避免超载事故

传统的施工阶段的设计，是保证结构或构件在施工条件（荷载、支承）下不发生破坏、倾覆。以某体育馆跨度 58m 平面桁架的整体吊装为例，如图 6-8 所示，采取设置足够多的吊点，保证桁架在吊装过程中的强度、刚度和稳定性要求。因吊装过程中的荷载、支承等条件与实际桁架就位后的不同，因此要对桁架吊装过程进行设计验算。否则桁架在

图 6-8　某 58m 长平面桁架的整体吊装

吊装过程中可能会丧失平面外稳定性等发生破坏。

当采用其他施工方案时，也各有其受力分析的必要性。

（2）了解结构的实际受力状态

一般而言，结构在施工过程中整个结构的几何形态、刚度、荷载和边界条件均是按照一定次序先后形成，是一个动态过程，呈现出结构时变和边界等时变的特性。钢结构的施工实际是一个连续变化的过程，结构的受力状态也是一个连续变化的过程，前一阶段的结构内力和位移必然会对后一阶段的内力和位移产生影响。整个施工过程需经历一系列准结构状态才能达到竣工（设计）状态，结构每一施工阶段都伴随着边界约束、结构形状、荷载及环境条件（如温度）等变化，需要对每个阶段的内力和位移进行跟踪计算，才能准确计算结构内力、位移的累计效应。

例如，结构的自重等恒载是在施工过程中逐步施加在结构上的，竣工时恒载作用下所产生的内力和变形由各施工步的效应累积而成，其大小和分布规律与施工过程路径和时间效应密切相关。不考虑施工过程影响的结构分析所得到的结果与实际情况存在一定的差别。对一些大型复杂结构，这一影响不容忽略。

高层建筑中，内外（边）柱的截面尺寸考虑到侧向荷载作用而常常取为相同，这样在自重荷载作用下，内外柱由于受力大小不同（外柱约为内柱的一半，角柱约为内柱的四分之一，但竣工后在水平荷载作用下外柱压力比内柱大）会产生不均匀压缩。而且，不均匀压缩还会引起自重作用下梁、柱的附加弯矩和剪力。按常规的计算方法，此不均匀压缩会随着层数的增加不断累积，在顶部几层会最大。然而，实际施工中每层柱顶面都要调整达到同一标高使楼板保持水平，从而使柱间不均匀压缩以及由此引起的附加内力产生改变。如果不考虑这一因素，常常导致不均匀压缩和内力的过大计算，使顶部几层自重作用内力计算过于保守。

一般来说，高层结构是一层一层（或几层一起）像积木一样垒积起来的。在第 i 层时施工前，第 $i-1$ 层的各柱顶面标高都要调整达到设计要求，第 $i-1$ 层及以下自重的压缩已经完成，实际上已无不均匀压缩。因此，施工层第 i 层的不均匀压缩仅由该层的自重和其以上楼层自重引起，而其下楼层自重并无贡献。这样的计算模型如图 6-9 所示。如果在

图 6-9 考虑施工过程的分析模型

计算模型中不考虑施工过程的实际情况，将荷载一次性同时施加在完成的结构上，像目前传统（常规）的设计计算那样，必然会过大地计算内外柱的不均匀压缩，进而过大计算梁、柱中由于此压缩差引起的弯矩。

图 6-10 为一 60 层的钢结构建筑，图中给出了其平面图及典型框架，同时给出了它的跨度、层高和重力荷载。

图 6-10　60 层的钢结构建筑

图 6-11 给出了两种分析方法所得到的柱子不均匀压缩及其引起的梁中弯矩。图中左侧为不考虑施工过程的传统分析方法的结果；右侧为考虑施工过程（图 6-9）的分析结

果。不考虑施工过程的传统分析得到的顶层梁的最大弯矩 129.1kN·m，几乎是重力荷载下两端固定梁端弯矩 67.1kN·m 的两倍，约为梁塑性弯矩 209kN·m 的 62%。而实际结构中，由于重力荷载产生的弯矩很小，如图中右侧所示，约为 50kN·m，仅约为传统分析的 39%。

图 6-11　柱子不均匀压缩及其引起的梁中弯矩

图 6-12 为上述两种方法所得到的柱子不均匀压缩的比较。可见，考虑施工过程与否对高层建筑底部几层的柱子不均匀压缩影响较小，随着层数增加，影响越来越大，达到顶层时，影响最大，误差约达 5−0.4＝4.6mm，虽然量值不大，但约达实际的 11.5 倍。

图 6-12　施工过程对柱子不均匀
压缩的影响

上例高层钢结构建筑标准层自重约为 2.4kN/m²，根据我国荷载规范，办公楼的楼面活载为 2~2.5kN/m²，则自重约占楼面总荷载的一半，这一比例应该具有代表性。在一些特殊层自重的比例达 60% 左右。因此，高层建筑中，施工过程和柱子不均匀压缩的影响在设计分析中不容忽略，忽略这一影响将导致过分偏安全的分析结果，特别是对高层建筑的上部边跨，影响尤为严重，梁、柱弯矩过高计算最大分别约达实际的

2.6 倍和 3.5 倍。

(3) 选用合理的施工程序

先举一个简单的例子以便说明问题。图 6-13 所示带斜撑的多层单跨框架的底层,斜撑主要用于承受水平荷载。如果在安装每层柱和梁后立即安装该层的斜撑,则在以上各层安装后斜撑将分担柱的重力荷载。改用另一施工程序,在各层框架及楼板施工完毕后再安装斜撑,则后者只承担水平荷载的效应,截面可以相应减小。

再看实际的例子。复杂大跨空间钢结构,构件自重产生的内力所占比例较大,其施工过程对结构在重力荷载作用下的内力具有明显影响。国家体育场屋盖钢结构的主结构由 24 根巨型三肢格构柱和 24 榀主桁架组成。主桁架间距较大,其间由次结构补充(图 6-14)。安装时屋盖结构由 78 座临时支架支持。在安装过程中,如果屋盖次结构(图 6-14b)

图 6-13 带支撑的多层单跨框架

和主结构(图 6-14a)同时安装,在拆除支架后次结构构件将产生一定的内力,导致其截面增大。反之,在拆除支架后再安装这部分次结构,则其构件只承担后续荷载,截面相对减小。表 6-3 给出了国家体育场屋盖钢结构顶面次结构安装顺序对主要结构构件用钢量的影响。

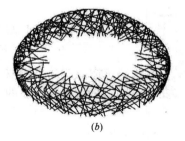

图 6-14 国家体育场屋盖钢结构
(a) 主结构;(b) 次结构

国家体育场屋盖钢结构顶面次结构安装顺序对用钢量的影响 表 6-3

结构部位	用 钢 量 (t)		节省用钢量 (t)
	同时安装主、次结构	拆除支架后安装次结构	
桁架柱	11695	11387	208
主桁架	13124	12844	233
立面次结构	5982	5882	100
顶面次结构	5860	5198	662
合计	36661	35311	1350

由此可见,虽然跨度较小或者高度较低的简单结构,其施工完毕状态和常规设计状态的受力没有多大差异,但大跨度复杂空间结构和高层、超高层结构,施工过程的掌控会影

响结构的受力状态。不考虑施工方法和施工过程对结构性能的影响,对大跨度复杂空间结构和高层、超高层结构就很不合适了。还需要补充的是,拆除主结构的临时支架的过程也需要计算确定。

(4) 施工环境的影响

钢结构安装施工常常是在户外进行的,还应考虑现场环境因素在施工过程中对结构的影响。

图 6-15 所示的钢箱桥采用悬臂施工法从两端施工在跨中合龙。合龙是在炎热的夏季白天完成的,其受温度影响变形如图 6-15 (a)。到了晚上,桥上温度趋于均匀,桥梁变直,下部受压,导致板件发生失稳如图 6-15 (b),庆幸的是板件的失稳及时得到处理,未造成垮桥和太大的损失。如果事先考虑温差的影响,采用适当措施,施工会顺利得多。

图 6-15　施工现场温度对结构的影响
(a) 不均匀温度作用下合龙;(b) 均匀温度作用时

(5) 施工受力分析缺位造成的严重事故

施工方法(安装方法)对结构各阶段的受力及变形都有显著影响,不进行细致分析,就会造成事故。

图 6-16 (a) 所示箱桥断面,受施工条件限制,将一整跨纵向沿中线分割为两部分进行安装,分别在桥墩两侧组装,然后吊装并滑移到位采用高强度螺栓进行整体拼接。由于两部分均为非对称截面,自重作用下竖向、水平向均出现挠曲变形。虽然理论上两部分的竖向挠度应该没有差别,但实际上并非如此。现场实测跨中最大相差约 114mm。另外,沿纵向中线分割后上翼缘悬伸自由边非常易于失稳,十分不妥。事实上,在先行施工的一跨中,地面组装起吊前,上翼缘板在自重下已发生屈曲,屈曲半波的最大幅值达 380mm,但并未得到及时处理,而是高空就位后临时拆除了一部分横向高强度螺栓摩擦型连接再行处理的(图 6-16b)。在事故桥跨中,为了解决竖向挠度无法保持一致,在挠度较小一侧桥面上进行堆载,这样克服了竖向挠度不一致的问题,但由于荷载增加,导致虽已加强的上翼缘悬伸自由边屈曲。为此,又在跨中的屈曲半波处临时拆除了一部分横向摩擦型高强度螺栓,当拆除了约 30 多个螺栓时,横向相邻的翼板也发生屈曲,同时内腹板的上部也伴随屈曲。50 分钟后,箱桥垮塌。虽然事故调查报告指出了多方面的原因,但前述施工方法是事故的直接诱因和主要原因之一。该桥施工中的技术失误可归纳为:

1) 沿纵轴分割的施工方案本身欠仔细考虑,且未能正确地进行施工阶段的内力分析,

图 6-16　施工方法对结构的影响

(*a*) 箱桥截面；(*b*) 上翼缘板屈曲及消除方法

否则不会起吊前就出现板件屈曲，出现板件屈曲后又未能引起足够重视；

2）两半桥挠度出现不等，没有仔细检查分析其原因，然后决定对策，而是盲目地在挠度小的一侧堆载取得一致，不是合理的办法；

3）拆除横向拼接处的高强度螺栓来消除上翼缘的屈曲变形更是重大失误。

（6）结构的预变形

如前述，施工阶段的分析，除受力外，变形也是必须考虑的因素。为了弥补施工误差和自重下的变形，使结构满足设计位形要求，施工中常常采取预变形的办法来补偿。钢结构施工预变形包括构件的加工预变形和安装预变形。构件的加工预变形等于构件的实际加工长度与设计长度的差值，用来补偿施工过程中构件的变形。构件的安装预变形等于构件节点的实际安装坐标与设计坐标的差值，用来补偿施工过程中构件节点所产生的位移，二者常常相互影响，不能孤立考虑。

预变形的设置与结构的形式及其施工方法、工艺息息相关。常见的预变形即为梁式结构胎架施工法中的起拱。对于轴力构件，施工过程中在重力荷载作用下会产生轴向变形，为了使成型结构的位形满足设计要求，轴力构件的加工长度必须大于或小于设计长度。对于压（拉）弯构件，既要考虑轴向变形也要考虑弯曲变形。由于施工方法不同，导致预变形值及施工过程中结构内力也不同，需针对不同的情况进行施工阶段分析计算加以确定。

（7）设计与施工密切结合

对简单的结构或常规的施工方法，施工阶段的受力分析一般不需进行或者不需要设计者考虑而由施工单位进行考虑。但对类似前述的大型复杂结构或特殊结构，施工阶段受力分析已是设计工作的一个不可或缺的内容。其实，对一些结构和一些行业，如桥梁结构、张拉（张弦、预应力）、隧道等结构，施工阶段受力分析甚至施工方案的确定一直就是设计内容的重要组成，充分体现了设计与施工的相互联系与影响。随着房屋钢结构的大型、复杂、多样化和新型结构形式的不断应用，设计与施工的双向关系尤显突出和重要，施工因素越来越成为设计必须考虑的问题。

跋

在下册第 1 章最后一节的小结中，我们总结出钢结构设计的三点普遍原则：（1）整体性；（2）力的传递效应；（3）计算和构造的一致性。这三点同样适用于其他类型的结构。

从整体性来说，在结构布置方面，中、重型厂房对支撑的要求比轻型者更高、更严格。大跨度屋盖结构则从另一个角度来解决整体性问题，那就是结构的空间化。

分析外力的效应，也要有整体观念。多层房屋可以有一部分柱设计成不参与抵抗侧力，从而也就不具备抗侧移的能力。因此，这些柱的 P-Δ 效应就需要由与梁刚接的框架柱来承担。分析外力效应还要有缺陷观念和变形观念。由于存在几何缺陷和受力后的变形，有些框架需要作二阶分析。支撑构件需要承受支撑力，也和这两个因素有关。

结构和构件内力的大小、分布和构造息息相关。网架的温度应力就和支座的构造和布局以及下部结构的刚度有十分密切的关系。

除了上述三项原则外，需要补充一点，就是计算和结构布置的一致性。屋架下弦平面的支撑布置，决定下弦杆的出平面刚度。如果刚度不足，对屋架受压腹杆下端不能提供足够的出平面位移约束，计算腹杆稳定时就不能以几何长度作为计算长度。

设计结构除了遵守普遍原则外，还应了解各类结构的不同特点。同样是单层房屋，配置繁重工作制吊车的重型厂房和没有吊车的轻型房屋有很大区别。吊车荷载引起的疲劳、振动，从选用钢材和确定结构形式到各项计算要求都有明显不同。民用大跨度房屋结构由于两个方向平面尺寸相差不多，宜做成空间结构，跨度大又使预应力技术很有利。多、高层房屋区别于单层房屋的特点是水平荷载和侧向位移占统治地位，风和地震成为主导的外在作用，结构方案随高度不同而有很大变化。

结构设计是一项综合性很强的工作。设计者对选用材料，确定结构方案，根据场地环境确定荷载和地基性能，进行内力分析、构件计算和连接与构造设计等各个环节的内在联系必须十分清楚。教材，尤其是下册，只能提纲挈领地给出主要内容。深入掌握设计知识还需要多读一些有关资料。编者希望这两本教材能够引起读者对钢结构的兴趣，成为今后从事钢结构工程的一个有益的起点。

本书虽已是第四版，但仍然存在不尽人意之处。希望能够听到读者的改进意见。

附录

内卷边槽钢 (CN)

附表 1-1

h	b	a	t	截面面积 (cm^2)	每米长质量 (kg/m)	x_0 (cm)	I_x (cm^4)	i_x (cm)	W_x (cm^3)	I_y (cm^4)	i_y (cm)	$W_{y\,max}$ (cm^3)	$W_{y\,min}$ (cm^3)	I_{y1} (cm^4)	e_0 (cm)	I_t (cm^4)	I_ω (cm^6)	k (cm^{-1})	$W_{\omega 1}$ (cm^4)	$W_{\omega 2}$ (cm^4)
80	40	15	2.0	3.47	2.72	1.452	34.16	3.14	8.54	7.79	1.50	5.36	3.06	15.10	3.36	0.0462	112.9	0.0126	16.03	15.74
100	50	15	2.5	5.23	4.11	1.706	81.34	3.94	16.27	17.19	1.81	10.08	5.22	32.41	3.94	0.1090	352.8	0.0109	34.47	29.41
120	50	20	2.5	5.98	4.70	1.706	129.40	4.65	21.57	20.96	1.87	12.28	6.36	38.36	4.03	0.1246	660.9	0.0085	51.04	48.36
120	60	20	3.0	7.65	6.01	2.106	170.68	4.72	28.45	37.36	2.21	17.74	9.59	71.31	4.87	0.2296	1153.2	0.0087	75.68	68.84
140	50	20	2.0	5.27	4.14	1.590	154.03	5.41	22.00	18.56	1.88	11.68	5.44	31.86	3.84	0.0703	794.79	0.0058	51.44	52.22
140	50	20	2.2	5.76	4.52	1.590	167.40	5.39	23.91	20.03	1.87	12.62	5.87	34.53	3.80	0.0929	852.46	0.0065	55.98	56.84
140	50	20	2.5	6.48	5.09	1.580	186.78	5.39	26.68	22.11	1.85	13.96	6.47	38.38	3.80	0.1351	931.89	0.0075	62.56	63.56
140	60	20	3.0	8.25	6.48	1.964	245.42	5.45	35.06	39.49	2.19	20.11	9.79	71.33	4.61	0.2476	1589.8	0.0078	92.69	79.00
160	60	20	2.0	6.07	4.76	1.850	236.59	6.24	29.57	29.99	2.22	16.19	7.23	50.83	4.52	0.0809	1596.28	0.0044	76.92	71.30
160	60	20	2.2	6.64	5.21	1.850	257.57	6.23	32.20	32.45	2.21	17.53	7.82	55.19	4.50	0.1071	1717.82	0.0049	83.82	77.55
160	60	20	2.5	7.48	5.87	1.850	288.13	6.21	36.02	35.96	2.19	19.47	8.66	61.49	4.45	0.1559	1887.71	0.0056	93.87	86.63
160	60	20	3.0	9.45	7.42	2.224	373.64	6.29	46.71	60.42	2.53	27.17	12.65	107.20	5.25	0.2836	3070.5	0.0060	135.49	109.92
180	70	20	2.0	6.87	5.39	2.110	343.93	7.08	38.21	45.18	2.57	21.37	9.25	75.87	5.17	0.0916	2934.34	0.0035	109.50	95.22
180	70	20	2.2	7.52	5.90	2.110	374.90	7.06	41.66	48.97	2.55	23.19	10.02	82.49	5.14	0.1213	3165.62	0.0038	119.44	103.58
180	70	20	2.5	8.48	6.66	2.110	420.20	7.04	46.69	54.42	2.53	25.82	11.12	92.08	5.10	0.1767	3492.15	0.0044	133.99	115.73
200	70	20	2.0	7.27	5.71	2.000	440.04	7.78	44.00	46.71	2.54	23.32	9.35	75.88	4.96	0.0969	3672.33	0.0032	126.74	106.15
200	70	20	2.2	7.96	6.25	2.000	479.87	7.77	47.99	50.64	2.52	25.31	10.13	82.49	4.93	0.1284	3963.82	0.0035	138.26	115.74
200	70	20	2.5	8.98	7.05	2.000	538.21	7.74	53.82	56.27	2.50	28.18	11.25	92.09	4.89	0.1871	4376.18	0.0041	155.14	129.75
220	75	20	2.0	7.87	6.18	2.080	574.45	8.54	52.22	56.88	2.69	27.35	10.50	90.93	5.18	0.1049	5313.52	0.0028	158.43	127.32
220	75	20	2.2	8.62	6.77	2.080	626.85	8.53	56.99	61.71	2.68	29.70	11.38	98.91	5.15	0.1391	5742.07	0.0031	172.92	138.93
220	75	20	2.5	9.73	7.64	2.070	703.76	8.50	63.98	68.66	2.66	33.11	12.65	110.51	5.11	0.2028	6351.05	0.0035	194.18	155.94

尺寸 (mm)　　　x—x　　　y—y　　　y_1—y_1

附表 1-2

卷边 Z 形钢 (ZJ)

h	b	a	t	截面面积 (cm²)	每米长质量 (kg/m)	θ	I_{x1} (cm⁴)	i_{x1} (cm)	W_{x1} (cm³)	I_{y1} (cm⁴)	i_{y1} (cm)	W_{y1} (cm³)	I_x (cm⁴)	i_x (cm)	W_{x1} (cm³)	W_{x2} (cm³)	I_y (cm⁴)	i_y (cm)	W_{y1} (cm³)	W_{y2} (cm³)	I_{x1y1} (cm⁴)	I_t (cm⁴)	I_ω (cm⁶)	k (cm⁻¹)	$W_{\omega1}$ (cm⁴)	$W_{\omega2}$ (cm⁴)
尺寸 (mm)							$x_1\text{—}x_1$			$y_1\text{—}y_1$			$x\text{—}x$				$y\text{—}y$									
100	40	20	2.0	4.07	3.19	24°1′	60.04	3.84	12.01	17.02	2.05	4.36	70.70	4.17	15.93	11.94	6.36	1.25	3.36	4.42	23.93	0.0542	325.0	0.0081	49.97	29.16
100	40	20	2.5	4.98	3.91	23°46′	72.10	3.80	14.42	20.02	2.00	5.17	84.63	4.12	19.18	14.47	7.49	1.23	4.07	5.28	28.45	0.1038	381.9	0.0102	62.25	35.03
120	50	20	2.0	4.87	3.82	24°3′	106.97	4.69	17.83	30.23	2.49	6.17	126.06	5.09	23.55	17.40	11.14	1.51	4.83	5.74	42.77	0.0649	785.2	0.0057	84.05	43.96
120	50	20	2.5	5.98	4.70	23°50′	129.39	4.65	21.57	35.91	2.45	7.37	152.05	5.04	28.55	21.12	13.25	1.49	5.89	6.89	51.30	0.1246	930.9	0.0072	104.68	52.94
120	50	20	3.0	7.05	5.54	23°36′	150.14	4.61	25.02	40.88	2.41	8.43	175.92	4.99	33.18	24.85	15.11	1.46	6.89	7.92	58.99	0.2116	1058.9	0.0087	125.37	61.22
140	50	20	2.5	6.48	5.09	19°25′	186.77	5.37	26.68	35.91	2.35	7.37	209.19	5.67	32.55	18.24	14.48	1.49	6.69	6.78	60.75	0.1350	1289.0	0.0064	137.04	60.03
140	50	20	3.0	7.65	6.01	19°12′	217.26	5.33	31.04	40.83	2.31	8.43	241.62	5.62	37.76	21.47	16.52	1.47	7.84	7.81	69.93	0.2296	1468.2	0.0077	164.94	69.51
160	60	20	2.5	7.48	5.87	19°59′	288.12	6.21	36.01	58.15	2.79	9.90	323.13	6.57	44.00	34.95	23.14	1.76	9.00	8.71	96.32	0.1559	2634.3	0.0048	205.98	86.28
160	60	20	3.0	8.85	6.95	19°47′	336.66	6.17	42.08	66.66	2.74	11.39	376.76	6.52	51.48	41.08	26.56	1.73	10.58	10.07	111.51	0.2656	3019.4	0.0058	247.41	100.15
160	70	20	2.5	7.98	6.27	23°46′	319.13	6.32	39.89	87.74	3.32	12.39	374.76	6.85	52.35	38.32	32.11	2.01	12.39	10.53	126.37	0.1663	3793.3	0.0041	238.87	106.91
160	70	20	3.0	9.45	7.42	23°34′	373.64	6.29	46.71	101.10	3.27	14.76	437.72	6.80	61.33	45.01	37.03	1.98	12.58	12.39	146.86	0.2836	4365.0	0.0050	285.78	124.26
180	70	20	2.5	8.48	6.66	20°22′	420.18	7.04	46.69	87.74	3.22	12.76	473.34	7.47	57.27	44.88	34.58	2.02	11.66	10.86	143.18	0.1767	4907.9	0.0037	294.53	119.41
180	70	20	3.0	10.05	7.89	20°11′	492.61	7.00	54.73	101.11	3.17	14.76	553.83	7.42	67.22	52.89	39.89	1.99	13.72	12.59	166.47	0.3016	5652.2	0.0045	353.32	138.92

附表 1-3

斜卷边 Z 形钢

h	b	a	t	截面面积 (cm²)	每米长质量 (kg/m)	θ (°)	I_{x1} (cm⁴)	i_{x1} (cm)	W_{x1} (cm³)	I_{y1} (cm⁴)	i_{y1} (cm)	W_{y1} (cm³)	I_x (cm⁴)	i_x (cm)	W_{x1} (cm³)	W_{x2} (cm³)	I_y (cm⁴)	i_y (cm)	W_{y1} (cm³)	W_{y2} (cm³)	I_{x1y1} (cm⁴)	I_t (cm⁴)	I_ω (cm⁶)	k (cm⁻¹)	$W_{\omega1}$ (cm⁴)	$W_{\omega2}$ (cm⁴)
尺寸 (mm)							x_1—x_1			y_1—y_1			x—x				y—y									
140	50	20	2.0	5.392	4.233	21.986	162.065	5.482	23.152	39.363	2.702	6.234	185.962	5.872	30.377	22.470	15.466	1.694	6.107	8.067	59.189	0.0719	1298.621	0.0046	118.28	59.185
140	50	20	2.2	5.909	4.638	21.998	176.813	5.470	25.259	42.928	2.695	6.809	202.926	5.860	33.352	24.544	16.814	1.687	6.659	8.823	64.638	0.0953	1407.575	0.0051	130.014	64.382
140	50	20	2.5	6.676	5.240	22.018	198.446	5.452	28.349	48.154	2.686	7.657	227.828	5.842	37.792	27.591	18.771	1.667	7.468	9.941	72.659	0.1391	1563.520	0.0058	147.558	71.926
160	60	20	2.0	6.192	4.861	22.104	246.830	6.313	30.854	60.271	3.120	8.240	283.680	6.768	40.271	29.603	23.422	1.945	8.018	9.554	90.733	0.0826	2559.036	0.0035	175.940	82.223
160	60	20	2.2	6.789	5.329	22.113	269.592	6.302	33.699	65.802	3.113	9.009	309.891	6.756	44.225	32.367	25.503	1.938	8.753	10.450	99.179	0.1095	2779.796	0.0039	193.430	89.569
160	60	20	2.5	7.676	6.025	22.128	303.090	6.284	37.886	73.935	3.104	10.143	348.487	6.738	50.132	36.445	28.537	1.928	9.834	11.775	111.642	0.1599	3098.400	0.0044	219.605	100.26
180	70	20	2.0	6.992	5.489	22.185	356.620	7.141	39.624	87.417	3.536	10.514	410.315	7.660	51.502	37.679	33.722	2.196	10.191	11.289	131.674	0.0932	4643.994	0.0028	249.609	111.10
180	70	20	2.2	7.669	6.020	22.193	389.835	7.130	43.315	95.518	3.529	11.502	448.592	7.648	56.570	41.226	36.761	2.189	11.136	12.351	144.034	0.1237	5052.769	0.0031	274.455	121.13
180	70	20	2.5	8.676	6.810	22.205	438.835	7.112	48.759	107.460	3.519	12.964	505.087	7.630	64.143	46.471	41.208	2.179	12.528	13.923	162.307	0.1807	5654.157	0.0035	311.661	135.81
200	70	20	2.0	7.392	5.803	19.305	455.430	7.849	45.543	87.418	3.439	10.514	506.903	8.281	56.094	43.535	35.944	2.205	11.109	11.339	146.944	0.0986	5882.294	0.0025	302.430	123.44
200	70	20	2.2	8.109	6.365	19.309	498.023	7.837	49.802	95.520	3.432	11.503	554.346	8.268	61.618	47.533	39.197	2.200	12.138	12.419	160.756	0.1308	6403.010	0.0028	332.826	134.66
200	70	20	2.5	9.176	7.203	19.314	560.921	7.819	56.092	107.462	3.422	12.964	624.421	8.249	69.875	53.597	43.500	2.189	13.654	14.021	181.182	0.1912	7160.113	0.0032	378.452	151.08
220	75	20	2.0	7.992	6.274	18.300	592.787	8.612	53.890	103.580	3.600	11.751	652.866	9.038	65.085	51.509	47.465	2.333	14.023	12.343	181.661	0.1066	8483.845	0.0022	383.110	148.38
220	75	20	2.2	8.769	6.884	18.302	648.520	8.600	58.956	113.220	3.593	12.860	714.276	9.025	71.501	56.190	51.278	2.327	15.783	13.524	198.803	0.1415	9242.136	0.0024	421.750	161.95
220	75	20	2.5	9.926	7.792	18.305	730.926	8.581	66.448	127.443	3.583	14.500	805.086	9.006	81.096	63.392	57.044	2.317	14.553	15.278	224.175	0.2068	10347.65	0.0028	479.804	181.87
250	75	20	2.0	8.592	6.745	15.389	799.640	9.647	63.791	103.580	3.472	11.752	856.690	9.985	71.971	61.841	46.532	2.327	12.090	14.211	207.280	0.1146	11298.92	0.0020	485.919	169.98
250	75	20	2.2	9.429	7.402	15.387	875.145	9.634	70.012	113.223	3.465	12.860	937.579	9.972	78.870	67.773	50.789	2.321	14.211	15.946	226.864	0.1521	12314.34	0.0022	535.491	184.53
250	75	20	2.5	10.676	8.380	15.385	986.898	9.615	78.952	127.447	3.455	14.500	1057.30	9.952	89.108	76.587	57.044	2.312	16.169	18.014	255.870	0.2224	13797.02	0.0025	610.188	207.38

参 考 文 献

[1]　钢结构设计标准 GB 50017—2017. 北京：中国建筑工业出版社，2018.

[2]　建筑结构荷载规范 GB 50009—2012. 北京：中国建筑工业出版社，2012.

[3]　建筑抗震设计规范 GB 50011—2010. 北京：中国建筑工业出版社，2010.

[4]　冷弯薄壁型钢结构技术规范 GB 50018—2002. 北京：中国计划出版社，2002.

[5]　门式刚架轻型房屋钢结构技术规范 GB 51022—2015. 北京：中国建筑工业出版社，2015.

[6]　高层民用建筑钢结构技术规程 JGJ 99—2015. 北京：中国建筑工业出版社，2015.

[7]　空间网格结构技术规程 JGJ 7—2010. 北京：中国建筑工业出版社，2010.

[8]　索结构技术规程 JGJ 257—2012. 北京：中国建筑工业出版社，2012.

[9]　桥梁缆索用热镀锌钢丝 GB/T 17101—2008. 北京：中国标准出版社，2008.

[10]　赵熙元主编. 建筑钢结构设计手册. 北京：冶金工业出版社，1995.

[11]　沈祖炎，陈扬骥. 网架与网壳. 上海：同济大学出版社，1997.

[12]　陈富生，邱国桦，范重. 高层建筑钢结构设计. 北京：中国建筑工业出版社，2000.

[13]　陈绍蕃. 门式刚架轻型化的技术措施. 建筑结构，1998(2).

[14]　蔡益燕等. 关于 CECS102：98 规程的说明文章六篇. 建筑结构，1998（8）.

[15]　陈绍蕃. 门式刚架端板螺栓连接的强度和刚度. 钢结构，2000(1).

[16]　中国建筑标准设计研究所. 梯形钢屋架 97G511(图集). 北京：2000.

[17]　包头钢铁设计研究总院. 钢结构设计与计算. 第 2 版. 北京：机械工业出版社，2006.

[18]　沈士钊，徐崇宝，赵臣，武岳. 悬索结构设计. 北京：中国建筑工业出版社，2006.

[19]　杨庆山，姜忆南. 张拉索—膜结构分析与设计. 北京：科学出版社，2004.

[20]　Krishna，Prem. Cable-Suspended Roofs. New York：McGraw-Hill Book Company，1978.

[21]　钟善桐，沈士钊. 大跨房屋钢结构. 北京：中国建筑工业出版社，1993.

[22]　陈绍蕃，苏明周. 冷弯型钢檩条的有效截面. 建筑结构学报，2003（6）.

[23]　刘大海，杨翠如. 高楼钢结构设计. 北京：中国建筑工业出版社，2003.

[24]　陈绍蕃. 桁架受压腹杆的平面外稳定和支撑体系，工程力学，1999(1).

[25]　中国建筑标准设计研究院. 门式刚架轻型房屋钢结构 02SG518-1.

[26]　沈祖炎，陈以一，陈扬骥. 房屋钢结构设计. 北京：中国建筑工业出版社，2008.

[27]　高强度低松弛预应力热镀锌钢绞线 YB/T 152—1999. 北京：中国标准出版社，2000.

[28]　膜结构技术规程 CECS158：2015. 北京：中国工程建设标准化协会标准.

[29]　王明贵，储德文. 轻型钢结构住宅. 北京：中国建筑工业出版社，2011.

[30]　轻型钢结构住宅技术规程 JGJ 209—2010. 北京：中国建筑工业出版社，2010.

[31]　魏潮文，弓晓芸，陈友泉. 轻型房屋钢结构应用技术手册. 北京：中国建筑工业出版社，2005.

高校土木工程专业指导委员会规划推荐教材（经典精品系列教材）

征订号	书 名	定价	作 者	备 注
V28007	土木工程施工（第三版）（赠送课件）	78.00	重庆大学 同济大学 哈尔滨工业大学	教育部普通高等教育精品教材
V28456	岩土工程测试与监测技术（第二版）	36.00	宰金珉 王旭东 等	
V25576	建筑结构抗震设计（第四版）（赠送课件）	34.00	李国强 等	
V30817	土木工程制图（第五版）（含教学资源光盘）	58.00	卢传贤 等	
V30818	土木工程制图习题集（第五版）	20.00	卢传贤 等	
V27251	岩石力学（第三版）（赠送课件）	32.00	张永兴 许 明	
V32626	钢结构基本原理（第三版）（赠送课件）	49.00	沈祖炎 等	
V16338	房屋钢结构设计（赠送课件）	55.00	沈祖炎 陈以一 等	教育部普通高等教育精品教材
V24535	路基工程（第二版）	38.00	刘建坤 曾巧玲 等	
V31992	建筑工程事故分析与处理（第四版）	60.00	王元清 江见鲸 等	教育部普通高等教育精品教材
V13522	特种基础工程	19.00	谢新宇 俞建霖	
V28723	工程结构荷载与可靠度设计原理（第四版）（赠送课件）	37.00	李国强 等	
V28556	地下建筑结构（第三版）（赠送课件）	55.00	朱合华 等	教育部普通高等教育精品教材
V28269	房屋建筑学（第五版）（含光盘）	59.00	同济大学 西安建筑科技大学 东南大学 重庆大学	教育部普通高等教育精品教材
V28115	流体力学（第三版）	39.00	刘鹤年	
V30846	桥梁施工（第二版）（赠送课件）	37.00	卢文良 季文玉 许克宾	
V31115	工程结构抗震设计（第三版）（赠送课件）	36.00	李爱群 等	
V27912	建筑结构试验（第四版）（赠送课件）	35.00	易伟建 张望喜	
V29558	地基处理（第二版）（赠送课件）	30.00	龚晓南 陶燕丽	
V29713	轨道工程（第二版）（赠送课件）	53.00	陈秀方 娄 平	
V28200	爆破工程（第二版）（赠送课件）	36.00	东兆星 等	
V28197	岩土工程勘察（第二版）	38.00	王奎华	
V20764	钢-混凝土组合结构	33.00	聂建国 等	
V29415	土力学（第四版）（赠送课件）	42.00	东南大学 浙江大学 湖南大学 苏州大学	
V24832	基础工程（第三版）（赠送课件）	48.00	华南理工大学 等	

注：本套教材均被评为《"十二五"普通高等教育本科国家级规划教材》和《住房城乡建设部土建类学科专业"十三五"规划教材》。

高校土木工程专业指导委员会规划推荐教材（经典精品系列教材）

征订号	书 名	定价	作 者	备 注
V28155	混凝土结构（上册）——混凝土结构设计原理（第六版）（赠送课件）	42.00	东南大学　天津大学　同济大学	教育部普通高等教育精品教材
V28156	混凝土结构（中册）——混凝土结构与砌体结构设计（第六版）（赠送课件）	58.00	东南大学　同济大学　天津大学	教育部普通高等教育精品教材
V28157	混凝土结构（下册）——混凝土桥梁设计（第六版）	52.00	东南大学　同济大学　天津大学	教育部普通高等教育精品教材
V25453	混凝土结构（上册）（第二版）（含光盘）	58.00	叶列平	
V23080	混凝土结构（下册）	48.00	叶列平	
V11404	混凝土结构及砌体结构（上）	42.00	滕智明　等	
V11439	混凝土结构及砌体结构（下）	39.00	罗福午　等	
V32846	钢结构（上册）——钢结构基础（第四版）（赠送课件）	52.00	陈绍蕃　顾　强	
V 32847	钢结构（下册）——房屋建筑钢结构设计（第四版）（赠送课件）	32.00	陈绍蕃　郭成喜	
V22020	混凝土结构基本原理（第二版）	48.00	张　誉　等	
V25093	混凝土及砌体结构（上册）（第二版）	45.00	哈尔滨工业大学　大连理工大学等	
V26027	混凝土及砌体结构（下册）（第二版）	29.00	哈尔滨工业大学　大连理工大学等	
V20495	土木工程材料（第二版）	38.00	湖南大学　天津大学　同济大学　东南大学	
V29372	土木工程概论（第二版）	28.00	沈祖炎	
V19590	土木工程概论（第二版）（赠送课件）	42.00	丁大钧　等	教育部普通高等教育精品教材
V30759	工程地质学（第三版）（赠送课件）	45.00	石振明　黄　雨	
V20916	水文学	25.00	雒文生	
V31530	高层建筑结构设计（第三版）（赠送课件）	54.00	钱稼茹　赵作周　纪晓东　叶列平	
V32969	桥梁工程（第三版）	39.00	房贞政	
V32032	砌体结构（第四版）	32.00	东南大学　同济大学　郑州大学	教育部普通高等教育精品教材

注：本套教材均被评为《"十二五"普通高等教育本科国家级规划教材》和《住房城乡建设部土建类学科专业"十三五"规划教材》。